架空输电线路
无人机智能巡检教程

主编　赵庆杞　于常乐

中国水利水电出版社
www.waterpub.com.cn
·北京·

内 容 提 要

随着无人机技术的发展，利用无人机对输电线路进行巡检已经越来越受重视。本书主要介绍了无人机对架空输电线路的巡检，主要内容包括无人机的发展与系统概述，无人机巡检系统调试，空中设备故障和异常报警处理，可见光设备使用与维保，可见光设备设置和拍摄，红外设备使用与维保，红外设备设置和拍摄，激光雷达设备使用与维保，巡检方案编制，精细化巡检与通道巡检，基于杆塔数字化台账快速建模的无人机自主巡检作业技术（VBA），可见光数据处理，红外数据处理，激光点云数据处理，倾斜摄影数据处理，常见缺陷和隐患识别，缺陷与隐患原因分析。

本书适合于从事相关专业的技术人员和管理人员参考、阅读。

图书在版编目（ＣＩＰ）数据

架空输电线路无人机智能巡检教程 / 赵庆杞，于常乐主编. -- 北京：中国水利水电出版社，2022.2
ISBN 978-7-5226-0695-8

Ⅰ.①架… Ⅱ.①赵… ②于… Ⅲ.①无人驾驶飞机－应用－架空线路－输电线路－巡回检测－教材 Ⅳ.①V279②TM726.3

中国版本图书馆CIP数据核字(2022)第081484号

书　　名	架空输电线路无人机智能巡检教程 JIAKONG SHUDIAN XIANLU WURENJI ZHINENG XUNJIAN JIAOCHENG
作　　者	主编　赵庆杞　于常乐
出版发行	中国水利水电出版社 （北京市海淀区玉渊潭南路1号D座　100038） 网址：www.waterpub.com.cn E-mail：sales@mwr.gov.cn 电话：(010) 68545888（营销中心）
经　　售	北京科水图书销售有限公司 电话：(010) 68545874、63202643 全国各地新华书店和相关出版物销售网点
排　　版	中国水利水电出版社微机排版中心
印　　刷	天津嘉恒印务有限公司
规　　格	184mm×260mm　16开本　19印张　462千字
版　　次	2022年2月第1版　2022年2月第1次印刷
印　　数	0001—2000册
定　　价	**88.00元**

本书编委会

主　　编：赵庆杞　于常乐

副主编：朱远达　刘　洋　刘　军　张宏志　张　硕

参编人员：陈　蓉　崔　迪　张忠瑞　曲　直　付　博
　　　　　段世杰　于沁弘　徐　鹏　李美菲　伊永飞
　　　　　邢作霞　李芊芊　季彦辰　赵泓博　徐浩然
　　　　　金　一　刘　欣　由　峰　丁化销　赵旭东
　　　　　黄博宇　王梓屹　谢孔学　戴劲松　王宇航
　　　　　霍思宇　王　飞　刘东兴　陈　雷　苗翔迪
　　　　　孙梦欣　邵业芹　韩　婷　王苗苗　白智慧
　　　　　屈伯阳　张　鹏　李　泽　姜展鹏　郝立超

前　言

目前，无人机巡检作为一种相对成熟的电力线路巡检技术，已在国外和国内电网得到一定程度的推广和应用。随着无人机技术的发展，利用无人机开展电力线路安全巡检已得到越来越多的重视，成为当前电网巡检技术的一个重要发展趋势。

无人机电力线路巡检技术是将现代航空平台、计算机、通信、测控、遥感等技术有机结合，通过自动化飞行控制和传感器检测技术对输电线路导地线、金具、绝缘子、铁塔等设备运行状态以及通道环境进行快速或细致检测。无人机电力线路巡检具有设备投资小、巡检成本低、自动化、智能化的特点，以及明显的技术、经济优势和电力线路巡检特色，且不存在由于误操作或恶劣地理和天气因素造成的人身安全问题，能够较大程度上解决载人机巡检和复杂地理条件下人工巡检的安全性、技术要求高、劳动强度大等问题，其成熟应用后的直接和潜在经济效益较为可观，可大大提升电网电力线路管理的技术水平和效率。

不过伴随着无人机行业的发展，专门应用于农业，工业，电力以及其他行业的专业级无人机也出现在了人们的视野当中，首当其冲的就是大疆无人机。据大疆公司的发言人表示，最近已经有越来越多的大疆多旋翼无人机用于电力巡查和建设规划的任务了。相比起其他航拍无人机产品，多旋翼无人机配置专业飞行控制系统和专属的 IMU 和 GNSS 模块，完全可以实现 6 路冗余导航，以及 30 倍光学变焦的禅思相机，这样的配置在提高了无人机的飞行可靠性的同时，也能大幅度地提升定位精度，消除铁塔周围的电磁干扰，同时更能清楚地拍摄到电力线路中的每一个细节。所以本书给出的案例中提及的无人机如无说明，均指大疆无人机。

第 1 章是无人机的发展与系统概述，简述了无人机的发展历史与发展现状，介绍无人机的分类及其对应的特点，并阐述了无人机系统的各个系统功能。并将无人机应用到架空输电线路中，介绍了现阶段应用的简单情况以及此应用的优缺点。并提出了一系列目前主流应用在架空线路巡检的无人机机型。对各种机型做了详细的介绍。

第 2 章是无人机巡检系统调试，介绍了多旋翼无人机巡检系统的特点和该调试系统的一般组成，一般包括机体、动力系统、电池、飞控系统、任务载荷、地面站系统、遥控系统。还有无人机巡检系统的调试内容和无人机电池方面的简要介绍。

第 3 章是空中设备故障和异常报警处理，应急处置无人机作为一种电子设备，在巡检过程中会因各种因素导致无人机失控等意外状况发生，常见情况包括 GPS 信号丢失、输电线路无线/电磁信号干扰导致的飞控崩溃等。掌握无人机应急处置是无人机巡检操控人员需掌握的基本技能，主要包括空中设备故障和异常报警处置、应急迫降、坠机后续处理和人身伤害处理等内容。

第 4 章是可见光设备使用与维保，无人机是巡检作业最理想的搭载工具，通过无人机挂载光学相机、红外成像、激光雷达等载荷装置对导线、绝缘子、金具等输电设备进行巡检工作已成为架空输电线路不可或缺的日常运维手段。根据国家电网有限公司公布的数据，截至2017年年底无人机累计巡检杆塔超过21万基，累计发现缺陷超过5万余处，国家电网有限公司已将无人机巡检作业纳入输电线路精益化考核指标中。由此不难预见，无人机巡检作业将会成为未来电网最主要、应用范围最广泛的巡检作业手段。

第5章是可见光设备设置和拍摄，本章主要介绍了可见光成像的国内外发展现状，"成像"一词的来源，可见光的定义，可见光成像的概念及成像原理，还有可见光成像的相关术语：曝光、对焦、白平衡、EV值，详细讲解了每个相关术语的定义、作用以及优缺点。在本文的最后还介绍了可见光成像设备以及拍摄设置。

第6章是红外设备使用与维保，工业生产中，设备经常出现故障，这些故障给企业造成的经济损失是难以估算的。譬如，运行过程中电机过热或高压输电线接头发热等原因引起故障所造成的损失，甚至更为困难的是估算维护过程的最终效益。为使设备正常运转，企业必须对设备进行定期检测，以便发现问题及时解决，避免造成损失。红外热成像是一项可应用于多个工业领域的检测维护技术。作为一种非接触测温技术，红外热像仪可使企业设备在运行过程中得到检测，并及时发现问题。

第7章是红外设备设置和拍摄，本章对于红外成像展开了相关论述，首先介绍了红外成像的国内外发展现状，红外线的定义、波段范围、红外线的产生以及"大气窗口"，还有红外成像的意义与背景、定义、与可见光成像的区别以及成像原理，同时也介绍了红外成像设备——热像仪。最后详细讲解了红外成像技术，从其基本原理和技术参数展开论述，此外还对无人机相机的相关方案设计和双光热成像相机的实例进行了相关说明。

第8章是激光雷达设备使用与维保，本章针对无人机激光雷达在电力巡检中与传统人工的优势做出了简要介绍。目前无人机激光雷达这方面培训还比较不规范，所以加强这方面技术的研究培训很重要。通过本章熟练掌握激光雷达设备结构组成、工作原理、技术要求和试验方法；熟练掌握激光雷达设备使用方法和注意事项，并能熟练操作，能熟练完成激光雷达设备检查、保养工作；能完成激光雷达设备一般故障排查及维修工作。

第9章是巡检方案编制，主要介绍了巡检作业的施工方案，安全措施，人员配置，设备异常处理，工作流程以及巡检作业的一些要求，为无人机巡检作业的第一步。

第10章是精细化巡检与通道巡检，首先介绍了多旋翼无人机精细化巡检的主要目的，随后介绍了巡检的八大单元包括输电线路杆塔、导地线、绝缘子串、金具、通道环境、基础、接地装置、附属设施。另外还介绍了巡检时利用可见光单独或者组合巡检，最后还介绍红外巡检主要检查内容为：导线接续管、耐张管、跳线线夹及绝缘子等相关发热异常情况。

第11章是基于杆塔数字化台账快速建模的无人机自主巡检作业技术（VBA），本章讲解的是全自主无人机电力精细化巡检技术，该技术可根据不同电压等级、不同塔型，科学地规划巡视路径、拍摄位置、角度和安全点，进而控制无人机进行拍照和录制，为运行管理提供图片清晰、位置描述准确的影像资料，提高了工作效率和质量，减轻了工作负担，使巡检工作更加科学全面。

第12章是可见光数据处理，主要介绍了以无人机搭载各类可见光设备，利用自身独特的空中检测角度优势，可近距离、多角度拍摄输电线路设备图像视频等图像数据，及时发现设备缺陷和潜在隐患，克服了传统人工巡视工作中塔位难以到达、攀塔风险高效率低等问题。

第13章是红外数据处理，首先介绍了红外热成像技术的原理，红外热成像技术在日常的运行维护中起到的显著的作用。以及红外热成像技术的一些特点。随后介绍了红外热成像技术突出的优势，以及红外热成像技术在国内外电力行业的重视，已经得到越来越广泛的应用。

第14章是激光点云数据处理，本章共分为激光点云数据处理基本原理，激光点云数据流入、分类与分析处理，三维浏览，平断面生成，空间距离测量，输电线路模拟风偏，三维激光点云建模和激光点云拓展九部分。通过本章熟练掌握倾斜摄影点云数据处理基本原理和流入、分类、分析处理和合成等操作，能熟练完成三维浏览、平断面生成、空间距离测量等操作。特别提出了三维激光点云建模，并通过云建模案例验证了该方法的可行性。同时对激光点云技术进行了拓展，分别从点云与影像联合测图进展、集成检校与数据配准技术、高质量滤波与分类技术、精细建模与矢量测图技术等方面进行详细叙述，进一步提高培训人员的整体能力。

第15章是倾斜摄影数据处理，随着电力输电线路的长度的不断增长，为了保证电力系统的运行安全，本章设计了一种基于倾斜摄影技术的无人机电力巡检系统。使用无人机搭载倾斜摄影相机采集输电线路及周边设备的图像信息，通过无人机无线传输将图像数据信息传输至地面站，再进行数据解析、分析及三维模型构建。从而完成输电线路故障的排查、安全隐患的排除。保障电力传输安全。此外，使用该倾斜摄影技术可以有效提高电力巡检判断的准确性。

第16章是常见缺陷和隐患识别，首先介绍了输电线路的主要组成成分，包括一些输电线路的专业术语，然后介绍了故障巡视方法，架空输电线路的相关检测，输电线路是电力系统的重要组成部分，要确保电力系统的稳定运行，必须保证输电线路的安全可靠运行。

第17章是缺陷与隐患原因分析，本章主要介绍了架空输电线路常见线路故障，列举了一些例子，包括风导致的故障，雷击跳闸导致的故障，线路覆冰导致的故障，线路污闪导致的故障和其他故障等。也介绍了上述一些故障产生的原因，并且分析相关故障造成的后果，对相关故障做出对应的处理。最后介绍了电力设备运行检修的相关知识，包括运维与检修。

作者

2022 年 1 月

目　　录

第3篇　无人机巡检

第4篇　无人机巡检数据处理与分析

第1篇 无人机使用

在无人机广泛应用于智能巡检工作中，正确地掌握使用方法不仅可以有效延长无人机的使用寿命，还可以极大提升工作效率。本篇针对无人机的使用方法做了详细介绍。

本篇第 1 章具体介绍了无人机的发展与内部系统的组成部分，分析了无人机应用于架空输电线路的优缺点，以及目前几种用于架空输电线路巡检的无人机机型。第 2 章为无人机巡检系统调试。在该章节中介绍了多旋翼无人机巡检系统的特点和该调试系统的一般组成，同时对无人机巡检系统的调试和无人机电池做了简要介绍。在第 3 章中对空中设备故障和异常报警处理做了详细介绍，列举了一些导致无人机在巡检过程中出现故障的常见原因，并给出了无人机应急处置方案。此外还着重介绍了无人机的应急迫降及其分类。根据无人机巡检系统技术性能状况、现场地理气象和空域等周边环境条件，制定迫降方案，对迫降路径进行规划，选择合适的迫降点，保证周边群众和电网的安全。最后对无人机的回收问题做出了详细的探讨，给出了几种常见回收方式。通过以上无人机使用方法的介绍，可使读者对无人机的发展和应用有一定的了解，规范操作人员的使用方法，提升工作效率。

第 *1* 章　无人机的发展与系统概述

本章简述了无人机的发展历史与发展现状，介绍无人机的分类及其对应的特点，阐述了无人机系统的各个系统功能，将无人机应用到架空输电线路中，介绍了现阶段应用的简单情况以及此应用的优缺点，并提出了一系列目前主流应用在架空线路巡检的无人机机型，同时对各种机型做了详细的介绍。

1.1　无人机的概念与发展

1.1.1　无人机概念

中国民用航空局飞行标准司在 2016 年 7 月 11 日颁布的《民用无人机驾驶员管理规定》（AC-61-FS-2016-20-R1），其对无人机及相关概念作了定义。无人机（unmanned aircraft，UA）是由控制站管理（包括远程操纵或自主飞行）的航空器，也称远程驾驶航空器（remotely piloted aircraft，RPA），英文也常用 UAV（unmanned aerial vehicle）。通常所说的无人机是无人驾驶飞机的简称，也有自动控制飞行且搭载乘客的无人机，该种无人机采用多旋翼结构进行载人飞行。

无人机结构简单、使用成本低，更适用于载人飞机不宜执行的任务，如危险区域的地质灾害调查、空中救援指挥和环境遥感监测等。出于不同平台结构，无人机包括无人直升机、固定翼无人机、多旋翼无人机、无人飞艇、无人伞翼机等。广义地看，无人机也包括临近空间飞行器（20～100km 空域），如平流层飞艇、高空气球等。

无人机与航空模型（简称航模）有着千丝万缕的联系，航空模型从机体空气动力学外形到动力、无线遥控等各方面都为无人机打下了坚实的基础。近年来无人机的发展走向更多功能化、可控的新领域，拉开了与航模的距离。一般认为，航模只能在视距范围内飞行，且只能用作表演、训练、比赛，没有可自动飞行的飞行控制系统，没有相机、药箱、武器等任务载荷，不能实现图视频、遥感、载物等多任务功能。除去飞控系统和任务载荷，纯手控、在视距内飞行的飞行器就是航空模型。

1.1.2　无人机的发展

18 世纪后期，热气球在欧洲升空，迈出了人类翱翔天空的第一步。20 世纪初期，美国莱特兄弟的"飞行者"号飞机试飞成功，开创了现代航空的新篇章。20 世纪 40 年代初期第二次世界大战时，德国成功发射大型液体火箭 V-2，把航天理论变成现实。1961 年，苏联航天员加加林乘坐"东方 1 号"宇宙飞船在最大高度为 301km 的轨道上绕地球一周，揭开了人类载人航天器进入太空的新篇章。

无人机的起源可以追溯到第一次世界大战，1914 年英国的两位将军提出了研制一种使用无线电操纵的小型无人驾驶飞机用来空投炸弹的建议，得到认可并开始研制。1915 年 10 月，德国西门子公司成功研制了采用伺服控制装置和指令制导的滑翔炸弹。1916 年 9 月 12 日，第一架无线电操纵的无人驾驶飞机在美国试飞。1917—1918 年，英国与德国先后研制成功无人遥控飞机。这些被公认为是遥控无人机的先驱。

随后，无人机被逐步应用于靶机、侦察、情报收集、跟踪、通信和诱饵等军事任务中，新时代的军用无人机很大程度上改变了军事战争和军事调动的原始形式。与军用无人机的百年历史相比，民用无人机技术要求低，更注重经济性。军用无人机技术的民用化降低了民用无人机市场进入门槛和研发成本，使得民用无人机得以快速发展。

目前，民用无人机已广泛应用于航拍、航测、农林植保、巡线巡检、防灾减灾、地质勘测、灾害监测和气象探测等领域。

未来，无人机将在智能化微型化、长航时、超高速、隐身性等方向上发展，无人机的市场空间和应用前景非常广阔。

1.2　无人机的分类与特点

按照飞行平台构型的不同，无人机可以分为固定翼无人机、无人直升机、多旋翼无人机、伞翼无人机、扑翼无人机、混合式无人机等。

1. 固定翼无人机

固定翼无人机是指由动力装置产生前进的推力或拉力，由机身固定的机翼产生升力，在大气层内飞行的重于空气的无人机。

其特点是载荷大、续航时间长、航程远、飞行速度快、飞行高度高，但起降受到场地的限制、无法悬停。

2. 无人直升机

无人直升机是指依靠动力系统驱动一个或者多个旋翼产生升力和推进力，实现垂直起落以及悬停、前飞、后飞、定点回转等可控飞行的无人机。

其特点是可垂直起降、可悬停、操作灵活、可任意方向飞行，但结构复杂、故障率较高。与固定旋翼无人机相比，飞行速度低、油耗高、载荷小、航程短、续航时间短。

3. 多旋翼无人机

多旋翼无人机是指具有 3 个及以上旋翼提供升力和推进力的可垂直起降的无人机。与无人直升机通过自动倾斜器、变距舵机和拉杆组件来实现桨叶的周期变距不同,多旋翼无人机的旋翼总距是固定不变的,通过调整不同旋翼的转速来改变单轴推进力的大小,从而改变无人机的飞行姿态。

其特点是结构简单、价格低廉、操作灵活、可向任意方向飞行,但有效载荷较小、续航时间短。

1.3 无人机的系统概述

1.3.1 技术人员

无人机的直接操作人员称为无人机驾驶员,也称飞手。根据专业任务的需求,单人或多人相互配合飞行,合作完成具体任务,如拍摄、洒药等。地面人员包括地面站操作员、数据采集和复核人员、安全和其他辅助人员等。许多无人机飞行控制系统可以规划飞行高度、节点、路线,并可以在特定的时间或地点自主操作无人机任务载荷,减轻了驾驶员的工作量,也避免了人为操作失误。

1.3.2 控制地面站与任务规划

任务规划和控制站(MPCS),也被称为地面控制站(GCS),是无人机系统的操作控制中心,从飞行器上传来的视频、命令和遥测数据在这里处理和显示。这些数据通常是通过一个地面终端,也就是数据链的地面部分来中继。MPCS方舱包含一个任务规划设备、控制和显示操作台、视频和通测设备计算机和信号处理模组、地面数据终端、通信设备、环境控制和生存防护装备。

MPCS也可以充当指挥人员。例如任务指挥官的战地指挥所,他们执行任务规划,从所归属的指挥部接受任务部署,并将获取的数据和信息报告给诸如武器射击指挥情报或指挥控制等合适的单位。地面站通常为飞行器和任务载荷的操作手都提供了位置,以便完成监视和任务执行控制功能。

在一些小型无人机系统中,地面控制站装在一个能够置于背包内随身携带的箱子里,并能在地面上设置,其组成部分差不多就是一个遥控和某种显示设备,并可能通过嵌入式微处理器增强或内置于一台加固型笔记本电脑中。

另一个极端情况是,一些地面站位于远离飞行器飞行区域上千英里的永久性建筑内,利用卫星中继保持与飞行器的通信。在这种情况下,操作手的控制台可能位于一栋大型建筑的一个内部房间,与屋顶上的圆盘卫星天线相连接。

1.3.3 数据链

数据低传输系统(简称数据链)负责完成对无人机系统遥控、遥测、跟踪定位和传感器的数据传输工作。数据链分为上行数据链和下行数据链,上行数据链负责将地面操作人员动作指令传送给无人机,实现对无人机的控制;下行数据链即图传系统。将任务载荷收集到的数据传送给地面,实现地面控制人员对任务的实时了解。普通UAS大多采用定制视距数据链,而中高空、长航时的UAS则都会采用视距数据链甚至是超视距卫星通信数据链。

UAS视距数据链可以在无线电视距内完成对无人机及其任务荷载的遥控、遥测、跟踪定位和信息传输任务。现有的（LINK）和新型的（TTNT）数据链虽然功能强大，但由于地球表面的曲率变化，使用视距方式进行无线电波数据传输的有效距离受到限制。进行超视距通信时，除采用不太可靠的HF波段（1.8M～30MHz）利用电离层传播外，较好的方式是利用卫星作为通信中继站。无人机数据链未来将进一步向高速、宽带、保密、抗干扰的方向发展。一方面随着机载传感器定位的精细程度和执行任务复杂程度的不断提高，对数据链的带宽提出了更高的要求；另一方面随着机载高速处理器技术发展的突飞猛进，预计现有射频数据链的传输速率将翻倍，还可能出现激光通信等方式。网络化趋势也是未来无人机发展的热点之一，可以利用无人机数据链宽带、高速的特点，在无人机巡航期间，将无人机平台作为网络中的一个节点，充当网络路由器，通过它连接全球信息栅格。

1.3.4 任务载荷系统

无人机是一个平台，根据工作需要搭载的设备称为任务载荷。民用无人机的任务载荷一般可分为图视频遥感载荷和其他用于通信、载货等非遥感载荷。围绕应用的任务载荷是无人机的最终设计目的。

由于民用无人机机体不大，有效载荷一般较小，因此要求搭载的设备小且轻并尽量采用商用成品。

图视频遥感的任务载荷包括多轴云台、光学照相机、高分辨率数字照相机（摄像机）、红外摄像机、多光谱成像仪、合成孔径雷达、激光测距仪等。常见的非遥感载荷有通信中继设备、植保药箱、小型货物、警报器等。

1.3.5 发射与回收系统

发射和回收可以通过一系列的技术，包括使用设施完备的场地常规起降和使用旋翼或风扇系统垂直降落等来实现。使用火工品助推（火箭）或气液组合机构的弹射装置也是发射飞行器的常用方法。一些小型无人机采用手掷发射，基本上像玩具滑翔机一样被抛到空中。

在狭小空间中一般采用回收网和拦阻装置捕获固定翼飞行器。在小面积区域采用降落伞和翼伞着陆实现定点回收。旋翼型或升力风扇驱动型飞行器的一个优势是通常不需要复杂精巧的发射和回收设备。然而，如果在俯仰摇摆的舰船甲板上操作，即便是旋翼飞行器，在舰船的运动不是很微小的情况下，也需要下拉固定设备助降。

1.4 无人机应用在架空输电线路的发展现状

1.4.1 发展历史

架空输电线路需要进行常规例行的定期巡维和灾情等突发状况的特定巡维。随着输电线路的大规模建设,传统的人工巡检方法面临工作量大、条件艰苦、对山区和大跨越线路巡检困难大、效率低和风险高的问题,而在冰灾、火灾、水灾、地震、滑坡、台风、夜晚期间的巡检,这些问题更是成倍放大。因此,输电线路巡检一直在和先进科技手段结合并同步发展,衍生了机器人、在线监测、载人直升机和无人机等多种巡检手段,其中飞行器巡检因其具有响应速度快、覆盖范围大、巡检质量高、安全可靠等优点,近年来已成为电网巡维工作中不可或缺的手段之一。

早在 20 世纪 50 年代末期,美国、加拿大以及西欧各国就已经在架空输电线路上使用载人直升机抢救伤病员和进行线路巡检等工作。随着载人直升机平台技术发展以及在电网架空输电线路应用中的数十年实践探索,美国、欧洲、俄罗斯、以色列和日本等国家和地区已经较为全面地掌握了采用载人直升机对架空输电线路进行巡检、带电作业以及线路施工等各项技术,使得他们的架空输电线路建设和维修技术推进到一个新的阶段。在 20 世纪 90 年代,载人直升机巡线、检修及带电作业已在欧美澳等发达地区和国家得到广泛应用。

我国在 20 世纪 80 年代中期,原电力工业部组织华北、华中、西北等地区有关单位进行过有人直升机巡线的尝试。1982—1987 年由西宁、新乡、焦作、安阳、北京、广州供电局,湖北超高压输变电局,华北、河南、东北电力研究所等单位进行了 8 次载人直升机巡线试飞。2000 年,华北电网有限公司批准立项,首家开始进行载人直升机巡线技术在电力系统的应用研究,掌握了大量关于巡线作业的经验和技术措施,建立了直升机巡线的各项规章制度,2002 年开始进行正式巡航作业。2004 年年底南方电网有限责任公司与中华电力公司合作,进行了直升机巡线作业的演示。2005 年湖北超高压输变电公司进行了包括红外线扫描的直升机巡线尝试,并准备进一步扩大其内涵和实用范围的研究工作。近十年,国内大部分电网公司都已开展了直升机电力巡航作业,且直升机巡检里程逐年上升,我国直升机电力作业技术方兴未艾。

在无人机架空线路巡检方面,国外无人机电力巡检领域研究与应用起步较早,部分国家已经采用无人机进行业务化巡检:澳大利亚在使用无人机巡检 5 条大型输电线路;美国无人机也已经实现规模化应用于远程输电线路定期巡查中;英国目前已经完成论证工作,计划在 5 个地区开展无人机电力巡线业务化应用工作。澳大利亚采用 MD - 1000 多旋翼无人机主要对杆塔进行巡检飞行,主要应用于短距离飞行检查,可执行高山、河流等高危任务;采用固定翼无人机进行通道快速巡检,并进行全景拼接。

在我国,虽然无人机巡检处于起步,但对无人机电力巡线的投入力度不断加大。国家电网有限公司在"十二五"期间输电智能化建设的目标中明确指出:全面推广输电线路智能化巡检技术,在部分地区推广应用直升机、无人机、机器人等智能巡检技术,并使其成为一种常态化运维方式。国家电网有限公司选取 10 个省公司于 2013—2015 年开展无人机输电线路巡检试点工作,计划 2016 年进行大规模推广应用。其中,国网山东省电力公司探索利用旋翼和固定翼无人机联合巡检,国网辽宁省电力有限公司研究高寒等复杂环境下无人机巡检方案,国网福建省电力有限公司和国网四川省电力公司研究大型无人机巡检应用。当前中国南方电网有限责任公司各分子公司也正在对无人机巡检进行尝试性探索，广东电网有限责任公司采用国产无人直升机开展相关研究，超高压输电公司采用固定翼无人机开展相关研究，广州供电局有限公司在多旋翼无人机巡检方面开展应用和实践。

近年来，公司在各类无人机利用到电网生产方面开展了探索性研究和应用，其中云南电网公司成功实现了利用小型无人直升机进行输电线路施工中初级牵引绳展放；云南电网有限责任公司、广东电网有限公司、超高压输电公司、广州供电局有限公司先后采用大型无人机、固定翼无人机、多旋翼无人机在日常线路巡检方面开展应用研究。在架空输电线路无人机灾情勘测方面，广东电网有限公司将无人机应用在电网灾后故障扫描分析。2014 年 9 月台风"海鸥"吹袭后，应用螺旋桨直升机和旋翼无人机开展线路巡查，准确定位杆塔、线路故障。国网湖南省电力有限公司电力科学研究院利用四旋翼无人机在冬季导线严重覆冰的情况下进行过巡线实验。

1.4.2　技术与应用现状

日本关西电力公司联合千叶大学共同开发了无人直升机输电线路巡线系统，这套系统的特点是其独有的故障自动检测技术和三维图像监测技术。无人机上装设有线路故障自动检测装置，能够自行检测出由雷击、焊接裂缝、导线断股等引发的线路故障，检测系统数据库的故障类型还在不断添加中。此外该无人机系统巡线时会拍摄线路走廊的视频，研究人员通过对线路走廊的视频构建三维图像来监测线下的植被和建筑物。三维图像和图像中物体对应的 GPS 坐标都被系统储存起来，通过这些坐标，可以测定出线下植被、建筑物到电力线路的距离。CSIRO（澳大利亚联邦科学与工业研究组织）通信技术中心开发完成的 T21 型小型无人直升机具备完善的自动探测障碍物和自动规划航迹避开障碍物的功能。T21 型无人直升机装备了一个嵌入式控制系统。该系统能够利用立体摄像机在 25m 的范围以内，绘制出分辨率为 0.5m 的三维地图。即使是很薄的障碍物，也能够通过地图探测出来。无人机上还装载有激光测距仪，用来测定线下建筑物、植被等到线路的距离。新型 T21 无人直升机的机体较小但是巡线功能齐全、技术先进，代表着以后巡线无人机的发展趋势。

1.5　无人机应用于架空输电线路的优缺点

架空输电线路无人机巡检继承了无人机巡检作业的一些优势，同时受制于无人机技术现状、应用水平和政策法规的约束，也存在些不足。

1. 应用优势

（1）安全性高，相比于人工巡视和有人机巡检，可以最大限度地避免人员出现伤亡或者疏忽大意的可能性。

（2）应急性好，效率较高，相比有人机巡检能够快速出动，起降场地要求低，相比人工巡检具有更快的航程和巡检速度。

（3）勘察视角灵活，能够从高空这独特的视角快速获取输电线路本体及通道信息。

（4）经济性好，相比于人工巡视和有人机巡检，部分机型设备使用及保养维护成本低，费效比低。

2. 应用局限

（1）缺乏专业性的系统设备。近年来民用无人机技术虽然得到蓬勃发展，但主要是针对无人机平台、任务载荷、测控通信设备等相关设备的民用化设计与研发，市场同质化竞争严重，缺乏针对行业应用的系统级产品和相关研制单位。

（2）缺乏专业性的作业团队。

（3）缺乏切实有效的政策法规。

1.6　目前主流应用于架空输电线路巡检的无人机机型

1. 经纬 M200 V2

经纬 M200 V2 系列飞行平台延续经纬系列可靠耐用的机身设计，为严苛环境而生，旨在进一步提升空中作业生产力。经纬 M200 V2 系列设计紧凑，扩展灵活，智能控制系统与飞行性能显著优化，新增飞行及数据安全等功能，为多个行业提供专业解决方案。全新升级的 Flight Autonomy 系统结合前视、下视、上视传感器，可自动感知并躲避障碍物，实现精准悬停，在复杂场景下也可安心飞行。机身顶部及底部均配备夜航灯，在夜间指示飞行平台位置，保证部分地区的夜间作业本地合规，同时保障飞行安全。内置 ADS-B 接收器，可实时提供周边飞机和直升机信息，提升飞行作业安全性。经纬 M200 V2 如图1.1 所示。

图 1.1　经纬 M200 V2

2. 经纬 M300 RTK

经纬 M300 RTK 引入全新的飞行辅助界面，将飞行参数、导航、障碍物地图等多维度的关键信息整合至同一界面，赋予作业人员强大的态势感知能力。为提升飞行安全性及稳定性，大疆行业级无人机首次将双目视觉和红外传感器同时引入机身的 6 个面上，带来全六向环境感知及定位、避障能力。系统最大探测范围达 40m，并支持通过 DJI Pilot App 自定义避障距离。即使在桥底水面等复杂作业环境下，也可保证稳定飞行和避障。经纬 M300 RTK 提供下置双云台、上置单云台和 Onboard SDK 开放接口。最多可同时支持 3 个负载，最大载重达 2.7kg，让负载配置更加灵活。通过在线任务录制，可实时录制飞行器运动、云台俯仰、照片拍摄、变焦等多种动作，并可将其存储为航线文件，在未来的自动巡检任务中随时调用。通过航点飞行 2.0 智能航线规划模式，可设定多达 65535 个航点，并支持单个负载或多个负载（包括第三方负载）在每个航点执行多个动作。此外，航点飞行 2.0 的飞行路径设定方式更加灵活，大幅提升自动化任务效率。经纬 M300 RTK 如图 1.2 所示。

图 1.2　经纬 M300 RTK

3. 经纬 M600 Pro

经纬 M600 Pro 延续了经纬 M600 的高负载和优秀的飞行性能，采用模块化设计，进一步提升了可靠性，使用更便捷。M600 Pro 标配三余度 A3 Pro 飞控、Light Bridge 2 高清数字图传、智能飞行电池组和电池管理系统，支持多款 DJI 云台与第三方软硬件扩展，载重高达 6.0kg，为影视航拍和无人机行业应用提供可靠的高性能飞行平台。M600 Pro 采用模块化设计，高效的动力系统集成防尘、主动散热功能，并提供最大 6.0kg 的有效载重。M600 Pro 不仅适配 DJI 禅思系列云台，还全面支持"如影"Ronin - MX 及 DJI 无线跟焦器，挂载各类微单、单反，甚至 RED Epic 电影摄像机时，摄影师可远程调节镜头的焦点和光圈。M600 Pro 提供超长续航及最大 5km 的远距离、低延时高清实时影像与控制信号传输能力。采用 6 块独立智能电池及全方位电池管理系统，开启、关闭任意一块电池即可作用于所有电池，实时监测电池状态，提供电池异常状态提醒并保障飞行器平稳降落。实现超长续航的同时还能解决传统大容量电池方案使用及维护复杂、安全性低和难以携带的问题。经纬 M600 Pro 如图 1.3 所示。

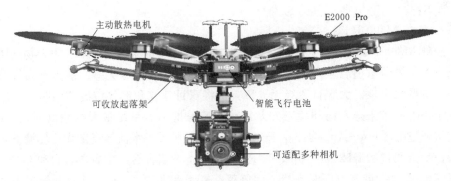

图 1.3　经纬 M600 Pro

4. 御 Mavic 2 行业版

御 Mavic 2 行业版将性能与便携性提升至全新高度，精密的飞行科技与行业定制软硬件结合，全面拓展视觉维度与广度，为安防、巡检、建筑等领域的专业用户提供全局洞察力。御 Mavic 2 行业版支持密码保护，输入密码方可获得飞行器操作与内置内存读取权限，保障设备与数据安全，防止敏感信息泄露。御 Mavic 2 行业版内置 ADS-B 接收器。当附近空域出现载人飞机时可自动提示飞手避让，提升飞行作业安全性。全新升级的 Flight Autonomy 提供全向感知 2 及智能避障功能。飞行器的 6 个面分别配备视觉或红外传感器，进行辅助定位与障碍感知，在狭窄、复杂的环境下提供更高的安全保障。底部新增 LED 补光灯，在低光环境下自动开启，协助视觉定位，并保障安全降落。高级辅助飞行系统（APAS）3 可自动规划飞行轨迹，帮助飞行器绕过航线上的障碍，在复杂环境下也能专注于任务执行。御 Mavic 2 行业双光版的等温线功能让热成像成像更易于辨读。根据不同对象，可设置等温线温度区间，快速排查目标物体。

御 Mavic 2 行业变焦版在方寸之间集成 3 轴云台和 1200 万像素传感器，同时支持 2 倍光学变焦、3 倍数码变焦，获取清晰的影像。御 Mavic 2 行业版如图 1.4 所示。

图 1.4　御 Mavic 2 行业版

5. 精灵 Phantom 4 RTK

精灵 Phantom 4 RTK 是一款小型多旋翼高精度航测无人机，面向低空摄影测量应用，具备厘米级导航定位系统和高性能成像系统，便携易用，全面提升航测效率。精灵 Phantom 4 RTK 集成全新 RTK 模块，拥有更强大的抗磁干扰能力与精准定位能力，提供实时厘米级定位数据，显著提升图像元数据的绝对精度。定位系统支持连接 D-RTK 2 高精度 GNSS 移动站，并可通过 4G 无线网卡或 Wi-Fi 热点与 NTRIP 连接。为配合精灵 Phantom 4 RTK 定位模块，全新 TimeSync 系统应运而生。实现飞控、相机与 RTK 的时钟系统微秒级同步，相机成像时刻毫秒级误差。对相机镜头光心位置和 RTK 天线中心点位置进行补偿，减少位置信息与相机的时间误差，为影像提供更精确的位置信息。1 英寸 2000 万像素 CMOS 传感器捕捉高清影像。机械快门支持高速飞行拍摄，消除果冻效应，有效避免建图精度降低。借助高解析度影像，精灵 Phantom 4 RTK 在 100m 飞行高度中的地面采样距离（GSD）可达 2.74cm。每个相机镜头都经过严格工艺校正，以确保高精度成像。畸变数据存储于每张照片的元数据中，方便用户使用后期处理软件进行针对性调整。带屏遥控器内置全新 GS RTK App，帮助用户智能控制精灵 Phantom 4 RTK 采集数据。GS RTK App 提供航点飞行、航带飞行、摄影测量 2D、摄影测量 3D、仿地飞行、大区分割等多种航线规划模式，同时支持 KML/KMZ 文件导入，适用于不同的航测应用场景。带屏遥控器集成 5.5 英寸 1080P 高亮显示屏，强光环境下作业仍可清晰显示。支持搭配 D-RTK 2 高精度 GNSS 移动站使用，获取实时差分数据。手持 D-RTK 2 移动站也可进行点测量，采集目标点的准确坐标。精灵 Phantom 4 RTK 如图 1.5 所示。

图 1.5　精灵 Phantom 4 RTK

6. 精灵 Phantom 4 Pro

精灵 Phantom 4 Pro 的相机配备 1 英寸 2000 万像素影像传感器，可拍摄 4K/60fps 视频，并以 14 张/s 的速度拍摄静态照片。Flight Autonomy 系统新增后视视觉传感器与机身两侧的红外感知器，让 Phantom 4 Pro 拥有 5 向环境识别与 4 向避障能力，安全性更高，飞行更智能。钛合金、镁合金材料的使用让机身轻盈坚固，让功能更加强大的 Phantom 4 Pro 机身重量与 Phantom 4 几乎相同。基于三组双视觉传感器组成的六目导航系统通过飞行环境的观测计算出飞行器与物体的相对速度和距离，从而实现无 GPS 信号下的精准悬停功能。无 GPS 信号的飞行，比如飞行器从室内起飞，通过窗户或者阳台飞出时，通常需要手动操控保持稳定飞行，否则容易飞行漂移。借助 Phantom 4 Pro 配备的前视、后视以及下视双目立体视觉系统则可保持飞行悬停稳定性，即便前视以及下视无法有效观测，仍可通过机身后方的双目视觉保持悬停。这一功能直接提升了飞行安全和可靠性，同时也能在更多复杂场景下轻松飞行。在避障功能开启时，Phantom 4 Pro 最高飞行速度可达 50km/h，满足高速航拍的要求。同时，Phantom 4 Pro 在窄距感知模式下能缩小障碍物检测角度，让飞机能够在狭小的空间内穿梭。精灵 Phantom 4 Pro 如图 1.6 所示。

图 1.6　精灵 Phantom 4 Pro

第 2 章　无人机巡检系统调试

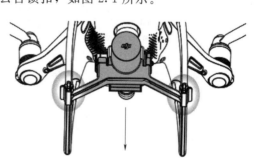

2－1
无人机巡检
系统调试

　　输电线路无人机巡检的顺利进行，离不开无人机正确调试。本章节主要讲解常见无人机组装，对无人机各部分进行介绍，以及无人机操作系统的参数调试功能等，对工作中常见的基本校准操作进行讲解，以便于大家快速熟悉无人机的相关操作。

　　多旋翼无人机巡检系统因体积小便于运输，飞行稳定性好，作业时间较短的特性，适合短距离间的架空输电线路巡检，一般包括机体、动力系统、电池、飞控系统、任务载荷、地面站系统、遥控系统。无人机巡检系统的调试内容包括无人机巡检系统的拆解和组装、遥控器操作说明、无人机升降级操作、无人机校准等相关工作。

2.1　大疆多旋翼无人机组装

2.1.1　安装飞行器

　　本书以 Phantom 4 Pro/Pro＋飞行器进行示例，指导如何安装飞行器。

　　（1）准备飞行器。按箭头方向移除云台锁扣，如图 2.1 所示。

　　（2）安装螺旋桨。准备一对有黑圈的螺旋桨和一对有银圈的螺旋桨，将印有黑圈的螺旋桨安装至带有黑点的电机桨座上，将印有银圈的螺旋桨安装至没有黑点的电机桨座上。将桨帽嵌入电机桨座并按压到底，沿锁紧方向旋转螺旋桨至无法继续旋转，松手后螺旋桨将弹起锁紧。安装螺旋桨如图 2.2 所示。

图 2.1　安装飞行器

　　（3）安装智能飞行电池。将电池以图 2.3 所示的方向推入电池仓，注意直到听到"咔"的一声，以确保电池卡紧在电池仓内。

13

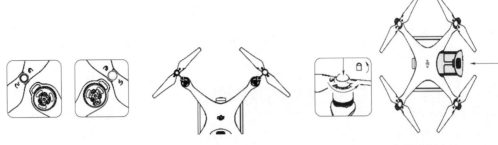

图 2.2　安装螺旋桨　　　　　　　　　图 2.3　安装飞行电池

2.1.2　飞行器各部件名称

Phantom 4 Pro/Pro＋飞行器各部件名称如图 2.4 所示。

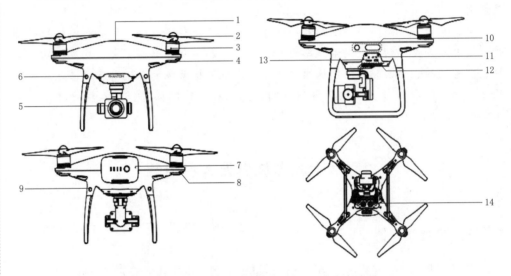

图 2.4　Phantom 4 Pro/Pro＋飞行器各部件名称

1—GPS；2—螺旋桨；3—电机；4—机头 LED 指示灯；5—一体式云台相机；6—前视视觉系统；
7—智能飞行电池；8—飞行器状态指示灯；9—后视视觉系统；10—红外视觉系统；
11—相机、对频状态指示灯/对频按键；12—调参接口（Micro USB）；
13—相机 Micro SD 卡槽；14—下视视觉系统

2.2　遥　控　器

2.2.1　遥控器概述

2－2
遥控器功
能设置

Phantom 4 Pro/Pro＋系列遥控器可工作在 2.4GHz 和 5.8GHz 两个频段，大幅增强抗干扰能力从而提高图传的稳定性。遥控器内置高清图传地面端，配合完备的功能按键，可在通信距离内完成飞行器与相机的各种操作和设置，并可通过 DJI

GO App 在移动设备上实时显示高清画面。其中，Phantom 4 Pro/Pro＋遥控器使用 Lightbridge 高清图传，而 Phantom 4 Pro/Pro＋V2.0 遥控器采用新一代 Ocusync 技术，提供更流畅与稳定的图像传输。OcuSync 亦可支持 DJI Goggles 系列飞行眼镜，通过无线方式连接飞行器观赏第一人称视角的航拍景象。Phantom 4 Pro＋系列配备 5.5 英寸高亮度屏幕的遥控器以更好地适应户外强光拍摄环境，并内置 DIJ GO 4 App 及多款应用，可随时随地分享航拍作品。

2.2.2　遥控器部件名称以及部件功能

下面以 Plantom 4 Pro＋（型号：GL300E）为例介绍遥控器部件（图 2.5）名称以及部件功能，本产品使用过程中需要下载 DJI GO 4 App，请在浏览器地址栏输入 https：//m.dji.net/djigo4 直接下载。

DJI GO 4 App 要求使用 iOS9.0 及以上系统或 Android 4.4 及以上系统。

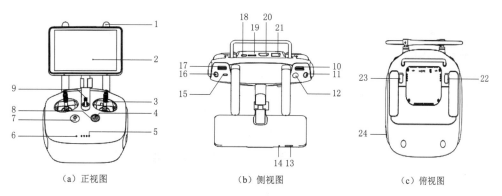

（a）正视图　　　　　　　　（b）侧视图　　　　　　　　（c）俯视图

图 2.5　Plantom 4 Pro＋遥控器部件

图 2.5 中各部件名称及功能如下：

（1）天线传输飞行器控制信号和图像信号。

（2）显示屏内置 Android 系统，无须额外移动设备，可直接运行 DJI GO 4 App。

（3）摇杆 DJI GO 4 App 中可设置摇杆操控方式。

（4）智能返航按键长按返航按键进入智能返航模式。

（5）指示灯显示当前电池电量。

（6）遥控器状态指示灯显示遥控器连接状态。

（7）电源开关开启/关闭遥控器电源。

（8）返航提示灯提示飞行器返航状态。

（9）扬声器输出音频。

（10）相机设置转盘调整相机设置。

（11）智能飞行暂停按键，暂停智能飞行后飞行器将原地悬停。

（12）拍照按键二段式快门，实现拍照功能。

（13）屏幕开关短按唤醒/休眠屏幕，长按重启屏幕。

（14）麦克风。

（15）飞行模式切换开关 3 个挡位依次为 A 模式、S 模式以及 P 模式。

（16）录像按键启动或停止录像。

（17）云台俯仰控制拨轮调整云台俯仰角度。

（18）Micro USB 接口可通过 USBOTG 连接线连接飞行器进行升级。

（19）Micro SD 卡槽为安卓设备提供额外存储空间，最大支持 128GB。

（20）HDMI 接口输出 HDMI 视频信号。

（21）USB 接口支持 U 盘等外接设备。

（22）自定义功能按键 C1。

（23）自定义功能按键 C2。

（24）充电接口用于控制器充电。

2.2.3　遥控器相关操作设定

1. 开启与关闭

开启与关闭 Phantom 4 Pro/Pro＋遥控器内置容量为 6000mAh 的大容量可充电电池，可通过电池电量指示灯查看当前电量。

按以下步骤开启遥控器：

（1）短按一次电源开关可查看当前电量，若电量不足请给遥控器充电。

（2）短按一次电源开关，然后长按电源开关 2s 以开启遥控器。

（3）遥控器提示音可提示遥控器状态。遥控器状态指示灯绿灯常亮表示连接成功。

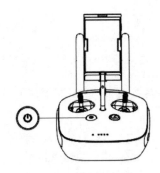

图 2.6　关闭遥控器

（4）使用完毕后，重复步骤（2）以关闭遥控器（图 2.6）。

2. 遥控器充电

用户可通过标配的充电器对遥控器进行充电（图 2.7）。请勿同时对遥控器与智能飞行电池进行充电。

3. 控制相机

用户可通过遥控器上的"拍照按键""录像按钮""相机设置转盘"实时操控相机。控制相机如图 2.8 所示。

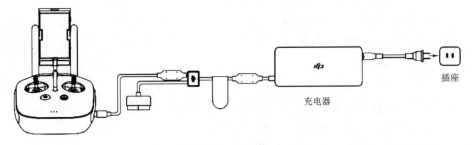

图 2.7　遥控器充电

（1）相机设置转盘配合 DIJ GO 4 App 使用时，通过相机设置转盘可快速对相机参数进行设置。拨动转盘可以选择需设置参数，按下转盘切换至下一项设置。

（2）拍照按键。按下该按键可以拍摄照片。通过 DIJ GO 4 App 可选择单张、多张或者定时拍摄模式。

（3）录影按键。按下录影按键开始录影，再次按下该按键停止录影。

（4）云台俯仰控制拨轮可控制相机的俯仰拍摄角度。顺时针拨动拨轮，云台向上转动。逆时针拨动拨轮，云台向下转动。

4. 调整摇杆长度

用户可根据操作习惯，调节摇杆长度。适当的摇杆长度可以提高操控的精确性。摇杆如图 2.9 所示。

图 2.8　控制相机

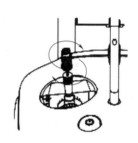

图 2.9　摇杆

5. 飞行模式切换开关

拨动该开关以控制飞行器的飞行模式。飞行模式切换开关位置及每个开关位置对应的飞行模式如图 2.10 所示。

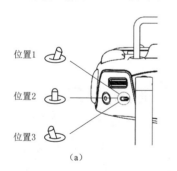

（a）

位置	图示	对应飞行模式
位置1		P模式（定位）
位置2		S模式（运动）
位置3		A模式（姿态）

（b）

图 2.10　模式切换

（1）P 模式（定位）。使用 GPS 模块或多方位视觉系统以实现飞行器精确悬停，指点飞行以及其他智能飞行模式等功能。该模式下飞行器的感度值被适当调低。

（2）S 模式（运动）。使用 GPS 模块或下视视觉系统以实现精确悬停，该模式下飞行器的感度值被适当调高，务必格外谨慎飞行。飞行器最大水平飞行速度可达 20m/s。

（3）A 模式（姿态）。不使用 GPS 模块与视觉定位系统进行定位，仅提供姿态增稳，若 GPS 卫星信号良好可实现返航。飞行模式切换开关默认锁定于 P 模式，如需在不同的飞行模式之间切换，需进入 DIJ GO 4 App 中的"相机"界面，打开"允许切换飞行模式"以解除锁定，否则即使飞行模式切换开关在 S 档位，飞行器仍按 P 模式飞行，且 DIJ GO 4 App 将不出现智能飞行选项。解除锁定后，再将飞行模式切换开关从 P 档切到 S 档以进入 S 模式飞行。

6. 智能返航操作

智能返航按键如图 2.11 所示。长按智能返航按键直至蜂鸣器发出"嘀嘀"音激活智能返航。返航指示灯白灯常亮表示飞行器正在进入返航模式，飞行器将返航至最近记录的返航点。在返航过程中，用户仍然可通过遥控器控制飞行。短按一次此按键将结束返航，重新获得控制权。

连接移动设备 Phantom 4 Pro 遥控器需通过 USB 接口连接移动设备，将安装了 DIJ GO 4 App 的移动设备用数据线与遥控器背部的 USB 接口连接（图 2.12），将移动设备安装至移动设备支架上，调整移动设备支架的位置，确保移动设备安装牢固。

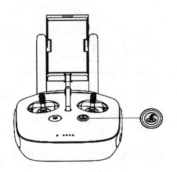 

图 2.11　智能返航按键　　　　　　图 2.12　返航操作

7. 遥控器功能设置

下面主要讲述如何在 DJI GO App 里进行遥控器功能设置。

（1）点击进入【遥控器功能设置】，如图 2.13 所示。

图 2.13　遥控器功能设置

（2）云台拨轮控制速度。调节目的：控制云台俯仰的快慢。

（3）遥控器校准。开启遥控器后，听遥控器发出的声音，如果出现下面视频中遥控器红灯快闪并发出急促"滴滴"声音的情况，则可能出现了遥控器摇杆不在中位或遥控器电量不足的情况。如果遥控器电量充足，还出现同样的声响，就需要进行遥控器校准。

遥控器校准方法请参考 Phantom 4 系列飞行器遥控器校准教学视频。

遥控器校准需要注意以下几点：

1）一定要关闭飞行器。

2）一定要在校准开始后，再动摇杆。

（4）C1，C2 功能键设置。C1 和 C2 的功能键设置（图 2.14），可设置的选项都是相同的，包括：中央重点测光、相机高级设置、回中/朝下、云台跟随/FPV、地图/FPV 切换、清除航线、电池页面以及未定义。

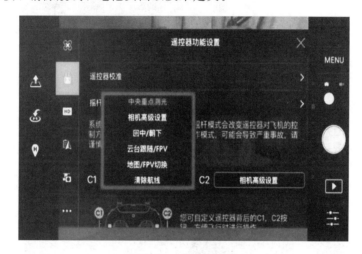

图 2.14　功能键设置

1）相机高级设置，如图 2.15 所示。

2）云台跟随/FPV，如图 2.16 所示。

3）电池界面，如图 2.17 所示。

4）地图/FPV 切换—FPV 界面，如图 2.18 所示。

5）地图/FPV 切换—地图界面，如图 2.19 所示。

航线是飞机飞过的轨迹，可以通过航线画出自己想要的形状。

（5）遥控器对频。如果没有对频，打开飞机和遥控器之后，将出现遥控器电源灯红色、飞机指示灯黄灯快闪以及 DJI GO App 显示无图传信号的现象。飞行器返修或更换遥控器后，都需要进行遥控器对频，如图 2.20 所示。

2.2.4　大疆 RTK 产品航线制定操作方法

规划航线步骤如下：

（1）用户可通过以下两种方式添加作业区域边界点：查看已导入的 KML/KMZ

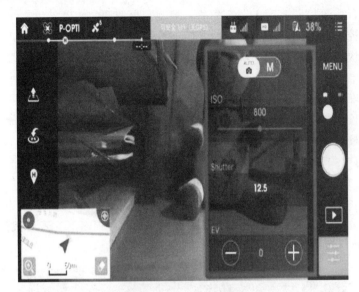

图 2.15　相机高级设置

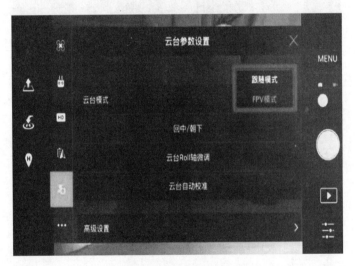

图 2.16　云台跟随/FPV

文件，然后点击"编辑"，文件中多边形的顶点将转换为作业区域边界点。在 DJI GSRTK App 主界面点击"规划"，选择"摄影测量"进入规划界面。点击地图添加作业区域边界点。

（2）编辑边界点移动：拖动点进行移动。微调：单击点，在弹出的菜单中进行点位置的微调。删除：双击点进行删除。

（3）设置参数：添加点后，界面右侧显示参数设置列表，根据需要设置各项参数，App 将自动生成对应航线。

（4）调整航线方向：点住航线附近的 ⊙ 图标并拖动可调整已生成航线的方向。

（5）点击"保存"，然后命名任务，点击"确定"执行作业用户可以在规划完

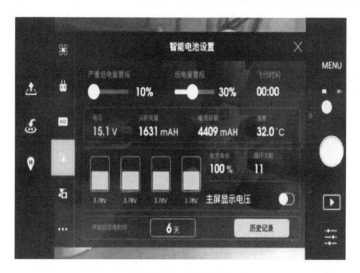

图 2.17　电池界面

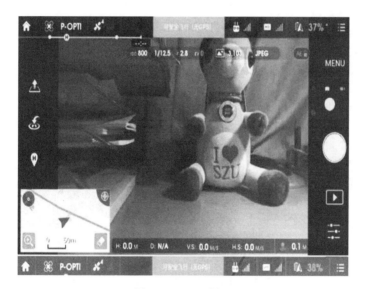

图 2.18　FPV 界面

成后立即调用并执行作业。

若未立即调用，则按以下步骤操作：

（1）开启遥控器及飞行器电源。

（2）在 DJI GSRTK App 主界面点击"飞行"。

（3）在相机界面点击 ≋ 进行相机参数设置。点击界面左侧的 目 图标，在顶部的下拉菜单中选择"规划"，然后选择作业航线。点击地图进入编辑模式，编辑航点及调整作业参数，然后保存。

（4）点击"调用"，然后点击"执行"，等待航线上传至飞行器。

（5）起飞并执行作业。

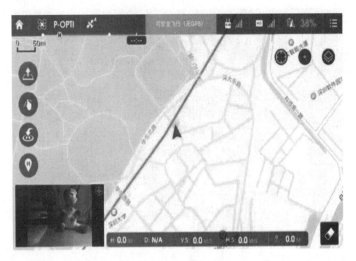

图 2.19　地图界面

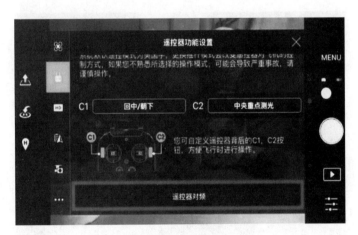

图 2.20　遥控器对频

1）若已手动起飞，则滑动滑块以执行作业。

2）若飞行器未起飞，则滑动滑块以自动起飞并执行作业。航点飞行用户将飞行器飞至所需位置，添加航点，给每个航点设置参数及航点动作等，航点将按顺序连成航线。调用并执行作业后，飞行器将按照航线自动飞行并在每个航点处执行相应动作。

2.3　大疆无人机系统升降级操作

通过以下地址下载 DJI Assistant 2 调参软件 http：//www. dji. com/matrice - 200 - series/info♯downloads 进行下载。固件升级使用 DJI GO 4 App 或者 DJI Assistant 2 调参软件对飞行器和遥控器进行升级。

2.3.1 无人机固件不匹配升级

1. 飞行器升级方法

如果配合使用的云台相机为 Zenmuse X5S 和 X4S，通过 DJI Assistant 2 或 DJI GO 4 App 进行升级时，将同时升级飞行器和云台相机固件。如果配合使用的云台相机为 Zenmuse Z30，XT 和 XT2，通过 DJI Assistant 2 或 DJI GO 4 App 进行升级时，仅升级飞行器固件，云台相机需要通过 Micro SD 卡进行升级。

（1）方法一：使用 DJI Assistant 2 升级。

1）开启智能飞行电池，并向左拨动 USB 模式切换开关。

2）使用标配的双 A 口 USB 线连接飞行器的调参接口至个人电脑。

3）启动 DJI Assistant 2 调参软件，使用 DJI 账号登录并进入主界面。

4）点击 M200 SERIES，然后点击左边的固件升级选项。

5）选择并确认需要升级的固件版本。

6）DJI Assistant 2 调参软件将自行下载并升级固件。

7）升级完成后，请重启机器。

（2）方法二：使用 DJI GO 4 App 升级。

1）开启智能飞行电池，并向右拨动 USB 模式切换开关。

2）遥控器和飞行器都保证开启并处于连接状态。

3）使用合适的 USB 连接线连接移动设备至飞行器的调参接口。

4）根据 DJI GO 4 App 的提示进行固件下载升级，升级时需连接互联网。

5）升级完成后，请重启机器。整个升级过程将持续 15min 左右。在升级过程中飞行器可能会出现如下状况：云台无力；状态指示灯异常闪烁或飞行器自行重启。以上均属正常现象，请耐心等待固件升级完成。

a. 升级过程中，飞行器会发出"滴—滴—滴—滴"的提示音。升级成功后飞行器会发出"滴—滴滴"的提示音，升级完成后请重启设备。

b. 若飞行器发出"滴—"长鸣提示音，则表示升级失败，请尝试重新升级。

c. 若使用 DJI GO 4 App 进行升级，当升级完成 30% 以上时，可断开移动设备和飞行器的连接，且无须接入互联网。

d. 使用 Micro SD 卡进行 Zenmuse Z30 和 XT 云台相机固件升级的详细内容，请参考对应的云台相机用户手册。

2. 遥控器固件升级方法

（1）浏览 DJI 官网并进入 Phantom 4 Pro/Pro＋专题页面，下载最新的 Phantom 4 Pro＋遥控器固件压缩包。

（2）将解压后的文件（GL3OOE_RC_×××. bin.）拷贝至 Micro SD 卡。

（3）将 Micro SD 卡插入 Phantom 4 Pro＋遥控器的 Micro SD 卡槽。

（4）开启遥控器电源，进入系统设置->系统更新界面，点击右上角的本地升级，可以查看到 Micro SD 卡中保存的最新固件，点击升级之后自动开始升级。

开启遥控器电源之后，将自动进行升级。升级时长为 10min 左右，过程中，遥控器会发出提示音。遥控器状态指示灯显示蓝色，升级成功后遥控器提示音将会消失，遥控器状态指示灯显示绿色，若升级失败，遥控器状态指示灯显示红色，可尝试重新升级。升级过程中请勿关闭遥控器电源。

注意请勿将 Micro SD 卡插入读卡器并使用遥控器的 USB 接口进行升级。

2.3.2　无人机固件联网更新升级

在升级固件之前，请保证设备有 50% 以上的电量，为了安全起见，无人机的桨叶必须卸下。

（1）在 PC 端进入大疆官网，找到对应固件地址点击下载并解压文件。

（2）将无人机上的内存卡取出，用读卡器将内存卡与电脑连接之后，将解压后得到的后缀为 bin 格式的文件拷贝至内存卡根目录。

（3）将内存卡装回无人机上，开启电源，设备将会自动完成升级，升级完成后，请重启设备（在升级无人机前，请先将遥控器的电源关闭，断开连接）。

注：升级固件的时间大概需要 20min，升级过程中，云台会发出"滴—滴—滴—滴—"的短促提示音；当云台会发出"滴—滴滴"的提示音，代表升级已经成功；若云台发出"滴——"长鸣提示音，则表示本次升级异常，请尝试重新升级。

升级完成之后，也可将内存卡取出，插入电脑，找到新生成的 txt 格式文件，打开后看到"Result：success"，则表明升级成功。

2.4　无人机巡检系统调试与校准

2.4.1　无人机巡检系统的调试

2-3
指南针
校准

无人机巡检系统的调试内容包括无人机巡检系统的拆解和组装、地磁校准等相关工作。

1. 无人机巡检系统组装步骤

无人机巡检系统组装步骤如图 2.21 所示。

2. 地磁校准

为什么要进行地磁校准呢？

不同地方的磁场不同，另外飞机在运输过程中会有各种干扰磁罗盘的因素，因此需要校准罗盘防止危险发生。校准是为了消除地理误差。

校准的常见方法是用之前保存的位置跟当前位置进行计算校准。针对磁坐偏角的两种不同情况判断清楚度盘改正的方向。若磁北偏于坐标北之东，则坐标方位角大于磁方位角。应将度盘 0°分划线顺时针拨动，以增大校准目标后磁针指北端的计数；若磁北偏听偏于坐标北之西，则坐标方位角小于磁方位角，此时应将度盘 0°分划线逆时针拨动，以减小校准目标后磁针指北端的读数。经过校正过度盘圈的磁罗盘，即可直接测得直线的坐标方位角。

无人机首次使用必须进行地磁校准，指南针才能正常工作。指南针易受到其他

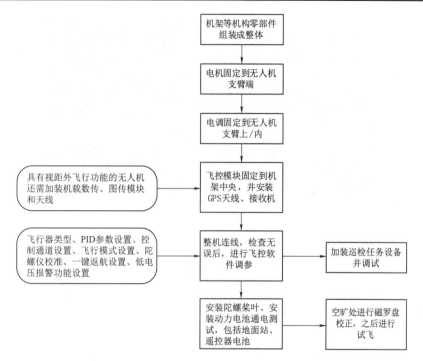

图 2.21　无人机巡检系统组装步骤

电子设备干扰而导致数据异常影响飞行，经常校准可使指南针工作在最佳状态。

指南针获取的地磁数据关系到飞行航向判断，指南针受到干扰可能会让无人机偏离航向，严重威胁飞行安全。

2.4.2　指南针校准

1. 需要指南针校准的情况

在室外飞行时，出现以下情况时必须进行指南针校准：

（1）在距离上次成功校准指南针的地点超过 50km 的地方飞行。

（2）超过 30 天未使用无人机。

（3）DJI GO 4 App 提示"指南针异常，请移动飞机或进行指南针校准"。

（4）飞行状态指示灯红黄交替慢闪。

指南针异常如图 2.22 所示。

2. 指南针校准的详细步骤

无人机起飞前如果自检发现需要进行指南针校准，运行 DJI GO 4 App 后，界面上将会出现指南针校准的提示，如图 2.23 所示。

如果出现以上提示，直接按校准进行指南针校准。如果没有上面的提示，我们想进入指南针校准，则需要在 App 进入"飞控参数设置"，下拉到底部，选"高级设置"。

图 2.22　指南针异常

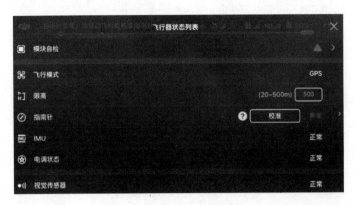

图 2.23　指南针校准

（1）在离地面 1.5m 的地方，水平旋转飞行器 360°，飞行器状态指示灯绿常亮。

（2）在离地面 1.5m 的地方，机头朝下竖直旋转 360°。

（3）完成校准后，如果状态指示灯显示红灯闪烁，表示校准失败，需要更换起飞地点后重新校准指南针。指南针校准成功后，3min 内可起飞。如果把飞无人机放回地面 3min 后再次提示需要校准，则需要重新校准。

注意不要在强磁场区域或大块金属附近校准，如磁矿、停车场、带有地下钢筋的建筑区域、汽车旁等。校准时不要随身携带手机等铁磁物质。另外室内飞行无须校准指南针。

2.4.3　视觉传感器校准

Phantom 4 Pro 机身的前后和底部各配有两个视觉传感器，用于感知障碍物和定位，当拿到 Phantom 4 Pro 时，它的传感器已经进行过校准。如果出现异常，DJI GO 4 App 会提示再次校准。校准方法如下：

（1）到大疆官网下载 DJI Assistant 2 软件开启飞行器用 USB 线将飞行器与电脑连接。软件下载图标如图 2.24 所示。

图 2.24　软件下载图标

（2）打开 DJI Assistant 2 软件，点击右上角用户登录，登录 DJI 账号后，选择 Phantom 4 Pro，点击左侧的校准，根据屏幕上的提示先进行前视校准，再进行下视校准，最后进行后视校准。视觉传感器校准如图 2.25 所示。

（3）操作完成后，飞行器自动开始进行校准计算，校准完成后，关闭 DJI Assistant 2，重启飞行器。

2.4.4　IMU 校准

无人机校准 IMU 特别重要，无人机是由众多传感器组成的，之所以现在的无人机厂家生产出的无人机会出现这样那样的一些问题，究其原因，与这些传感器制造及使用的过程有很大的关系。在使用无人机过程中，由于磁场以及大的振动或者放置不水平、环境等诸多因素的影响，会出现 IMU 异常，需要重新校准 IMU（In-

图 2.25 视觉传感器校准

ertial Measurement Unit)。

　　IMU，指的是惯性测量装置，也称惯性测量单元，它由 3 个单轴的加速度计和 3 个单轴的陀螺仪组成，加速度计检测物体在无人机坐标系统独立三轴的加速度信号，而陀螺仪检测无人机相对于导航坐标系的角速度信号，对这些信号进行处理之后，便可解算出无人机物体的姿态。IMU 是无人机飞控的组成部分。无人机的飞控是由主控 MCU 和惯性测量模块 IMU 组成。IMU 提供飞行器在空间姿态的传感器原始数据，一般由陀螺仪传感器、加速度传感器、电子罗盘提供飞行器 9DOF 数据。

　　大疆无人机出现 IMU 异常提示时，必须校准 IMU。具体的操作方法是：找一个纯平的水平面，这个面的水平度直接影响 IMU 校准的精度。打开大疆无人机 App 中的 IMU 校准，进行重新校准。大疆 IMU 校准是大疆无人机安全飞行的重要前提条件，在开机自检后系统提示异常的情况下，一定要先校准。

　　基本过程是按照大疆无人机 App 提示，将无人机正面、左侧面、右侧面、反面（趴着），以及直立面（底部）分别放置一遍。

　　（1）打开手机 App，并打开飞机的遥控器，使手机 App 与遥控器相连，同时将无人机水平放置。按照 App 提示点开始，除了 App 有提示翻转无人机外，不要动无人机。有些 IMU 校准需要的时间比较长，正常的时间是 5～15min。超过 20min，请重新开始，但这里要注意了，一般是哪个步骤出现问题了，比如翻转的动作与提

27

示的有出入等。

（2）侧面摆放无人机。

（3）头尾相反，也是侧面摆放无人机，如图2.26所示。

图2.26 IMU校准

（4）平躺摆放无人机，与开始校准时的摆放正好相反。

（5）也是最后一步，竖立摆放无人机。

（6）完成。

大疆IMU校准是大疆无人机安全飞行的重要保证，使用无人机必须理解与学会如何校准IMU。

2.4.5 遥控器摇杆模式切换和摇杆校准

摇杆校准适用于个别机型，下面介绍一种无人机摇杆校准方式。设置图标如图2.27所示。

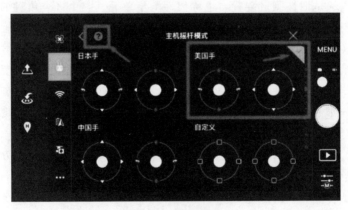

图2.27 设置图标

中国手、美国手、日本手的摇杆上下左右控制效果是有区别的。请点击左上角"？"图标，右下角将弹出摇杆每个方向对应的控制效果。主机摇杆模式如图2.28所示。

切换成自定义模式，请根据以下3步：点击"自定义"→拖动方向按钮到下面→点击右上角"保存"。

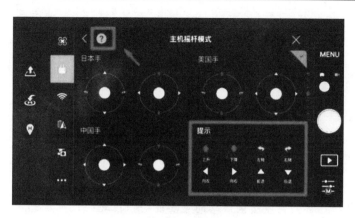

图 2.28 主机摇杆模式

3－1
空中设备
故障和异
常报警处
理

第3章 空中设备故障和异常报警处理

　　无人机巡检已成为架空输电线路的重要巡检手段之一，主要优点是具有受地形限制小、塔头巡检效果好、成本低、操作简单、巡检效率高等优势。目前，国网现有各类型无人机近 2000 架，近两年来使用无人机累计巡检杆塔超过 20 万基，其效率是人工巡检的 8～10 倍。但是近年来，全球无人机产业高速发展。无人机不仅越来越多地被用于航拍、摄影等，在农业、测绘、警用等方面也有着广阔的发挥空间。而大疆无疑是当今最著名的无人机品牌，在全球无人机市场上拥有绝对的话语权。目前，大疆产品占据了全球超 80% 的市场份额，国内超 70%，在全球民用无人机企业中排名第一。

　　无人机主要由飞控、通信系统、定位系统、动力系统以及智能飞行电池组成。无人机在巡检过程中，无人机可能会出现一些不可避免的故障，此时就需要飞手对故障类型进行简单判断并采取相应措施，以免造成不必要的损失。本章节将详细介绍飞行器上各个部件的功能。

3.1 飞 行 模 式

3－2
无人机飞
行模式

　　无人机在飞行中，飞行模式至关重要，以下会讲述各种飞行模式的区别，以便机手能够根据不同情况选择不同的飞行模式。

　　1. P 模式

　　P 精灵 3 的 P 模式是最为常用的模式，表现比较安全稳定。P 模式又分为 P－GPS、P－OPTI 和 P－Atti 3 种模式，在遥控器切换到 P 档时，这 3 种模式根据条件不同自动进行切换，并不需要手动调整。

　　(1) P－GPS 模式。P－GPS 模式是在卫星数大于或等于 6 时自动启用，此时飞行器可以实现空中准确悬停，而且卫星数越多，飞行器的悬停精度越高。假如飞行器高度低于 3m，视觉定位系统会满足工作条件，同时无人机会提供视觉定位和超声波增稳，因此在 P－GPS 状态下，飞行器在水平和竖直方向都比较稳定。

　　(2) P－OPTI 模式。当飞行器接收不到卫星信号或卫星信号非常微弱，但飞行环境满足视觉定位条件时，飞行器将自动切换到 P－OPTI 模式，这一模式仅限于飞行高度 3m 以下时使用。超过 3m 高度，将为 P－GPS 模式或 P－Atti 模式。

　　在室内飞行时，假如地面和光照不满足视觉定位条件，那么飞行器无法使用这个模式，将自动切换到 P-Atti 模式（姿态模式）。

（3）P-Atti 模式。当飞行器接收不到卫星信号或卫星信号非常微弱，飞行的地面也不满足视觉定位条件时，飞行器将自动切换到 P-Atti 模式。在这一模式下飞行器能依靠气压计在竖直方向上相对稳定，而水平方向表现为自然漂移。因此在 P-Atti 模式下，需要手动调整飞行器的水平方向姿态，此时返航点无法成功记录。注意在这个模式下飞行器漂移存在炸机风险，最好避免进入这一模式。建议新手在视距内的近处使用飞行器，并且远离建筑或树木等障碍物，减少进入该模式的风险。注意假如使用 P 模式以外的飞行模式，操作步骤为：在 App 相机界面中，找到"飞控参数设置"，选择"高级设置"，打开"允许切换飞行模式"，才能使遥控的模式切换生效。否则遥控器切换挡位后，飞行器仍默认 P 模式。

2. A 模式

A 模式是半手动的姿态模式，在此模式下飞行器在竖直方向比较稳定，水平方向表现为自然漂移。在使用 A 模式时飞行器的表现与 P-Atti 模式相似。与 P-Atti 的最大区别在于 A 模式是主动选择使用姿态模式，而 P-Atti 模式则是由于条件不足被迫进入姿态模式。这一区别也使 A 模式在卫星信号良好的情况下可以记录返航点，并实现准确返航。P-Atti 模式由于是卫星信号不足被动进入的，所以无法记录返航点，也无法准确返航。

3. F 模式

F 模式是高级应用模式。目前仅能使用 F 模式中的航向锁定功能，该功能是用于确定一个飞行坐标系，X 轴正方向为水平向右，Y 轴正方向为水平向前，当飞行器处于航向锁定状态时，无论机头朝向是哪边，飞行器对遥控信号的响应如下：

控制飞行器向右飞行时，飞行方向与 X 轴正方向一致；控制飞行器向前飞行时，飞行方向与 Y 轴正方向一致。因此，航向锁定又称为无机头模式。

航向锁定功能的开启办法如下：在飞控参数设置页面，找到高级功能选项，点击进入后选择允许切换飞行模式和允许航向锁定模式；在高级功能选项中也可以重置坐标系的 X 轴和 Y 轴的正方向。

4. S 模式

S 模式又称为运动模式，在该模式无人机通过 GPS 模块或下视视觉系统实现精确悬停，相比于 GPS 模式，该模式下操作无人机时灵敏度更高，速度更快。但该模式主要为满足部分熟练飞手体验竞速而设置，不建议新手尝试。

在使用 S 模式（运动）飞行时，机身四周的视觉系统和红外感知系统不会生效，飞行器无法主动刹车和躲避障碍物，用户务必留意周围环境，操控飞行器躲避飞行路线上的障碍物。

飞行器的飞行速度较 P 模式（定位）和 A 模式（姿态）将大幅度提升，由此造成刹车距离也将相应地大幅度增加，在飞行时，用户应预留至少 50m 的刹车距离以保障飞行安全。

3.2　飞行器状态指示灯

飞行器机身上包含机头 LED 指示灯以及飞行器状态指示灯。指示灯示意图如图 3.1 所示。

机头LED指示灯　　　　　　　　　　飞行器状态指示灯

图 3.1　指示灯示意图

机头 LED 指示灯用于指示飞行器的机头方向，飞行器启动后将会显示红灯常亮。尾部的飞行器状态指示灯指示当前飞控系统的状态。不同的闪灯方式所表示的飞行状态不同，飞行器状态指示灯说明见表 3.1。

表 3.1　　　　　　　　　　　　飞行器状态指示灯说明

正　常　状　态	
红绿黄连续闪烁	系统自检
黄绿灯交替闪烁	预热
绿灯慢闪	P 模式，使用 GPS 定位
绿灯双闪	P 模式，使用视觉系统定位
黄灯慢闪	A 模式，无 GPS 及视觉定位
绿灯快闪	刹车
警　告　与　异　常	
黄灯快闪	遥控器信号中断
红灯慢闪	低电量报警
红灯快闪	严重低电量报警
红灯间隔闪烁	放置不平或传感器误差过大
红灯常亮	严重错误
红黄灯交替闪烁	指南针数据错误，需校准

3.3　无人机系统应急设置

如果飞行器具备自动功能。起飞前成功记录了返航点，若飞行过程中遇到紧急情况，飞行器将自动返回返航点并降落，以防止发生意外。在自动返航过程中，如

3-3
失控返航

果前视视觉系统开启且环境条件允许，当机头前方遇到障碍物时，飞行器将自动爬升躲避障碍物；在飞行器完成躲避前方障碍后，将缓慢下降飞向返航点。为确保机头朝向，此过程中用户无法调整机头朝向，以及无法控制飞行器向左、向右飞行。若光照条件不符合前视视觉系统需求，则飞行器无法躲避障碍物，但用户可使用遥控器控制飞行器速度和高度，所以在起飞前务必先进入飞行器的相机界面，选择并设置适当的返航高度。这里为用户提供了 3 种不同的自动返航方式，分别为智能返航、智能低电量返航以及失控返航。

1. 失控返航

基于前视的双目立体视觉系统可在飞行过程中实时对飞行环境进行地图构建，并记录飞行轨迹。当飞行器遥控信号中断超过 3s 时，飞控系统将接管飞行器控制权，参考原飞行路径规划线路，控制飞行器返航。如果在返航过程中，无线信号恢复正常，飞行器将在当前位置悬停 10s 等待用户选择是否继续返航。继续返航后用户可以通过遥控器控制飞行速度和高度，或者短按遥控器智能返航按键以取消返航。返航过程如图 3.2 所示。

图 3.2　返航过程图

如图 3.2 所示，当 GPS 信号欠佳 （三格以下，GPS 图标为灰色）或者 GPS 不工作时，无人机将无法实现返航；返航过程中，当飞行器上升至 20m 以后但没达到预设返航高度前，若用户推动油门杆，飞行器将会停止上升并从当前高度返航；若在飞行器水平距离返航点 20m 内触发返航，由于飞行器已经处于视距范围内，飞行器将会从当前位置自动下降并降落，而不会爬升至返航高度。

2. 智能返航

智能返航模式可通过遥控器智能返航按键启动，其返航过程与失控返航一致，区别在于用户可通过打杆控制飞行器速度和高度躲避障碍物。启动后飞行器状态指示灯仍按照当前飞行模式闪烁。智能返航过程中，飞行器可在最远 300m 处观测到障碍物，提前规划绕飞路径，智能地选择悬停或绕过障碍物。如果障碍物感知系统失效，用户仍能控制飞行器速度和高度，通过遥控器上的智能返航按键或相机界面退出智能返航后，用户可重新获得控制权。

3. 智能低电量返航

智能飞行电池电量过低时，没有足够的电量返航，此时用户应尽快降落飞行器，否则飞行器将会直接坠落，导致飞行器损坏或者引发其他危险。为防止因电池电量不足而出现不必要的危险，飞行器主控将会根据飞行的位置信息，智能地判断当前电量是否充足。若当前电量仅足够完成返航过程，将提示用户是否需要执行返航。若用户在 10s 内不做选择，则 10s 后飞行器将自动进入返航。返航过程中可短按遥控器智能返航按键取消返航过程（注意：智能低电量返航在同一次飞行过程中仅出现一次）。电量报警图例如图 3.3 所示。

图 3.3　电量报警图

若当前电量仅够实现降落，飞行器将强制下降不可取消；返航和下降过程中均可通过遥控器（若遥控器信号正常）控制飞行器。电量指示见表 3.2。

表 3.2　　　　　　　　　　　　　电　量　指　示

电量指示	含　义	飞行器状态指示灯	界面提示	飞　行
智能低电量返航	剩余电量仅够安全返航	红灯慢闪	提示是否自动返航降落，若不做选择，10s 后飞行器将默认返航，用户可选择立刻返航或取消返航	选择执行后，飞行器将自主返航，并在返航点上方 2m 处悬停等待用户确认降落。用户亦可在返航过程中重新获取控制权并自行降落。注意：重新获取控制权后，将不会再次出现低电量报警返航提示框
智能低电量降落	剩余电量仅够从当前高度降落	红灯快闪	提示用户正强制降落，不可取消	飞行器将缓慢自行降落并停止电机
预计剩余飞行时间	当前电量所能支持的剩余飞行时间	无	无	无

飞行器自动下降过程中也可以推油门杆使飞行器悬停，操控飞行器转移到更合适的地方再降落。

电池能量槽上的颜色区间以及预计剩余飞行时间信息，将根据飞行器的飞行高度以及离返航点的距离动态调整。

4. 精准降落

飞行器在自动返航的过程中，当到达返航点上方后开始匹配地面特征，一旦匹配成功则开始执行精准降落，使飞行器能够精准地回到起飞点。精准降落过程中降落保护同时生效。

飞行器仅在满足以下条件的情况下可实现精准降落：

(1) 飞行器仅在起飞时记录返航点，飞行过程中未刷新返航点。

（2）飞行器起飞方式为垂直起飞，且起飞高度超过 7m，地面环境未发生动态变化。地面环境纹理不是太少（如雪地）光线不是特别暗（如晚上）或强光照射，降落过程中，可使用遥控器进行控制。下拉油门摇杆可加大下降速度；上推油门摇杆或者其他方式拨动摇杆都被视为放弃精准降落，飞行器将垂直下降，降落保护功能同时生效。

5. 自动返航避障过程

当光照满足前视视觉系统工作条件时，飞行器可实现返航避障，具体操作如图 3.4 所示。

（1）飞行器可在最远 300m 处观测到障碍物，提前规划绕飞路径，智能地绕过障碍物。

（2）若机头前方 15m 处检测出障碍物，飞行器将减速。

（3）减速至悬停后，飞行器将自行上升以躲避障碍物。在上升至障碍物上方 5m 处后，飞行器停止上升。退出上升状态，飞行器继续飞往返航点。

操作图如图 3.4 所示。

图 3.4　操作图

6. 降落保护功能

飞行器自主降落过程中，到达返航点上方时，降落保护功能生效飞行器具体表现如下：

（1）若飞行器降落保护功能检测到地面可降落时，飞行器将直接降落。

（2）若飞行器降落保护功能检测结果为不适合降落时（如下方为不平整地面或水面），则飞行器悬停，等待用户操作；即使严重低电量报警时，飞行器检测到不平整的地面仍然会悬停，当电量为 0 时才开始下降，过程中依旧可以控制飞行器其他方向的飞行动作。

（3）若飞行器降落保护功能无法检测到地面情况时，则下降到离地面 0.3m 时，将会提示用户是否需要继续降落。用户确认安全后，点击确认或者拉油门摇杆到底保持 2s，飞行器降落。

7. 降落保护功能无法检测的情况

（1）操作俯仰/横滚/油门杆过程中不做检测（松开摇杆后满足检测条件则重新进入检测）。

（2）飞行器定位不准确（如发生漂移）。

（3）下视视觉系统标定异常。

（4）光线情况不满足下视视觉系统使用条件。

在盲区前（距离障碍物 1m）下视视觉系统仍未获得有效观测结果，则进入最后一种情况，飞行器降落到距离地面 0.3m 时，悬停等待用户确认降落。

3.4　无人机应急处置

无人机作为一种电子设备，在巡检过程中会因各种因素导致无人机失控等意外状况发生，常见情况包括 GPS 信号丢失、输电线路无线/电磁信号干扰导致的飞控崩溃等。掌握无人机应急处置是无人机巡检操控人员的基本技能，主要包括空中设备故障和异常报警处置、应急迫降、坠机后续处理和人身伤害处理等内容。

应急处理措施是指无人机在飞行过程中发生因天气、操作、设备等原因引起的无人机失联或失控等危险情况时，作业人员采取的处理措施。应急处理的基本原则是最大限度地确保人身、电网、装备安全。当无人机发生故障或遇到紧急的意外情况时，需尽快操作无人机迅速避开高压输电线路、村镇和人群，确保人民群众生命安全和电网安全，尽可能控制无人机巡检系统在安全区域紧急降落。如无法控制无人机在安全区域紧急降落，坠机已无法避免，应在无人机冲向人群或触地前关闭发动机并锁桨，避免可能造成的二次伤害。

1. 空中设备故障和异常报警处置

（1）无人机视距外飞行 GPS 丢星。无人机如果在视距外飞行出现 GPS 丢星的情况，此时如果无人机图传是好的，有机载视频能提供引导，可以仿照 FPV 模式，将无人机飞回。如果飞控姿态还持续有效，数据链路也仍然有效，可用姿态模式将其飞回。如果不能飞回，果断在野外开伞回收。如无伞可考虑收油门，以防飞丢。

（2）数传上行链路通信中断。多旋翼无人机飞行过程中出现数据传输上行链路通信中断的状况，此时如果无人机处于地面通控状态，无人机将失去控制。如果处于自动驾驶状态，则无人机按自动程序飞行。视距内应目视飞机尽快着陆；视距外，这时可尝试重新启动地面站或检查上行链路设备恢复通信，否则只能耐心等待飞完所有航点后返航或链路中断触发返航机制。

（3）数传下行链路通信中断。多旋翼无人机飞行过程中出现数据传输下行链路通信中断的状况时，地面站软件上的飞行状态和数据不再更新。无人机在视距内应尽快遥控着陆；视距外，先发送返航指令，耐心等待返航；个别情况下，可依靠任务设备图像返航。

（4）固定翼无人机数传链路通信中断。固定翼无人机飞行过程中出现数据传输下行链路通信中断的状况时，此时首先调整地面链路天线位置。有些飞控能设置在链路中断多长时间后返航，这些事先要设置。如若全程时间到未能返航，可按航线地面寻找。如若该无人机加入优云系统，可联系优云服务商查找最终点。视距外作业的无人机应当在机身明显处张贴联系方式。

（5）遥控器失效。无人机在飞行过程中突发遥控器失效的情况，此时如果机载自动驾驶仪有链路中断自动转入程序控制功能，应立即中断上行链路，否则，做好应急救援准备。

（6）电机停转。四旋翼无人机在飞行过程中遇到个别电机停车时，无法完全手动操作无人机迫降，若无伞降装置，则应在保证最大限度地地面安全处置并回收无人机。六旋翼、八旋翼无人机在遇到个别电机停转时，应迅速将飞行模式切回手动模式或姿态模式，运用3600悬停的修正方式找准无人机机头，若海拔偏高，应采取 Z 字下降路线，尽量避免垂直下降。

（7）风向变化。固定翼无人机在降落时风向变化为顺航向，此时视风力大小是否超过顺风着陆限制，如果超过限制，应复飞或改变着陆方向。

（8）侧风超限。固定翼下滑拉平时，若侧风超过限制，此时首先应复飞待机，视风速减小到可降落时适时着陆。

（9）燃油动力无人机空中停车。如果可在空中起动的，应首先尝试启动发动机。若不能起动，在本场时选择迫降；不能返回本场时，则在预设迫降场迫降；如无预设迫降场，则尽量选择无人区迫降。

（10）无人机反应异常。使用遥控器遥控飞行时，无人机出现反应时断时续或无反应的情况，多数此类情况出现在无人机目视较远距离飞行、遥控器电力不足。

在外界干扰的情况下，现阶段多数自动驾驶仪都有失控保护功能会切入自动驾驶，此时为了防止自驾仪在手动自动之间切来切去反而造成危险，需要果断切换遥控器开关进入自动模式并关闭遥控器，之后再等待无人机自动飞回较近距离或检查遥控器电源或等待干扰消失。

（11）无人机在飞行中晃动过大或反应滞后。首先检查飞控感度，其次有可能的原因是：①多旋翼飞行器机臂刚度不够，或有安装旷量；②多旋翼机体太大致使转动惯量太大；③多旋翼螺旋桨太重，加减速慢，致使操纵相应慢；④固定翼机体或舵面刚度不够，连杆、摇臂或舵机本身有重量。

（12）未按规划航线飞行。若发生无人机起飞进入航线飞行后，突然出现不按规划航线飞行，首先切入姿态模式，观察是否只是外回路位置出了问题；如果内回路姿态也有问题，则切换至手动模式进行降落，降落后回放数据检查原因。

（13）电机未响应。无人机地面起飞前检查时，遥控器推油门，油门舵机不响应或旋翼电机不旋转，可能是由于控制模式不对、遥控器没电、遥控器高频头没装或损坏、没对频、舵机故障或电机故障、电调故障等原因造成。

（14）飞行器持续升高或下降。自动定高飞行时，飞行器持续升高或下降，可能的原因是无人机的高度传感器故障或动力系统故障。

（15）故障灯显示。无人机上标配有 LED 尾灯，尾灯闪烁方式及颜色标明无人机当前的飞行状况，以大疆系列无人机为例，红灯慢闪表示无人机低电量报警；红灯快闪表示无人机严重低电量报警；红灯常亮表示系统出现严重错误；黄灯快闪表示遥控器信号中断；黄灯间隔闪烁表示无人机放置不平或传感器误差过大；红黄灯交替闪烁表示指南针数据错误，需校准；白灯闪烁，为无人机正在执行返航指令或者飞行器自动下降。

一般无人机遥控器均设置有电压报警，当无人机遥控器发出急促嘀嘀警报音或者震动表示无人机遥控器低电压报警。部分无人机遥控器配备指示灯，当出现红灯常亮表示遥控器未与飞行器连接，红灯慢内表示遥控器错误；红绿/红黄灯交替闪烁表示遥控器图传信号受到干扰。

（16）无图像信号。无人机地面站无图像信号，此时应检查发射机、接收机是否工作正常，并检查图传通道是否受到干扰。

（17）指南针异常。无人机地面站显示指南针异常的情况下，应重新校准指南针。针对以上异常情况，本书将会重点介绍如何解决防撞及路线规划和数行链路丢失的问题。

2．无人机感知—避让系统架构

（1）感知系统。当前无人机的感知系统主要分为 4 类：主动合作方案、被动合作方案、主动非合作方案、被动非合作方案。但无论用何种方式实现无人机对周围态势的感知，都必须要有两个最基本的性能，即周围航空器位置信息的获取与飞行冲突的预测。在有人机上，飞行冲突的预测依靠管制员、飞行员及防相撞设备共同实现。在飞行过程中，管制员可能凭借预先的飞行计划或当前态势推测出潜在的飞行冲突，并及时进行飞行调配，消除飞行冲突。当飞行量较大时，管制员可能无法及时发现潜在的冲突，当两架航空器达到一定距离，进入防相撞设备的告警区域时，机载设备就会发出告警提醒飞行员，并提供冲突解脱的决策咨询。而无人机的感知设备则要达到与有人机同样的冲突预测性能。无人机的冲突预测阶段划分如图 3.5 所示。当航空器进入无人机的探测范围内，无人机的感知系统便开始建立该航空器的历史航迹，并根据当前探测的飞行状态预测航空器的飞行趋势。当航空器与无人机进一步接近到一定距离，且与无人机的飞行路线存在飞行冲突，飞行冲突告警将自动开启，告警信息同时传输至无人机地面控制站与相关管制部门。

图 3.5　无人机的冲突预测阶段划分

（2）避让系统。在冲突识别的基础上，无人机需要进行冲突避让。当前无人机的避让系统主要有两种：人在回路的飞行控制系统与自主控制系统。

1）人在回路的飞行控制系统。人在回路的飞行控制系统是当前被广泛采纳的系统，对于管制员提出的指令或面临的变化都能进行很好的处理。但受制于数据传输链路影响，会有一定的延迟。对于有人机来说，从飞行员发现冲突到进行有效的飞行机动需要 10～12s 的时间，但对于人在回路的控制系统，避让机动的延时会随着通信方式的不同而长短不一。此外，由于数据链路存在被干扰的风险，该方案的可靠性也相应降低。

2）自主控制方案。自主控制方案与人在回路的控制系统相对应的是自主控制系统。无人机的自主控制要求其具有较高的自主决策能力与航路规划能力，在计算出冲突点后，立即进行自主决策，选择避让方式，进行避让路径的规划，无人机自主避让系统如图 3.6 所示。当确定避让路径后，无人机的飞行控制系统就根据确立

3－4
自主控制
方案

的方案进行飞行机动。与此同时，无人机还需要根据变化的空域态势信息进行实时的航路重规划，确保安全间隔的保持。在冲突解脱之后，为了避免陷入二次冲突，无人机还需要进行航路恢复的机动操作。

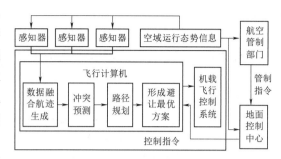

图3.6 无人机自主避让系统

为了减小无人机因系统故障导致安全性降低的风险，无人机将保留人工控制的功能。在更多的情况下，无人机飞行员起到监视的作用，只在必要的情况下进行人工控制，同时，无人机的空域运行还必须接受管制部门的监视和飞行调配。

（3）通信系统。无人机的通信链路、传输数据、频谱分配以及无线电备用频率的可靠性，已经成为当前无人机系统必须面临的关键挑战。在无人机系统集成的环境下，无人机对周围空域态势的感知除了使用机载探测设备以外，还要通过共享其他航空器的探测信息来获取，而飞行员对无人机的控制同样需要通信系统来实现。然而由于当前各个平台之间开发商的不同，数据链路不兼容，导致无人机与无人机之间、无人机与有人机之间的信息共享极为有限。因此，为了实现无人机系统集成下的感知避让功能，通信系统必须具有足够高的可靠性与兼容性。随着无人机数量的上升，或在复杂的作战条件下对频谱实施有效的管控，抵御敌方的电磁干扰，保证无人机数据传输的连续性与安全性也是无人机空域运行的关键所在。

（4）标准体系。无人机感知—避让系统的设计需要以空域运行的安全目标为依据，系统的运行必须要有相关标准体系作为约束，主要分为法规标准与技术标准。

1）在法规标准方面，在有人机的空域运行中，各国对飞行冲突的避让方式都有明确的规定。在《中华人民共和国飞行基本规则》中，对目视条件下两机相遇后的避让方式都做出了明确的规定，以避免因避让方式不协调而发生空中相撞。对于无人机而言，无论是飞行员操控下的避让还是无人机自主控制的避让，都必须进行机动方式的规范统一。感知—避让系统的有效作用范围必须符合安全间隔标准的要求，使无人机能够及时发现飞行冲突，尽早进行冲突避让，时刻与其他航空器保持规定的安全间隔。

2）在技术标准方面，为了实现空域态势的信息共享、准确及时预测飞行冲突、协调冲突避让，必须要对无人机感知—避让系统的技术标准进行统一规范，尤其是对各个分系统之间的兼容性提出明确的要求，保证空域运行的整体安全水平不因无人机的融入而有所降低。同时，无人机感知—避让性能的标准体系应该纳入无人机的分类标准中，根据无人机的整体安全性水平制定无人机在不同空域中的运行许可。

（5）无人机防相撞路径规划。路径规划方法主要有 Voronoi 图法、启发式 A*搜索法、人工势场法和蚁群算法等群智能算法。但是这类方法大多用于规避静态障

3-5
无人机防撞规划

碍物，而对于突然出现的移动障碍物不能做到有效规避。运用 MPC 算法可以实现无人机飞行路径的实时规划，主要基于威胁状态预测的 MPC 算法来解决路径规划中出现移动威胁体的情况，缺点是只考虑了单一入侵机情况，对于多入侵机没有进行研究。

本书利用了交互多模算法（IMM），引入入侵机的多种运动模型，通过预测，获取入侵机位置状态；通过 RHC 算法建立我机控制模型，加入危险接近距离，构造优化目标函数，运用微分进化算法（DE）求解目标函数，得到一系列在线控制量来控制无人机进行机动避让，实现无人机飞行中实时预测、实时避撞的目的，并以最小代价到达目标点。

3. 无人机数据链路技术

链路主要是指在中间没有任何节点的条件下，连接两个通信节点的物理线路。而本书所提出的数据链路在原本物理线路的基础上，还需要对所传输的信息进行控制，主要是通过通信协议。而无人机数据链路是在该数据链上添加实现协议的硬件和软件，无人机数据链路的主要任务是实现连接地面站与无人机之间的通信系统，从而使无人机系统中的任务平台、控制平台、监测平台以及传感器平台之间的数据可以得到传输和处理，由于以上等作用，使得无人机数据链路在整个无人机系统中起着至关重要的作用。

（1）无人机数据链路系统组成。传输通道、消息标准以及通信协议是无人机数据链路系统中的 3 个基本组成元素。

1）传输通道。传输通道的基本组成包括接口控制单元、数据处理系统、接收/发送天线以及数据链终端设备等，发射功率、通信频段等均是该部分的主要性能指标。为满足适合实际应用环境下的数据链传输要求，可以通过选取适合的编解码及加密算法、功率等完成。

如图 3.7，整个无人机数据链路由 3 个部分组成，分别为数据处理系统、接口处理以及数据处理终端。数据处理系统主要任务是实现信息的格式化处理，在该阶段有不同的实现方法。在通常情况下，可以在协处理器中进行数据处理部分，

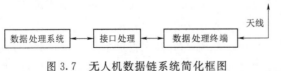

图 3.7　无人机数据链系统简化框图

同时可以通过标准数据接口完成与主处理器间的通信，来实现多处理系统中的格式化处理。而在单处理系统中，则相对简单许多，可以由主处理器来直接实现。该部分在接受遥控指令数据以及各种传感器数据后，在进行下一步发放、存储前，进行封装处理。

完成接口与不同数据链之间的转换是接口控制单元的主要任务，通过该部分可以使无人机数据达到共享、一致的效果。数据处理终端主要是进行数据的处理以及收发在通信协议的控制下，主要由加解密设备、网络控制器和调制解调器构成，该部分也是无人机数据链最为基础与核心的部分。

2）消息标准。对无人机链路中传输的数据信息的数据内容、类型、结构等方

面的规定被称为消息标准。在无人机数据链系统中，通过制定标准的数据传输格式，可以有利于处理器解析、生成等。

3）通信协议。该部分主要是实现各系统之间的数据交换。在无人机数据链系统通信过程中，对数据信息传输条件、控制方式、流程等方面的规定被称为通信协议。目前为止，世界上应用最广泛的无人机数据链通信协议是由美国制定的。通信协议主要由以下方面构成，即频率协议、网络协议、操作规程等。

（2）无人机数据链系统性能指标。传输的可靠性以及有效性是无人机数据链系统的两个基本方面，指标主要是通过分析数据链性能。在整个无人机数据链系统的设计过程中，需要确定的指标如下：

1）误码率。误码率是无人机数据链可靠性方面最基本的指标，该指标通过统计平均值来衡量数据链系统的工作情况。通常情况下，传输速率不同，相应的误码率也不相同，需要根据实际情况而定。

2）通信频段及频点。由于各种频段之间会存在着信号干扰的现象，所以需要使用跳频扩频技术，而不是使用常规的固定频点。在实际设计过程中，需要根据不同的实际情况选取不同通信频段。

3）传输速率。有效性指标一个重要的体现即传输速率。无人机系统采用的传输设备决定了该指标的大小，该指标的主要作用是反映了数据通信链路的传输能力。

4）作用距离。无线数传系统的传输距离决定了该指标范围。

5）传输延迟。该指标主要是由传播、处理、等待延迟三方面组成，主要是指在两端之间进行数据传输所经历的时间。通常情况下，根据不同类型的信息延迟可大体分为秒级和毫秒级两种。

（3）无人机数据链的结构。起飞和降落是飞行模式下的小型无人机主要的两种情况，常见的操作方式也有两种情况，分别为自控模式以及人工遥控器手控模式，两种操作方式是可以相互切换的。自控模式主要是指由处理器中的程序来实现完成完全智能的控制，然而由于无人机对控制精度等的实时指标要求极高，所以大部分情况下，均采用人工遥控器手控模式。不同的飞行模式，根据无人机数据链路的数量可以分为多数据链和单数据链两种。根据地面站与飞机的数据传输方向可以分为下行链路数据和上行链路数据两种。

1）单数据链路结构。单数据链路结构相较于多数据链路结构要简单许多，如图3.8所示，通过无线数传电台完成飞行控制器以及下位机的数据信息交换。因此地面站和飞机之间只有一条双向数据链是单数据链路结构的主要特点。在该无人机数据链系统中下位机的任务包括对机载设备参数及飞机状态等信息进行处理、接收，以及对地面站控制参数、数据处理并进行打包上传等，由此可见下位机在整个无人机系统中起着至关重要的作用。

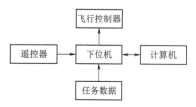

图3.9单数据链路机载系统框图，在该单　图3.8　单数据链路结构简化图

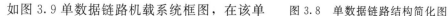

数据链路机载系统中，核心成分飞机控制处理器，可以独立地完成传感器数据、自主导航控制。由此可见，以上机载系统为典型的单处理器结构。

2）多数据链路结构。如图 3.10 所示，相较于单数据链结构，多数据链路具有一条连接地面站与飞机之间的无线链路。该无线局域网链路的主要作用是负责地面站控制的上行参数以及飞机状态的下行传输，由于工作的频段不同，因此该无线局域网链路与无线数传电台之间不会产生干扰的现象。

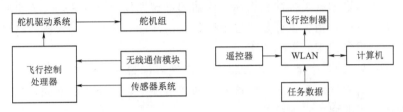

图 3.9　单数据链路机载系统框图　　图 3.10　多数据链路结构系统框图

3）单数据链路与多数据链路比较。通过对比分析，多数据链路结构与单数据链路结构的优缺点具体表现为：整体结构简单、系统资源开销低、集成度高是单数据链路结构的主要优点。在系统中采用单数据链路结构，能够很大程度地降低机载控制系统的重量、复杂度以及功耗。单数据链路结构在功耗方面，相较于多数据链路结构具有很大的优势，在相同的情况下，单数据链路结构在提高无人机的续航能力方面效果十分明显。

便于模块化设计、无线局域网链路数据传输的效率高是多数据链路结构的主要优点，目前为止，无人机数据链路系统中多数据链路结构应用最为广泛。而对应多数据链路结构的优点，其相应的缺点为涉及多处理器接口通信问题、成本高、开销大等。除此之外，由于采用无线局域网链路，因此它涵盖范围是有限的，无法实现远距离通信。多数据链路结构一般应用于调试阶段。

在无人机数据链路系统中多采用单数据链路结构，但是消息标准与通信协议，对于多数据链路结构同样适用。

（4）链路全断故障分析与改进。由于链路系统的媒介是电磁信号，主体是软件信号采样频率、编码规则和抗干扰措施，以及软件可靠性等都直接影响系统，其中任一环节出现问题都可能导致链路系统出现故障。断链就是易发故障之一，危害性极大，一旦断链时间过长，则会使飞机完全失控，造成任务失败或飞机坠毁的重大损失，从国内外情况看，不乏因断链问题而造成无人机失控引起重大损失的案例。因此，针对无人机断链故障，加强分析研究，提升链路系统可靠性，越来越受到重视，并成为无人机失效分析和可靠性工作中的重点研究课题之一。

（5）视距链路系统功能及原理。视距链路系统是任务控制站和起降控制站的重要组成部分，主要完成视距链路地面及机载终端的设备监控、链路管理、下行数据的接收和分发以及上行指令的发送功能。视距链路系统包括 UHF 波段链路和 C 波段链路，2 个波段链路独立工作，UHF 波段链路为主链路，C 波段链路为备用链路，同时 2 个波段链路又分别包括上行链路和下行链路，其中上行链路用于完成遥控/遥测指令传输，下行链路用于完成飞机、侦查等信息的传输。

3.5 电 磁 干 扰

从技术的角度来看，无人机是离不开电磁环境的。也正是由于无人机对电磁环境的高度依赖，而造成了对无人机的电磁干扰。在现代信息化的场域下，面对日趋复杂的电磁环境，如何来降低各种电磁干扰对无人机造成的影响，已成为当下无人机研究的重要内容。

现代信息化的环境，造成电磁环境异常的因素较多，其中有人为的因素，也有诸多不可控的自然因素。人为的因素则分为敌我双方的电子对抗，也有敌方的故意干扰。总体上来讲，复杂的电磁环境对无人机的影响体现在以下三方面。

（1）通信手段因电磁环境受干扰而失效。通常情况下，无人机是受到定向的电磁信号而支控的。而若在其他信号背景的噪声提高时，无人机本身的定位信号受到严重的干扰，尤其是无人机本身的定向信号相对较弱时，传输信道数据失误码频率会增高。在这种情况下，轻的话会影响测控的距离，从而影响了无人机可支持与操控的半径，严重的信号干扰，还会使得无人机与控制站失联，控制站对无人机失去控制，无人机变成了断线的风筝，不受控制站的操作而坠落。

（2）无人机因电磁链路受损而出现情报失真。复杂的电磁环境下，背景噪声严重或有特异性干扰信号时，支配与管控无人机的通信链路的建构会出现断开，会造成无人机检测不到相应的指令而不做动作，或者接收到不对称的错误代码而执行错误动作。也可能会出现动作间断，行进方向或对目标的锁定出现严重的失误，进而会使无人机收集到的信息失真，甚至收集到了数据也无法传回控制站，最终导致无法完成设定任务。

（3）导航失误致使无人机参照坐标失准。众所周知，对于无人机来说，导航是无人机操作的命门。无论是起降、航行还是翻转，无人机的任何动作都需要导航为其提供精准的坐标，才能达到既定的效果。复杂的电磁环境下，尤其是战时，空中的信号中继站可能无法依赖，由于卫星、陆基导航等系统均可能会受到干扰，依赖陀螺仪的惯性自主导航方式，无法提供精准的定位，则将使无人机在放出后，无法精准地定位自身的目标，从而无法修正其行进路线，无人机便成了"无头苍蝇"。

3.6 应 急 迫 降

为解决无人机在完全失去动力或能量不足以返场时的安全回收问题，能根据无人机巡检系统技术性能状况、现场地理气象和空域等周边环境条件，快速正确制定迫降方案，对迫降路径进行规划，选择合适的迫降点，保证周边群众和电网的安全。

3-7
空中设备
故障和异
常报警处
理题库

3.6.1　应急迫降情况分类

3-8
应急迫降
轨迹

　　无人机巡检系统在空中发生动力失效、设备故障或遇紧急意外情况等，可尝试一键返航、姿态模式、手动模式等应急操作，应尽可能控制其在安全区域紧急降落。降落地点应远离周边军事禁区、军事管理区、人员活动密集区、重要建筑和设施、森林防火区等，常见无人机应急迫降情况如下：

　　（1）无人机动力失效。无人机在遥控状态下出现动力失效，此时如果无人机有降落伞则立即开伞；无伞则利用仅有动力尽量让其跌落在无人位置。接地瞬间之前将油收至最小，以防着火。在自主飞行模式下应切换手动控制，取得飞机的控制权，迅速减小飞行速度，尽量保持飞机平衡，尽快安全降落。

　　（2）无人机未能成功开伞。如果伞舱打开，伞未完全弹出，应遥控机腹进行迫降；如果伞弹出但未完全充气，有条件的情况下进行机载切断，进行机腹迫降；不能实施机载切断的情况下，先使用最大马力看飞行操纵是否还有效，拖伞着陆。如果还未解决问题，在坠地瞬间之前将动力关至最小，减小损失，防止失火。

　　（3）在坠机已经无法避免的情况下，触地前应外八字或内八字掰遥控器遥杆进行关桨。无人机发生故障时可能造成周边财产的重大损失并对附近人员的安全构成威胁。因此，如果因无人机巡检飞行造成了人身安全事故，首先视情况开展紧急救护，作业人员须具备紧急救护能力，正确包扎伤口，止血，正确处理烧伤、骨折、触电、蛇虫叮咬等野外作业可能发生的人身事故。若危险未消除，应及时拨打120急救电话，并且正确搬运伤员。

　　事故发生后，应保护现场，正确处置舆情。留存图片、视频、文字、录音等资料，及时汇报单位相关管理部门，组织人员赴现场处理，调查原因，并进行善后处理，事态严重则通过法律途径正确处置事故。

　　目前已有保险公司推出了针对无人机相关的第三方责任险，如果出现人身伤害等安全事故，可协商保险公司进行赔偿处理。

3.6.2　应急迫降路径规划

　　无人机在空中出现发动机停车故障，失去动力，导致其可控性急剧下降，无法继续飞行任务，甚至在某些情形下无法正常返场，可能造成周边财产的重大损失并对附近人员的安全构成威胁。因此，如何确保飞行的稳定性并安全地回收无人机，是我们研究的一个重要内容。而解决这一问题的最佳办法是使飞行器下滑至可着陆区域内进行迫降，然而迫降航线的设计是迫降成功的关键因素。

　　无人机迫降轨迹设计的难点在于无人机趋近迫降点时，能量的变化会受不确定性条件的影响，呈现出或高或低的状态。因此迫降的轨迹应该能够根据无人机当前的能量状态实时更新，以灵活应对突发的阵风或故障，使无人机较为精确地趋向迫降点，避免潜在的损失。在本书中会介绍一种基于精确能量管理的迫降轨迹设计方法。

　　迫降的轨迹要遵循简单且实时的原则，原因在于无人机在迫降时，本身已是不安全的状态而且机载的电源使用时间有限，过于复杂的航迹会带来过多的机动，从而造成不必要的能量损失和电量消耗，导致无人机无法保证成功迫降。在这里会介绍横向轨迹设计及纵向轨迹设计。

如图 3.11 所示的横侧向迫降轨迹，当能量偏高时，希望无人机在迫降区域内盘旋消耗能量；当能量偏低时，希望无人机尽快利用已有能量趋近于迫降点。因此本节基于能量将迫降横侧向过程分为 3 个基本阶段，即"航向调整段""盘旋消耗段"和"末端趋近段"。通过"航向调整段"，使无人机调整航向朝着迫降点趋近。通过"盘旋消耗段"，消耗能量，降低着陆风险。通过"末端趋近段"，使无人机安全抵达迫降点。

对于纵向而言，无人机本体的气动升阻特性和过程限制，决定了无人机下滑的最近和最远距离，如图 3.12 能量与飞行距离的关系图所示，对于同一个接地点或相同的飞行距离来说，由于结构强度限制存在着能量上边界，即最陡下滑，而最浅下滑角则对应着能量下边界，即最大升阻比下滑，低于此能量水平则无人机无法返航。换言之，无人机在高度和速度一定的情况下，若按照最小能量消耗率（即最大升阻比下滑）对应的飞行距离依然不足以支撑返回机场则需进入迫降模式，若按照最大能量消耗率（即最小升阻比下滑）对应的飞行距离仍比返回机场的飞行距离大则需增加无人机的飞行距离，否则也无法到达机场。

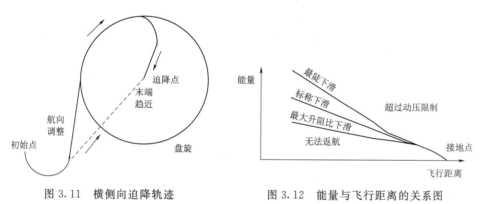

图 3.11　横侧向迫降轨迹　　　　图 3.12　能量与飞行距离的关系图

3.6.3　无人机应急迫降处置

无人机巡检中，除了拍摄时保持与设备的安全距离以外，安全方面还有一点要尤其注意的是严禁在线下飞行，防止在飞行过程中突发未知状况，造成数传链路丢失，因为无人机设置的失控保护程序会强制无人机自动垂直向上飞到返航高度，然后飞回起飞点，而如果无人机恰好在线下飞行，飞机在垂直上升过程中就会触碰导线而坠机。所以为了飞行安全，一定要避免从线下穿越飞回。为了保证巡检任务的安全顺利完成，在无人机巡检前应设置失控保护、低电压返航、盘旋、失速保护、紧急开伞等必要的安全策略。如遇天气突变或无人机出现特殊情况时应进行紧急返航或迫降处理，操作无人机迅速避开高压输电线路、村镇和人群，确保人民群众生命和电网的安全。

飞行过程中，操作人员之间应保持信息联络畅通。作业现场应注意疏散周围人群，外来人员闯入作业区域时应耐心劝其离开，必要时终止飞行任务。

作业现场应做好灭火等安全防护措施，严禁吸烟和出现明火。若起火，巡检人员应马上采取措施灭火；火势无法控制时，应优先保障人员安全，迅速撤离现场并及时上报。

在确保安全有效的前提下，设定飞行航线时尽量沿用已经实际飞行过的航线。当无人机发生丢星、链路中断、动力失效或因天气变化而导致的故障坠落时，应尽可能控制其在安全区域紧急降落。降落地点应远离周边军事禁区、军事管理区、人员活动密集区、重要建筑和设施、森林防火区等。

固定翼无人机在空中飞行时出现失去动力等机械故障时，无人机起飞和降落时，操作人员应与其始终保持足够的安全距离，不要站于其起飞和降落的方向前，同时要远离无人机飞行航线的正下方。发生事故后，应在保证安全的前提下切断无人机所有电源。应妥善处理次生灾害并立即上报，及时进行民事协调，做好舆情监控。工作负责人应对现场情况进行拍照记录，确认损失情况，初步分析事故原因，撰写故事总结并上报有关部门。

3.6.4　无人机回收及定位

3-9
无人机回
收方式

微型无人机、小型无人机因故迫降后，搜索回收过程中可能出现如下问题：

（1）小型无人机一般会携带卫星定位设备，但受民用定位精度影响，其迫降后搜索半径可达 10m 甚至更大。

（2）微型无人机一般不会携带定位设备，迫降后只能依靠目视搜索回收。

（3）若无人机迫降在灌木丛、树林、建筑群、工地等场地时，其搜索回收难度将进一步增加。

（4）无人机迫降后，对其搜索回收过程主要依赖于操作人员的个人经验和判断能力，迫降无人机并不能对在其附近开展搜索回收工作的操作人员提供引导。

如今无人机逐步成为一个重要的设备装载平台，应用于各个重要的领域，配套设备的高科技化、专业化使得无人机的成本不断上涨。据统计，无人机回收过程最容易出事故，因此提高无人机的回收技术水平变得极其重要。比较常见的无人机回收方式主要有常规跑道回收、伞降回收（伞降加上末端缓冲装置）、撞网回收等类型。随着现代科学的更新和发展，使得无人机回收方式变得更加丰富和安全。

3.6.4.1　无人机的回收技术

无人机的回收技术随着科技的发展不断取得进步，比较常见的无人机回收方式主要有常规跑道回收、撞网回收、伞降回收（伞降加上末端缓冲装置）等类型。

1. 常规跑道回收

常规跑道回收是无人机回收最常用的一种方式，一般大型无人机抗过载能力强，适用性比较好，一般都会采用常规跑道回收这种方式。

2. 撞网回收

撞网回收是一种利用吸能缓冲装置在末端引导系统的指引下利用拦阻网包裹无人机从而降低无人机冲击过载的一种回收方式。该方式能够实现精确定点回收，比较适合在狭小的空间或者船舰上使用，可以说是一种全地形的回收方式。可以近似的看作是一种零距离回收方式。理论和实践证明，采用撞网回收方式的无人机不必像常规跑道回收和天勾回收一样的精确俯仰角度和下降速度，只需要保证一定的入网速率就可以。总之，撞网回收是一种既简单又易于实现的回收方法。

传统撞网回收基本原理为无人机在控制系统或是操作人员的指令下降至一定的速度飞行拦阻网，经过碰撞之后无人机悬挂在拦阻网上，回收完成以后再由地面或舰载人员将无人机从拦阻网中取出。撞网回收特别适用于使用发射架起飞的中小型无人机，一般这种无人机都没有起落架装置，重量也小。

目前，国外将无人机撞网回收的结构按照拦阻网和网支架的数量分为 4 种类型：单网双杆、双网双杆、单网三杆和双网三杆。其中单网双杆和单网单杆类型经常用于翼展较小、重量较小的无人机。

3. 伞降回收

目前无人机伞降回收通常采用两种开伞方式：弹簧开伞和爆破开伞，这两种开伞方式的触发机制有两种。

（1）飞控系统在检测到致命异常时会自动触发系统开伞，这种方法在飞控系统出现故障时容易导致无人机飞行状态判断的失误，甚至是不能判断无人机当前的飞行姿态。

（2）在紧急情况下，用户也可以使用遥控器手动触发系统开伞，这种方法只有在无人机处于可视的情况下才能实现，而对于工业级无人机应用领域，其作业半径可能高达几公里，因此，这种手动遥控开伞的方式有一定的局限性。

3.6.4.2 无人机定位装置

关于迫降无人机定位装置，目前较为常见的定位技术有惯性导航定位、视觉定位、无线电定位等。各定位技术对比分析见表 3.3。

表 3.3　　　　　　　　　定位技术对比分析

定位技术		缺点	优点
惯性导航定位技术		定位过程中获取外界信息，需要提前获取初始状态，在定位过程中产生的误差会随着时间的推移会不断累积，进而影响定位精度	定位精度高、实时性好、抗干扰能力强和信息全面
视觉定位技术		算法难度高，数据处理工作量大，直接影响定位结果	能够提供外部环境信息，抗干扰能力强，定位精度高
无线电定位技术	卫星定位技术	民用的卫星定位精度 10m 左右，单向通信，能耗高	精度高、速度快、使用成本低
	运营商基站定位技术	精度有限，成本较高	只要激活 SIM 卡，便会自动与基站连接通信来确定位置
	Wi-Fi 定位技术	穿透性差，热点需要密集部署，若要获得较高精度时成本较高	定位速度快，周围的 Wi-Fi 热点越多，定位精度高
	超短波以下的无线电定位技术	较难选择合适的波段，功耗和传输距离及续航时间较难兼顾	设备重量轻、精度高、抗干扰能力强、实时定位速度快、低功耗和低成本、稳定性高，容量大，传输能力强等特点

超短波以下的无线电定位技术,工作频率在430~440MHz,可以用小尺寸和小功率天线实现远距离通信,通信简单,易于实现,成本低。

无人机定位装置包括信号源模块和信号接收处理模块,定位装置原理图如图3.13所示。信号源模块可以安装在小型无人机和负载能力有限的微型无人机上,信号接收处理模块可以人工手持,也可以安装在参与搜救的无人机上,对迫降无人机的位置进行测向和定位。

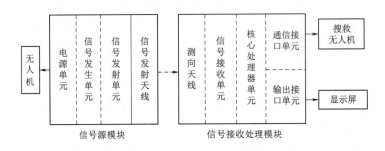

图3.13 定位装置原理图

(1)信号源模块。信号源模块由信号发生单元、信号发射单元和发射天线组成。信号发生单元主要用于生成1kHz的信号时;信号发射单元将1kHz的信号调制到433MHz频段通过发射天线对外广播。电源单元直接连接无人机电源,并用纽扣电池作为备用电源。当无人机电源接通时,信号源模块会持续对外发射无线电波,在工作12h后,每隔5s对外发射一次信号,当无人机电源耗尽后,切换到备用电源上继续工作。

(2)信号接收处理模块。信号接收处理模块硬件设计框图如图3.14所示。

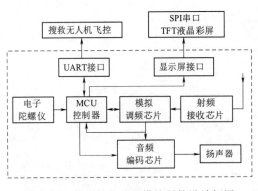

图3.14 信号接收处理模块硬件设计框图

控制器(MCU)选用STC15系列单片机,主要对接收到的数据进行处理计算,并且将控制指令输出到飞控系统或交互设备。陀螺仪采用电子陀螺仪,在测向过程中记录测向天线旋转的角度,向无人机或操作人员提供不同测向点所需要的角度信息。射频芯片与测向天线连接,调频芯片主要是完成将接收到的射频载波到音频的转换,两个芯片用于将测向天线接收到的信号源发出的无线电波解调后送往音频编码芯片和控制器采样。音频编码芯片采用低功耗的单声道音频编码器,用于将调频芯片解调出来的音频传送给喇叭;在人工测向定位模式下,操作人员通过监测喇叭音量的变化,同时通过外接1.8寸TFT彩色显示屏的提示,完成对迫降无人机的测向定位工作。

第 1 篇 思 考 题

1. 无人机巡检系统的调试内容包括什么？

2. 遥控器校准需要注意哪几点？

3. 为什么要进行地磁校准？

4. IMU 包含什么？

5. C1 和 C2 的功能键设置，可设置的选项都是相同的，包括哪些？

6. 用户可通过遥控器上的哪些按钮实时操控相机？

7. 在室外飞行时，什么情况下必须进行指南针校准？

8. 总结无人机空中设备故障及异常报警常见情况。

9. 简述惯性导航定位技术的优缺点。

10. 简述视觉定位技术的优缺点。

11. 简述卫星定位技术的优缺点。

12. 简述运营商基站定位技术的优缺点。

13. 简述 Wi-Fi 定位技术的优缺点。

14. 简述超短波以下的无线电定位技术的优缺点。

15. 概括常见的无人机回收方式。

第 2 篇　拍 摄 设 备 使 用

无人机的拍摄设备主要包括可见光设备、红外设备以及激光雷达设备。本篇分别介绍了以上3种拍摄设备的使用与维保，以及相应的设置和拍摄。在第4章中对可见光设备的使用与维保做了详细介绍。不但描述了其工作原理、技术要求，而且给出了试验方法以及使用方法，此外对可见光设备使用时的注意事项和清洁保养也做了具体描述。在第5章中介绍了可见光设备设置和拍摄，主要介绍了可见光成像的概念及成像原理，以及相关术语，并对可见光成像设备相关参数的设置做了具体描述。在第6章介绍了红外设备使用与维保，包括其工作原理、技术要求、试验方法以及设备的使用与保养。接下来在第7章中介绍了红外设备的设置和拍摄，对于红外成像展开了相关论述，介绍了红外成像的相关术语以及成像设备的设置。此外，还详细讲解了双光热成像相机的实例，并进行了相关说明以及介绍。本篇最后在第8章中对激光雷达设备使用与维保展开了具体描述，列举了无人机激光雷达电力巡检相比于传统人工巡检的优势。通过熟练掌握激光雷达工作原理、技术要求、试验方法以及注意事项，能完成激光雷达设备一般故障排查及维修工作。

第4章 可见光设备使用与维保

4-1
可见光设备使用与维保

无人驾驶飞机简称无人机（unmanned aerial vehicle，UAV），是利用无线电遥控设备和自备的程序控制装置操纵的不载人飞机，或者由车载计算机完全地或间歇地自主操纵。

随着成像传感器技术的快速发展以及应用环境的日益复杂，单源成像传感器目前已经很难满足实际应用需求，而多源成像传感器可以将多个成像传感器获得的信息进行有效处理，增加信息的有用性和丰富性。在无人机上搭载成像传感器，使得无人机在军事、民用领域应用广泛。红外图像和可见光图像的配准技术和融合技术是近年来的研究热点，基于无人机平台的配准技术和融合技术，不仅可以降低红外目标的误判率，还更容易检测红外目标并对其进行跟踪。

红外相机设备如图4.1所示。航拍相机如图4.2所示。

图4.1 红外相机设备

图4.2 航拍相机

4.1 可见光设备工作原理

4-2
成像原理

可见光设备即单镜头反光式取景照相机（single lens reflex camera，SLR camera），又称作单反相机，它是用单镜头并通过此镜头反光取景的相机。所谓"单镜头"是指摄影曝光光路和取景光路共用一个镜头，不像旁轴相机或者双反相机那样取景光路有独立镜头。"反光"是指相机内一块平面反光镜将2个光路分开：取景时反光镜落下，将镜头的光线反射到五棱镜，再到取景窗；拍摄时反光镜快速抬起，光线可以照射到感光元件 CMOS 或 CCD 上。相机只能安装 1 个镜头，光线或影像是通过单反镜头来进行取景的。相机系统内部有 1 个反光板。光线通过单反镜头投射到 45°安放的反光镜上，折射到机顶的五棱镜，再通过五棱镜的两次折射，投射到取景目镜。拍摄者即通过目镜看到了与实物一样的正立的影像。对于数码相机最主要的就是感光元件，在以前的胶片时期，这里的感光元件就是胶片或者胶卷，当一个胶片成像之后，就换下一个胶片记录影像。但是现在科技发达了，出现了数码相机，它的感光元件主要有两种 CCD 电荷耦合和 CMOS 互补金属氧化物导体。CCD 的成像质量优于 CMOS，但是由于制作工艺复杂、成本高，所以现在市场上的相机主要还是 CMOS 的感光元件。

单反相机的感光元件对光的敏感程度也有一个属性来标志，那就是 ISO 感光度。ISO 感光度有几百到几千的数值，数值越大，说明对光越敏感，只要接受少量的光就可以得到清晰的影像。在单反相机上还有一个最重要的部件，那就是快门。其实感光元件之前有一个快门帘，这个快门帘的拉起和关闭的速度就叫作快门速度。快门速度越慢，则影像的光在感光元件上停留的时间越长，则照出来的照片越亮。单反相机的 CMOS 比较大，造成景深比较浅，对焦系统也不是为拍摄视频而设计的，所以单纯从拍摄视频角度来看，如果需要长时间拍摄，单反相机就是专业级的摄像机。单反相机可以更换镜头，通过不同的镜头拍出更精彩的照片，天空飞翔的鸟儿、微距蚂蚁觅食、背景模糊的人像、壮观的大场面风景等。单反采用大尺寸的感光元件（CCD 或 CMOS），像素面积是普通卡片机的数倍，拍出的图像更细腻平滑，噪点更少，动态范围更宽广。单反相机可以拍摄运动的人或物体，因为是单镜头反光的结构，所以对焦速度更快，快门时滞更小。单反相机工作系统中，反光镜和棱镜的独到设计使得摄影者可以从取景器中直接观察到通过镜头的影像。

从图 4.3 中可以看到，光线透过镜头到达反光镜后，反射到上面的对焦屏并结成影像，透过接目镜和五棱镜，可以在观景窗中看到外面的景物。光通过透镜，被反光镜反射到磨砂取景屏中，通过一块凸透镜并在五棱镜中反射，最终图像出现在取景框中。当按下快门，反光镜沿箭头所示方向移动，反光镜被抬起，图像被摄在 CCD 上，与取景屏上所看到的一致。单反相机与旁轴相机相比的优点在于所见即所得，取景器中的成像角度与最终出片的角度是一样的。但与旁轴相机相比，单反相机镜头的后焦点要能同时在反光板的位置和感光元件的焦平面位置同时成像，必须要在成像焦平面之前还产生一个假焦点，这造成了单反相机光学镜头的结构更加复杂，体积更大，同时成像效果不及旁轴相机直接、通透，而且反光板的体积也更加粗大笨重。

在 DSLR 拍摄时，当按下快门钮，反光镜便会往上弹起，感光元件前面的快门幕帘同时打开，通过镜头的光线便投影到感光元件上感光，然后反光镜便立即恢复原状，观景窗中再次可以看到影像。单镜头反光相机的这种构造，决定了它是完全透过镜头对焦拍摄的，它能使观景窗中所看到的影像和胶片上永远一样，它的取景范围和实际拍摄范围基本上一致，十分有利于直观地取景构图。

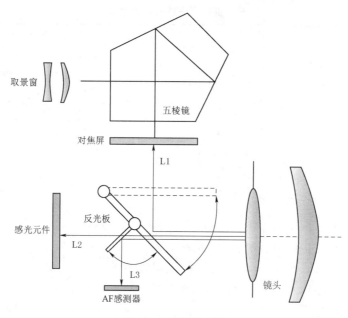

取景窗

五棱镜

对焦屏

L1

反光板

感光元件

L2

L3

AF感测器

镜头

图 4.3 成像原理图

4.2 可见光设备的技术要求和试验方法

4-3
拍摄目标
示例

针对安全合适的拍摄距离这个问题，经过大量巡检实践总结经验，可以借助图传设备屏幕中物体成像的大小和比例，以及安全距离提示来判断离目标大小的真实距离远近。实验数据测定，以悟2无人机搭载X5S镜头为例，当一个220kV复合绝缘子占据到约3/4图传屏幕宽度时，无人机与复合绝缘子的实际距离为5～6m。

按照这种比例成像法，以此类推，就可以确定出来各设备的安全拍摄距离，接下来拍摄前需要确保无人机悬停平稳，将拍摄目标尽量置于屏幕中央，最后在图传平板屏幕中点击目标拍摄物以辅助聚焦再按快门，拍摄出一张清晰的设备图像。为避免操作失误或机器设备问题等不可控因素使图像失真，建议实际巡检时，每个巡检位置略微改变角度进行2～3张拍摄作为补充，确保该位置巡检取像完毕，不往复作业。

关于辅助聚焦除了在图传平板屏幕中点击目标拍摄物方法外，还可在遥控器中设置C1、C2等快捷键以提高拍摄效率。

无人机可见光设备技术要求见表4.1。

在拍摄过程中，选择拍摄角度时应避免出现逆光拍摄，尽量选择顺光拍摄或侧光拍摄。避免由于没有进行正确对焦操作造成虚化失真现象，建议待无人机悬停平稳，在图传平板屏幕中点击目标物聚焦，或将目标物置于屏幕正中使用遥控器快捷键直接对焦。

1. 相关技术要求

无人机本体巡检应满足相关技术要求，具体如下：

表 4.1　　　　　　　　　　　无人机可见光设备技术要求

技　术　内　容		技　术　要　求
拍照性能要求	拍照效果	在距离 10m 处可见光图片可清晰分辨销钉级目标（可清洗识别长度 10mm 的销钉）
可见光摄像性能要求	有效像素	≥1280×720
	光学变焦倍数	≥10 倍
	广角端焦距范围	3~5mm
	摄像效果	在距离 10m 处可见光视频可清晰分辨销钉级目标（可清晰识别长度 10mm 的销钉）
任务载荷性能总体要求	质量	≤2kg
	可视范围要求俯仰角	-90°~90°
	视场范围内始终不受机体任何部位遮挡	—
	云台控制精度	优于 0.15°
	传感器类型	可见光摄像仪、照相机

（1）拍摄时应确保相机参数设置合理、对焦准确，保证图像清晰、曝光合理，不出现模糊现象。

（2）输电线路目标设备应位于图像中间位置，销钉类目标及缺陷在放大情况下清晰可见，典型示例如图 4.4~图 4.7 所示。

图 4.4　耐张绝缘子横担端

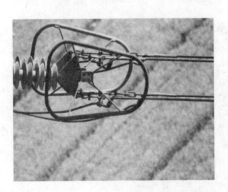

图 4.5　耐张绝缘子导线端

图 4.6　引流导线端

图 4.7　地线 U 形挂环

2. 试验方法

（1）试验样品。组装好的无人机巡检系统 1 套（按巡检作业要求，所有设备安装、调试完毕）。

（2）试验布置。在户外露天场地进行，面积应满足无人机巡检系统飞行安全要求。在场地上布置 3 个测量点，分别记录其经度、纬度和高度，坐标精度不低于 10cm，各测量点之间空间距离不小于 20m。布置有数字化测量系统，可对场地内无人机空间位置进行测量。各方向测量精度均不低于 1m，测量间隔时间不大于 0.1s。

（3）试验步骤。在指定起降区域将试验样品通电，根据给定的测量点在场地上规划飞行航线，在地面站上进行设置，完成自检。设置时，应采取在每个测量点悬停 1min、间隔 3～5s 连续拍照的方式。航线与周边障碍物距离应满足飞行安全要求。以全自主飞行模式将无人机放飞并沿规划航线飞行，测量无人机在每个测量点的悬停位置，观察拍照情况。在所有测量点完成悬停和拍照后，适时由全自主飞行模式切换为手动或增稳飞行模式，控制任务设备转动和拍照，然后控制无人机返航降落。对于可见光任务设备和红外任务设备，应分别按上述步骤进行试验；对于可见光和红外一体化任务设备，也可通过切换方式在一次飞行中分别对可见光和红外形式进行试验。

（4）试验结果。对任一形式的任务设备，全自主飞行模式下，无人机均能在所有测量点按预先设置进行悬停和拍照；手动或增稳飞行模式下，均可控制任务设备转动和拍照。

3. 可见光成像性能试验

（1）试验样品。搭载可见光成像任务设备的无人机巡检系统 1 套（按巡检作业要求，所有设备安装、调试完毕）。

（2）试验设备。标准目标靶场。

（3）试验布置。标准目标靶场由不同规格的电力连接金具布置而成，面积不小于 3m×3m，高度不小于 2m。靶场应设置在室内，靶场范围内光照度为 500lx。

（4）试验步骤。按上述步骤进行试验布置，使可见光成像任务设备视轴距地面高度 1m，且与背景墙平面垂直，镜头所在平面距靶场中心 10m。首先，将试验样品通电，通过地面控制模块或遥控手柄将任务设备焦距设置为最短焦距状态且固定不变，对准靶场中编号为 A8 的目标拍摄 1 张影像（P1）；然后，将任务设备焦距设置为最长焦距状态且固定不变，再次对准目标 A8 拍摄 1 张影像（P2）。测量并记录 A8 目标在垂直方向的高度 d。调节可见光成像任务设备参数，对准标准目标靶场范围，拍摄 3 张影像（P3、P4、P5），使影像集合（P3、P4、P5）包括全部目标物 A1～A15。

（5）试验结果。在影像 P1 上测量目标 A8 在垂直方向长度 $D1$（单位为 mm），计算最短焦距（单位为 mm）；在影像 P2 上测量目标 A8 在垂直方向长度 $D2$（单位为 mm），计算最长焦距（单位为 mm）。影像有效像素数不低于 1400 万，焦距不小于 35mm，不大于 80mm。从影像集合（P3、P4、P5）中能清晰分辨目标 A1～A15，且螺杆、螺母和锁紧销清晰可见。

4.3　可见光成像设备的使用

4-4
设备的使用

4.3.1　设备的使用

设备的使用包括组装相机、安装飞行器连接件和安装云台相机。以 Zenmuse XT 2 为例。

Zenmuse XT 2 云台相机搭载 FLIR 长波红外非制冷热成像相机机芯与可见光相机，可同时拍摄热成像与可见光影像，并支持两者融合显示，提供细节更丰富的影像。支持视觉聚焦，实现特有的快速与高温跟踪功能。其中热成像相机有 640×512 和 336×256 两种分辨率型号，提供 9mm、13mm、19mm 与 25mm 多种规格选配镜头，均具备数字变焦功能。可见光相机可录制 4K 视频与拍摄 1200 万像素照片。Zenmuse XT 2（图 4.8）配备高精度三轴云台，可安装至 Matrice TM 200 系列与 Matrice 600 系列等飞行器使用，配合 DJI Pilot App 可在移动设备上实时观测拍摄画面，支持拍照与录影。

Zenmuse XT 2 支持的飞行器类型为 Matrice 200 系列与 Matrice 600 系列。

安装步骤如下：

（1）将其安装至飞行器时，移除云台保护盖，如图 4.9 所示。

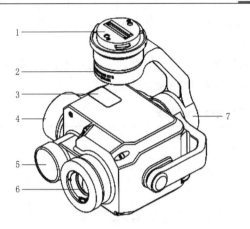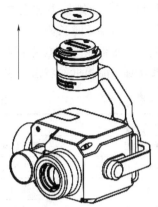

图 4.8　Zenmuse XT 2　　　　　图 4.9　移除云台保护盖

1—云台接口；2—平移轴电机；3—Micro SD 卡槽；
4—俯仰轴电机；5—可见光相机；6—红外相机；
7—横滚轴电机

（2）以安装至 Matrice 200 飞行器为例：将 XT 2 云台接口调整至解锁位置，嵌入 M200 云台安装位置，最后旋转云台锁扣至锁定位置以固定云台。安装如图 4.10 所示。

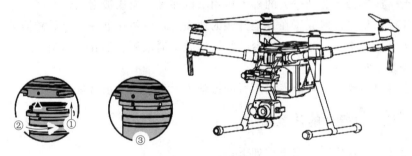

图 4.10　安装图

请确保云台安装正确、稳固。云台接口结构设计紧凑，安装或取下时请用手固定安装平台的同时用力旋转。安装至 M200 系列飞行器时，确保飞行器固件在 V1.01.0900 及以上。配合 M210 以及 M210 RTK 使用时，请安装 Zenmuse XT 2 至云台接口 1。使用或存储过程中，请盖好 SD 卡保护盖，以免水汽或灰尘进入。Zenmuse XT 2 结构精密，请勿自行对 Zenmuse XT 2 做任何拆装，否则将会导致云台相机工作异常。

（3）连接 DJI Pilot App 时，先开启飞行器与遥控器，然后使用 USB 连接线，连接遥控器与移动设备；连接成功后进入相机界面，移动设备可实时显示拍摄画面。移动设备如图 4.11 所示。

在使用时，请勿在飞行器电源开启状态下插

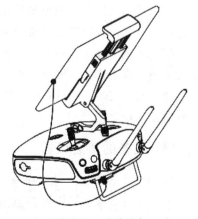

图 4.11　移动设备

入或拔出 SD 卡，否则拍摄过程中得到的数据文件有可能会丢失。为保证相机系统稳定性，将单次录像时长限制在 30min 以内。

　　开启飞行器智能飞行电池后，相机状态指示灯将亮起，用户可以通过相机状态指示灯来判断当前相机的状态。指示灯及其对应状态见表 4.2。

表 4.2　　　　　　　　　　　　　　　　　指示灯及其对应状态

相机状态指示灯	状　态	相机状态指示灯	状　态
绿灯快闪	系统启动	红灯快闪	SD 卡故障
绿灯单闪	单张拍照	红灯双闪	相机过热
绿灯连续 3 闪	连拍	红灯常亮	严重故障
红灯慢闪	录影	绿黄灯交替闪烁	固件正在升级

　　云台相机模式包括跟随模式和 FPV 模式。其中跟随模式是指云台水平转动方向随飞行器移动，而云台横滚方向不可控，用户可远程操控云台俯仰角度；FPV 模式是指云台横滚方向的运动自动跟随飞行器横滚方向的运动而改变，以取得第一人称视角飞行体验（请务必在电源开启前拆卸云台锁扣）。

　　云台电机异常，可能是由于飞行器放置在凹凸不平的地面或草地上时地面物体碰到云台，或者云台受到过大的外力作用（例如被碰撞或被掰动）。

　　起飞前请将飞行器放置在平坦开阔的地面上，请勿在电源开启后碰撞云台。

　　在大雾或云中飞行时可致云台结露，导致临时故障。若出现此状况，云台干燥后即可恢复正常。

　　云台开机启动时，可能发出短暂的振动提示音，此为正常现象。

4.3.2　使用设备时的注意事项

　　可见光设备操作时注意事项如下：

　　（1）不要直接拍摄烈日或者强光。可见光成像设备在使用时尽量不要直接拍摄太阳或者强光，长时间的对着强光很可能会损坏相机的测光系统。

　　（2）飞行前，确保摄像头模块保护玻璃镜清洁。

　　（3）远离强磁场和强电场。强磁场或强电场会影响相机中电路的正常工作，甚至造成故障，所以不要把设备随手放在有强磁场和强电场的电器设备上。

　　（4）在高温高湿的环境中使用，镜头容易发霉、电路易出故障。如果在潮湿环境中使用后或不慎相机被雨淋湿，要及时晾干或吹干。

　　（5）防烟避尘，不可在烟、尘很大的地方使用，迫不得已在此环境中使用后应及时清洁处理。

4.3.3　设备的清洁保养

1. 可见光设备重点部位保养

　　可见光设备重点部位保养包括：UV 镜擦拭，镜头除尘，配重环紧固，伸缩部位杂质清除，连接芯片酒精擦拭，SD 卡金属部位酒精擦拭，连接部件紧固程度，连接线、金属接触点氧化或污损用橡皮擦擦拭，镜头拆装。

（1）注意清洁。相机的镜头要用专用的拭纸、布擦拭，以免刮伤。要去除镜头上的尘埃时，最好用吹毛刷，不要用纸或布；要湿拭镜片时，请用合格清洁剂，不要用酒精之类的强溶剂。

（2）发霉处理。镜头发霉极轻微时，用干净的一般软毛刷或空气喷嘴清除里外所有的灰尘。清理镜头要用镜头用的软毛刷或是眼镜用的鹿皮，药水在镜头脏时才用，但不可直接滴在镜头上，要滴在鹿皮或拭镜纸上再擦，不可用面纸。除镜头外，其他部分可用稀释过的清洁剂加鹿皮来轻擦，去除污渍及指纹。准备有封口的透明塑胶袋置入相机，放入一个除湿剂，再放入一张白纸（标明保养日期），即可封口。

（3）设备存放。可见光成像设备不用时应先检查确认电源已经关闭，然后保存到相机袋里。较长时间不用时，应把电池取出来，防止电池漏液而损坏机件。

2. 保养实例

以 Zenmuse X7 清洁传感器单元为例，当拍摄成像的源文件图片上出现黑色或彩色的点或线条时，请清洁云台传感器。Zenmuse X7 具有超声波除尘功能，方便有效去除传感器表面残留的细微颗粒物及灰尘。请注意，无论是何种情况下，切勿用手触碰传感器单元。

（1）使用镜头除尘功能的具体操作如下：

1）将 Zenmuse X7（含镜头）安装于飞行器。

2）开启遥控器和飞行器电源，并运行 DJI GO 4 App。进入相机界面后，点击设置按钮进行镜头除尘。

3）此时 DJI GO 4 App 将会弹出窗口，点击开始，然后根据提示拆卸镜头，待系统检测到镜头已拆除后，点击开始，此时云台开始抖动进行超声波除尘。

4）云台除尘结束后将提示把镜头安装回云台机身，安装后点击退出完成镜头除尘。

5）除尘完毕后，请目测或拍摄照片确认滤镜已清洁干净。若还留有杂质，请重复上面的步骤继续清洁。

6）若多次清洁后传感器单元依然附有杂质，请联系 DJI 或 DJI 授权的维修商进行处理。

应注意镜头除尘完毕后，务必将镜头安装回云台机身，避免传感器长期暴露于空气中影响拍摄画质；如除尘后不使用 Zenmuse X7 云台相机，请将云台卡扣保护盖安装回云台机身，并断开飞行器电源，延长云台相机的使用寿命；切勿用手触摸传感器单元。

清洁传感器单元时，除 Zenmuse X7 的超声波传感功能，也可以根据具体情况使用气吹。若使用气吹及镜头除尘功能后传感器单元依然附有杂质，请联系 DJI 或 DJI 授权的维修商进行专业处理。

3. 冬季无人机作业和保养步骤

（1）起飞前准备。

1）电池满电。起飞前务必将电池充满电，保证电池处于正常电压状态。

2）电池预热。将电池充分预热至 15℃ 以上，降低电池内阻。可使用电池预热器或电池自加热功能等方法预热。电池如图 4.12 所示。

图 4.12 电池

3）清除机身冰雪。及时清理机身表面的冰雪覆盖。若发现传感器表面有液体，需及时擦拭干净，避免在飞行过程中因低温结冰。

4）机身预热。飞行器启动后预热 1min 左右再进行飞行操作，确保各类传感器正常工作。若负载镜头内部起雾，也可通过开机预热加速镜头的水汽消散。

5）作业人员在寒冷现场作业时需配备充足的保暖防风劳保用品，确保操作灵活，头脑清晰；在结冰或积雪覆盖的环境中作业时，可配备护目镜减少光反射作用对眼睛的损伤。

（2）飞行过程中注意事项。

1）悬停预热。起飞后保持飞机悬停 1min 左右，帮助电池充分预热。

2）时刻关注电量变化。避免低电量情况下持续飞行，并预留比常温情况下更多的电量用于返航。

3）保持飞行姿态平稳。切勿长时间使用高机动姿态飞行操作，避免电池电压骤降，也防止低温环境下脆弱的塑料件受损。

4）注意飞行环境变化。避免飞跃温差剧烈变化的环境，防止传感器异常以及部件结冰等安全隐患；避免在较厚积雪的上方低空（5m 以内）或积雪反光强烈的地区飞行，防止视觉传感器工作异常。

5）谨慎操作。留意极寒、暴风雪等极端天气信息，飞行时 App 操作系统若出现飞行安全异常提示，请及时降落。当遇到严重低电压、低电量的情况时，飞行器会触发自动返航/自动降落，此时应保持镇静，切勿慌乱操作遥控器。

6）严寒的环境对无人机的性能提出了更高的要求。建议根据作业环境情况选择适应力更好、性能更强劲的机型以保证作业安全。以经纬 M300 RTK 为例，这类机型往往通过了更严苛的低温环境可靠性测试，低温环境下续航时间更长。

（3）飞行作业完成后的贮存保养。

1）及时擦拭，保持干燥。从寒冷的室外进入温暖的室内时，温差可能会造成机身、电池、云台负载等部件表面水滴凝聚，此时需及时擦拭并进行干燥处理，防止液体浸入损坏电子元器件。

2）安全储存。作业结束后，须将设备储存在安全保护箱内，存放于 5～20℃ 的恒温室内环境，保持环境干燥，避免阳光直射。

3）定期保养。低温冰雪的作业环境会加剧某些部件的老化和破损程度，定期对无人机进行专业保养，提前发现并消除隐患，保证无人机作业效率的同时降低冬季无人机作业的安全风险。

4 - 5
可见光设
备使用与
维保题库

第 5 章　可见光设备设置和拍摄

5-1
可见光设
备设置和
拍摄

　　无人机是利用无线电遥控设备和自备的程序控制装置操纵的不载人飞机。近年来，随着无人机技术的发展，无人机搭载可见光传感器被广泛应用于测绘、电力、林业、农业、环保等行业，并取得了丰富的成果。

　　随着时代的不断进步和快速发展，无人机的发展也越来越先进，其相关操作以及拍摄技巧也尤为重要。本章主要介绍了可见光成像原理以及可见光成像的相关术语，详细讲解了相关术语的定义、作用以及优缺点，在最后还介绍了可见光成像设备以及拍摄设置。

5.1　可见光相关概念

5-2
可见光相
关图片

5.1.1　可见光成像

　　可见光是人类最熟悉的光谱，可见光的光谱波段很窄，一般在 $380\sim780\text{nm}$，太阳光是最常见的可见光，由单色光混合而成。经学者研究发现，物体的颜色是由其反射的颜色决定的，也就是不能被物体吸收的颜色组成的复合光。当物体不吸收任何可见单色光，会将其全部反射，则在成像上体现的物体为纯白色复合光。反之，所有可见光均被物体吸收时，没有反射光，则在成像上呈现为黑色。因此，可见光成像是物体反射光经过 CCD/CMOS 传感器采集的信息。

5.1.2　可见光成像原理

　　可见光成像原理利用的是光反射原理，光反射原理是指光源发出的光从一种介质中直线传播到与另一种介质的分界面时，有一部分光会沿着原来的直线方向在另一种介质中传播，另一部分光会改变原来的直线方向，继续在原来介质中继续传播。可见光成像一般是可见光 CCD 成像，可见光 CCD 成像原理是指用可见光摄像机拍摄景物时，物体反射的光线会通过可见光摄像机的镜头透射到 CCD 芯片上，光线会激发光电二极管释放出电荷，在感光元件上产生电信号，CCD 就会把电信号经过滤波和放大以及模/数转换之后形成图像像素。

5.2 可见光成像相关术语

可见光成像设备的主要技术参数包括曝光、对焦、白平衡、EV 值等。

5.2.1 曝光

曝光是摄影最基本也是最重要的技术。高质量的影像需要以正确的曝光为前提。想要了解曝光这个词，需要回到小孔成像。假设一个黑乎乎的密闭房间，一面墙壁上开了个小圆窗户，窗对面的内壁上安上感光材料（白沥青、大型胶卷或CCD），这就是一台大型房式照相机。在没有打开小窗之前，房间里是黑乎乎的。我们打开小窗，光线从小孔而入，射到对面墙壁的胶卷上，产生光化反应（或光电反应），照片就诞生了，此过程就叫作曝光，即在摄影时控制照相机的光圈和快门速度，让外界景物所反射的适量光线通过镜头到达图像传感器上形成影像。

要得到正确曝光的图片，必须精确决定曝光量。所谓曝光量就是让多少光进入这个密闭房间里。曝光量的科学定义是光线的强度乘以光线所作用的时间，其计算单位是勒克斯·秒，以 E 代表曝光量，即可得到曝光公式为 $E = I$（照度）$\times T$（曝光时间）。关照强度指影像传感器接受光线照射的强度，即照度（以 I 代表照度，单位为勒克斯），曝光时间（光线所作用时间）指影像传感器受光线照射的时间，单位为秒。如果进光量太大，照片就会白花花一片，晚上变成了白天。如果进光量太小，照片就会黑乎乎的，白人变成黑人。光圈和快门可以一起来控制曝光量。

光圈和快门的组合就是曝光。其中，光圈（值）的大小是指那个小圆窗户开多大；快门（速度）表示窗户打开的时间。假设窗户只打开 1/4，时间为 4s 可以正确曝光的话，那么窗户打开一半，时间 2s 也能让底片正确曝光，因为 $1/4 \times 4 = 1/2 \times 2 = 1$，进光量都是一样多。同样的，如果窗户全开，曝光时间就只需要 1s 了。

若一个镜头光圈全开为 $f/4$，光圈 $f/4$ 快门速度 1s 为正确曝光值，那么 $f/5.6$ 和 2s 以及 $f/8$ 和 4s 也同样能得到准确曝光的图片。一张正确曝光的图片可以有 N 种不同的光圈和快门速度组合。曝光是在设置光圈与快门速度，以及白平衡、感光度后，按下快门，在快门开启的瞬间，光线通过光圈的光孔使胶片或感光元件感光显影，即使胶片或摄影感光元件感光。

影响曝光的因素有 3 个：光圈、曝光时间和增益。光圈：光圈控制光线进入通路的大小。光圈越大，则单位时间的光通量越大；光圈越小，则单位时间的光通量越小。曝光时间：曝光时间就是快门速度。在相机中可以采用电子快门，也可以采用传统机械快门。在采用像素较高 CMOS 图像传感器的情况下，一般会加机械快门，避免照片过曝。快门速度和光圈是互补的，例如，为了加大光通量，既可以减少快门速度，也可以加大光圈。增益：经过双采样后的模拟信号的放大增益，由于是对模拟信号进行放大，在放大图像信号的同时也会放大噪声信号。增益的控制与ISO 的设定有一定关系。

相机采用的曝光方式分为手动曝光和自动曝光。手动曝光：用户自己选择光圈大小、快门速度和增益；自动曝光：数码相继根据测光系统的测光结果，自动选定光圈大小、快门速度和增益的组合。自动曝光可以分为光圈优先、快门优先和程序自动曝光等形式。快门优先模式，这种模式通常被用来拍摄快速运动的物体，快门速度不够快，则只能获得模糊不清的照片；光圈优先模式，这种模式通常被用来控制景深，光圈值越大，照片景深层次越是分明；程序设定快门速度以及光圈值大小的自动曝光模式。

而要想得到正确的曝光照片，就必须明白决定曝光量的光圈、快门、感光度（ISO）三大要素，这 3 个要素决定了曝光量，或者说，已知任意 2 个参数，可以唯一确定另外一个参数。其中，光圈和快门速度联合决定进光量，ISO 决定 CCD 的感光速度。如果进光量不够，可以开大光圈或者降低快门速度，还是不够的话就提高 ISO。大光圈的缺点就是解像度不如中等光圈，快门速度降低则图片可能会糊，提高 ISO 后图片质量也会下降。

5.2.1.1　光圈

1. 光圈的定义

对于已经制造好的镜头，不可能随意改变镜头的直径，但是可以通过在镜头内部加入多边形或者圆形，并且面积可变的孔状光栅来达到控制镜头通光量，这个装置就称作光圈。光圈是一个用来控制光线透过镜头进入机身内感光面光量的装置，它通常是在镜头内，指的是一种处于相机镜头内的感光装置。在相机的镜头内部，一系列的叶片组成一个"透光阀门"，通过叶片的调节来控制进光量，而这一叶片就是光圈。光圈在理论上相当于人眼中的虹膜，如果光圈开得很大，就会有大量的光线进入影像感应器；相反地，如果光圈几乎处于闭合的状态，那么进光量就会相对减少得很多。

说到光圈就不得不了解一下孔径。光圈叶片中的通光孔就是孔径，在镜头中有一个可以通过改变光圈叶片位置而改变自身孔径的装置，这个孔径就是镜头中控制通光能力的装置。对于一个镜头来说，孔径越大，光线通过的能力也就越大。但是，不同的镜头都有特定的焦距，对于同样大小的孔径来说，焦距越长，视角越窄，视角范围内获取的光线总量就越小。光圈值 f ＝焦距/光圈直径，孔径焦距不变，孔径越大，光圈值越小，镜头越明亮。孔径不变，焦距越短，光圈值越小，镜头越明亮。所以光圈才是最客观地显示镜头明亮程度的参数。

2. 种类

（1）固定。最简单的相机只有一个圆孔的固定光圈——沃特侯瑟光圈。

（2）可变。只是一系列大小不同的圆孔排列在一个有中心轴的圆盘的周围；转动圆盘可将适当大小的圆孔移到光轴上，达到控制孔径的效果。19 世纪中叶约翰沃特侯瑟发明了这种光圈，如图 5.1 所示。

（3）猫眼式。猫眼式光圈由 1 片中心有椭圆形或菱形孔的金属薄片平分为二组成，将 2 片有半椭圆形或半菱形孔的金属薄片对排，相对移动便可形成猫眼式光圈。猫眼式光圈多用于简单照相机。

（4）虹膜型。是由多个相互重叠的弧形薄金属叶片组成的，叶片的离合能够改

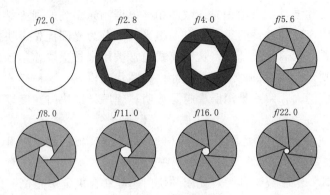

图 5.1　可变光圈

变中心圆形孔径的大小。有些照相机可以借助转动镜头筒上的圆环改变光圈孔径的大小，而有些照相机则是利用微处理器芯片控制微电机自动地改变光圈的孔径。弧形薄金属叶片可多达 18 片。弧形薄金属叶片越多，孔形越接近圆形。通过电子计算机设计薄金属片的形状，可以只用 6 片便得到近圆形孔径。

（5）瞬时。单反相机的光圈是瞬时光圈，只在快门开启的瞬间，光圈缩小到预定大小，平时光圈在最大位置。如图 5.2 所示。

图 5.2　瞬时光圈

（6）兼快门。有的简便照相机的光圈兼有快门的功能，这类兼快门光圈大多是双叶片的猫眼式光圈，与单纯猫眼式光圈不同的是：兼快门光圈平时是完全关闭的，在按下快门的瞬间，双叶片光圈开启到预定的孔径后，保持着孔径到一段预定快门开启时间之后，立刻闭合，如此一来，光圈便兼有快门的功能。

（7）孔径。正如已经知道的，镜头的速度是指镜头传送光线的能力。如果不希望镜头接纳最大的光量，就需要一种减少镜头光量的方法，可利用改变镜头孔径大小的方法达到这一目的。孔径就是由可变光圈（叶片组）在镜头中央产生的圆孔。

3. 大小

光圈大小用 f 表示：光圈值 f＝镜头的焦距/镜头光圈的直径。

（1）要达到相同的光圈 f 值，长焦距镜头的口径要比短焦距镜头的口径大。

（2）完整的光圈值系列如下：光圈 $f/1.0$，$f/1.4$，$f/2.0$，$f/2.8$，$f/4.0$，$f/5.6$，$f/8.0$，$f/11.0$，$f/16.0$，$f/22.0$，$f/32.0$，$f/45.0$，$f/64.0$。

（3）光圈 f 值越小，通光孔径越大，在同一单位时间内的进光量便越多，而且上一级的进光量刚好是下一级的 2 倍，例如光圈从 $f/8.0$ 调整到 $f/5.6$，进光量便多 1 倍，我们也说光圈开大了一级。$f/5.6$ 的通光量是 $f/8.0$ 的 2 倍。同理，$f/2.0$ 是 $f/8.0$ 光通量的 16 倍，从 $f/8.0$ 调整到 $f/2.0$，光圈开大了 4 级。对于消费型数码相机而言，光圈 f 值常常介于 $f/2.8 \sim f/11.0$。此外许多数码相机在调整光圈时，可以做 1/3 级的调整。f 后面的数值越小，光圈越大。光圈的作用在于决定镜头的进光量，光圈越大，进光量越多；反之，则越小。简单地说，在快门速度（曝光速度）不变的情况下，光圈 f 值越小光圈越大，进光量越多，画面比较亮；光圈 f 值越大光圈越小，画面比较暗。

4. 作用

（1）控制进光量。能调节进入镜头里面的光线的多少，在拍照时，光线强烈，就要缩小光圈，光线暗淡，就要开大光圈。也就是说 f 值越小的相机（其他参数不变），越有利于夜景拍摄。旋转镜头上的调节环或者数码相机身上的旋钮，就是用来调节光圈大小的。

（2）控制景深。光圈是决定景深大小最重要的因素，光圈小（光圈值大），景深深，光圈大（光圈值小），景深浅。举例来说：患有近视眼的朋友，不戴眼镜的话，总是习惯性地眯起眼睛看东西，这样往往看得清楚一些，套用摄影的术语，这就叫作：缩小光圈（瞳孔），增加景深。

景深也就是所谓的"前清后朦"，景深和光圈有着直接的关系。浅景深是相片清晰范围短，深景深是相片清晰范围阔。景深是指在一幅相片中清晰的范围（也就是图中的清晰部分），在我们肉眼看起来清晰的部分，称之为景深范围。前清后朦的照片主要是因为浅景深，即比较短的景深深度。景深的深浅主要取决于以下元素：①镜头的光圈大小；②镜头的焦距长短；③摄影主体的远近；④感光元件的大小。景深并不会一下子突然由锐利变成模糊，而是逐渐趋向模糊。事实上，由焦点（中间的白色棋子）开始，前面或后面的部分已渐渐开始模糊，只是我们的肉眼，要到一定模糊程度才能够察觉到有关变化。

光圈如何影响景深：光圈越大（f 越小），背景越虚化，景深越浅；光圈越小（f 越大），背景越清，景深越深，二者关系如图 5.3 所示。

（3）制造光芒。用小光圈可以制造闪耀的光芒，如以 $f/22.0$ 的最小光圈来拍摄等方式。

5.2.1.2 快门

1. 定义

快门是拍摄照片时控制曝光时间长短的参数。过快的快门速度会导致照片成像时进光量不足，照片曝光度不足，图片偏暗。过慢的快门速度会导致照片进光时间过度，照片过曝，或照片拖影，影响分辨。与光圈相反，快门与镜头无关，只和相机本身有关。由于一般的日常拍摄速度均为 1/125s，所以称为高速快门，相比之下，对于需要时间长的 1/30s 以上时长的快门，简称为慢门。

在摄影术最初发明的那些年，拍张照片曝光时间一般都需要好几分钟，大部分

（a）大光圈　　　　　　　　　　　　　　　　（b）小光圈

图 5.3　光圈与景深的关系

照相机是不需要快门的，开始曝光的时候把镜头盖取下，然后看表，5min 后盖上，照片完成。后来，胶片的感光速度越来越快（ISO 越来越高），曝光时间变为 1min，几秒，1/10s 甚至几百分之一秒，这时候用手取镜头盖就不够快了。我们需要一个能准确控制曝光时间的东西，这个东西就是快门。快门有机械快门，电子快门，以及电子机械联合快门等很多种类。

2．速度

通常普通数码相机的快门大多在 1/1000s 之内，基本上可以应付大多数的日常拍摄。快门不单要看"快"还要看"慢"，就是快门的延迟，比如有的数码相机最长具有 16s 的快门，用来拍夜景足够了，然而快门太长也会增加数码照片的"噪点"，就是照片中会出现杂条纹。另外，主流的数码相机除了具有自动拍摄模式外，还必须具有光圈优先模式、快门优先模式。光圈优先模式就是由用户决定光圈的大小，然后相机根据环境光线和曝光设置等情况计算出光进入的多少，这种模式比较适合拍静止物体。

而快门优先模式，就是由用户决定光圈大小来。所以，快门优先模式就比较适合拍摄移动的物体，特别是数码相机对震动是很敏感的，在曝光过程中即使轻微地晃动相机都会产生模糊的照片，在使用长焦距时这种情况更明显。在选购数码相机时，最好选购具有这几种模式的机型以保证拍摄的效果。

快门速度通过秒或几分之一秒来表示时间的长短。不同的相机生产厂家的机身会有不同的快门速度起始范围，这个范围也是很重要的。所有的单镜头反光照相机至少都有以下的快门速度（也许会更多）：1s、1/2s、1/4s、1/8s、1/15s、1/30s、1/60s、1/125s、1/250s、1/500s 和 1/1000s。看了前面一系列的快门速度会发现，每一个快门速度都是前一个速度的一半，而是后一个的两倍。例如，1/125s 是 1/60s 的一半，而是 1/250s 的两倍。它们都相差一"档"，每一档都相差一半或一倍的时间。从 1/125s 到 1/250s 移动了一档（时间减半），到 1/500s 又移动一档（再次减半），到 1/1000s 就移动了三档。当你改变了快门速度时，同时也改变了运动物体被记录在底片上的方式。快门速度越快，运动物体就会在底片呈现更清晰的影像，反之，快门速度越慢，运动的物体就越模糊。快门速度对比如图 5.4 所示。

快门速度：2s

快门速度：1/4s

图5.4　快门速度对比

3. 分类

（1）按快门在相机中的位置分类。

1）镜前快门：最初的快门只是将镜头前的盖子拿下，曝光后用手把盖子盖上。后来改进为气动二叶快门。镜前快门多用于微型相机。目前手机照相机的机械快门结构，几乎都是镜前快门。镜前快门的优点：结构简单，组装方便。镜前快门的缺点：因为放在镜头的前方，所以快门的开口径要大，避免遮到光路，因此快门叶片要行走的距离较长，快门速度比较慢。

2）镜间快门：又称叶片快门，它位于镜头中间，在曝光时开启，结束时闭合。一般常用于平视取景照相机、120照相机、大座机。许多中档35mm相机、中幅双反相机、和近代的简便35mm相机，APS相机都用镜间快门。后来的镜间快门都只用一个有刻度的圆周环控制。特点：每一级快门的开启，照相机的感光材料从中央到边角都是完全同时感光的，这样使用闪光灯时不受限制，而且拍摄高速移动物体的时候，不会产生变形，但会影响通光量，造成曝光不准，比如光圈大、速度高的时候，总通光量会小于光圈小、速度低的总通光量。所以目前在小幅机上很少使用。

优点是简单而体积小，多在简便相机中使用；闪光可以在快门的所有速度中同步。镜间快门、光圈连同后半个镜头连在照相机上不动，只换前半个镜头，例如科达若亭纳（RETINA）35mm单反相机和蔡司依康的康塔超B反光机都采取这样的设计。

缺点是如果需要变换镜头，每一个镜头需要一个快门（如哈苏）。

3）光圈快门：有的简便照相机的光圈兼有快门的功能，这类光圈快门大多是双叶片菱形孔式。光圈快门平时是完全关闭的：在按下快门的瞬间，双叶片光圈快门开启到预定的孔径后，保持着孔径到一段预定快门开启时间之后，立刻闭合，如此一来，光圈便又兼快门的功能，很多轻便的相机都使用光圈快门。

4）焦平面快门：焦平面快门又叫幕帘快门。早期的焦平面快门是一条长长的涂胶黑布，上面排了几个长方形孔，一个比一个窄。当一个长方形孔以均匀的速度移过感光胶卷时，胶卷便曝光了。孔越窄，胶卷上的光越少，快门的等效速度越高。下一步的发展是用两片幕帘构成一个宽窄可以变化的孔幕帘的材料有涂胶黑布和金属；金属焦平面快门的幕帘，由多片狭长金属薄片组成，各相邻金属薄片略微重叠，不漏光线。幕帘快门开启时的运行方向，有横向和竖向两种。今日多数幕帘快门是用薄铝合金片制成的，也有一些是由钛合金制造。

顾名思义，焦平面快门位于焦平面附近，也就是胶片（或 CCD/CMOS）的前面。焦平面快门一般拥有前幕和后幕两张帘幕，它们是靠一个上紧的弹簧装置来驱动水平或垂直地通过胶片平面，以往水平走向的焦平面快门较多，现在几乎都被垂直走向的快门所取代。当按下快门钮时，前幕开始自上往下走动，然后依照快门速度留下一定的空隙，后幕紧跟着追赶下来，光线就从前幕和后幕之间所预留的空隙投射到胶片上，使胶片感光。空隙越宽，通过的光量会越多，空隙越窄，通过的光量便会越少。快门速度越快，空隙便会变窄，速度越慢，空隙便会变宽，焦平面快门就是这样以时间长短来调节光量的。在快门速度的标示序列中可以看到，如 1/4、1/8、1/15、1/30、1/60、1/125 等。不难看出，它们之间是倍数关系，是指几分之一秒的曝光时间。譬如说，1/30s 是 1/60s 的 2 倍时间，而通过快门的光量也是 2 倍。反过来 1/30s 是 1/15s 的 1/2 时间，而通过快门的光量也是倍减。

（2）按快门构造分类。

1）机械快门：原来的定义是只使用弹簧或者其他机械结构，而不用靠电力来驱动。目前的定义是可以由机械元件来驱动快门结构，驱动方式可为弹簧、电磁阀等元件。

2）电磁快门：复式电磁快门。全电磁快门的控制机构由电磁铁组成（行业内的术语叫作电磁阀），控时机构由电子线路组成。目前电磁快门的电子线路中都用石英片为计时元件，因光圈和快门是调整和控制曝光量的装置，它们是倍增或是倍减的关系。这种关系可以通过不同的组合来得到相同的曝光量。例如说，光圈 $f/$8.0、1/30s 为正确曝光值时，如果用光圈 $f/5.6$、1/60s，或是 $f/11.0$、1/15s 来组合，它们所得到的曝光量也是一样的。这样，摄影师可以根据自己的目的来选择光和快门速度。无论你采用什么感光材料，对每个不同的感光材料而言，他需有一个曝光定量。我们假设这是一个固定值，而光圈值和快门值得结合这两个变量，因此无论对怎样的感光材料，都有光圈＋快门＝曝光量这样的关系存在。光圈和快门之间的组合构成了一种感光材料的定量。

4. 作用

（1）最常见的作用，即控制进光量。用速度控制进光量，以达到正确曝光。通常快门与光圈相配合，光圈加大一档（即光圈数值变小），则快门相应变快一档（即快门数值变大）。

（2）最有力的作用，即凝固速度。用较快的快门速度（即快门数值大），可以将运动中的物体清晰地瞬间凝固住，比如正在比赛中的运动员，比如漫天的飞雪，如正在飞扬起的水珠。

（3）最"无奈"的作用：增加进光量。

（4）最"帅"的作用：表现速度或意境。

5.2.1.3 ISO

1. 定义

ISO 又称感光度，是衡量底片对于光的灵敏程度。胶卷对光线的敏感程度叫作胶卷的感光度。未经曝光的胶卷遇到光线，胶片上会起化学反应，根据进入光线的多少而在胶片的不同位置产生深浅不一的变化，从而在胶片上留下影像。值得一提的是，尽管更换胶卷较为麻烦，但在实际拍摄中，由于各种条件的限制，有时采用高感光度胶卷会成为必需的选择。体育摄影师就常常使用较高感光度的胶卷，因为如果不采用，他们将不得不放慢快门速度以增加进光量，这样会导致照片模糊而失去利用价值。对于较不敏感的底片，需要曝光更长的时间以达到跟敏感底片相同的成像，因此通常被称为慢速底片。高度敏感的底片因而称为快速底片。另外和感光度密切相关的一个 ISO 系统是用来测量数位影像系统的敏感度。无论是数位或是底片摄影，为了减少曝光时间相对使用较高敏感度通常会导致影像品质降低（由于较粗的底片颗粒或是较高的影像噪声或其他因素）。基本上，使用较高的感光度，照片的品质较差。ISO100 和 ISO1600 的对比图如图 5.5 所示。

（a）ISO100　　　　　　　　（b）ISO1600

图 5.5　ISO100 和 ISO1600 的对比图

为减少曝光时间，使用较高敏感度通常会导致影像质量降低，易出现噪点。在拍照时，设置光圈大小，可以决定照片的亮度（通光量），同时也决定了照片的背景/前景虚化效果（景深透视）；设置快门速度同样可以决定照片的亮度，但是也同时受限于具体拍摄需要，如必须使用慢速快门拍摄或者需要使用高速快门抓取瞬间的情况。所以在调节这两个曝光要素时，我们都需要考虑到它们会影响到照片其他方面的效果。ISO 和它们不一样，它不会受限于其他因素，只需根据自己的需要来自由调节它的大小。

控制 ISO 即控制相机传感器对当下光线的敏感程度，ISO 设置越高，敏感度越高，如果要保证照片一定的曝光量，需要的快门速度不用那么慢，或者光圈不用那么大；ISO 设置越低，敏感度越低，如果要保证照片一定的曝光量，需要的快门速度和光圈大小都需要更慢或者更大。

传统意义上讲，低 ISO 是指 ISO 值为 50~400，高 ISO 值是指大于 800。使用低 ISO 能拍摄出相对细腻的画质，使用高 ISO 能在光线不足的情况下将快门速度保持在安全快门以内，保证画面"不糊"。在光线充足的时候，建议使用较低的 ISO 拍照；在光线昏暗的时候，推荐使用较高的 ISO 拍照。

2. 作用

（1）影响曝光，在其他因素不变的情况下：

感光度每增加一档，感光元件对光线的敏锐度会增加一倍，曝光量会增加一倍，画面越亮；感光度每降低一档，感光元件对光线的敏锐度会减少一半，曝光量会减少音，画面越暗。

（2）影响画质。感光度越高，产生的噪点和杂色越多，画质越低；感光度越低，画面越清晰细腻，细节表现越好，画质越高。

（3）感光度的变化会影响到光圈或快门速度。

1）感光度的大小说明最终可以被感受的光线的多少，光圈与快门的组合则控制了到达感光材料上光线的总量。如果把感光材料比作一块海绵，那么高感光度的感光材料就是吸水能力强的海绵，低感光度的感光材料则是吸水能力较弱的海绵。我们控制了打开水龙头的大小和时间，也就是水的总量，吸水能力强的海绵能吸收更多的水，而吸水能力弱的海绵则只能吸收少量的水。

2）互易律：曝光总量（恒定）＝光圈值×快门速度×感光度。

光圈优先模式下，确定好光圈后，每降低（提高）感光度一档，则相机会自动降低（提高）快门速度一档，以保持曝光总量恒定。

速度优先模式下，确定好快门速度后，每降低（提高）感光度一档，则相机会自动增大（缩小）光圈一档，以保持曝光总量恒定。

光圈优先模式下，确定好 ISO 值后，每增大（缩小）光圈一档，则相机会自动提高（降低）快门速度一档，以保持曝光总量恒定。

速度优先模式下，确定好 ISO 值后，降低（提高）快门速度一档，则相机会自动缩小（增大）光圈一档，以保持曝光总量恒定。

M 档（手动）模式下，光圈、快门、感光度都由你自由控制，但你可以遵循互易律规律，来调整曝光三要素各参数，力求达到理想的曝光效果。

3. 设置原则

ISO50～ISO800 为低感光度，在这一段可以获得极为平滑、细腻的照片效果，适合大多数拍摄。但光线不足时，会导致快门速度较低（光圈优先模式下），手持拍摄时很容易因为手抖动而导致画面模糊。风光、静物、人像、商业等摄影需要细腻的画质，要使用低感光度来拍摄。

ISO800～ISO3200 为中感光度，一般在较暗的环境中使用，画质尚在可接受的范围内。如对画质有较高要求时，不建议使用。

ISO6400 及以上为高感光度。除非在极暗的环境中，否则不建议使用。

（1）光线充足时尽量选择低感光度获得更好画质。

（2）在必要时（如夜间大型露天活动等）牺牲画质也要设置高感光度，然后再考虑高感光度给画质带来的损失。虽然提高 ISO 会增加画面噪点，但为了优先保证完成拍摄，这也算是一种折中解决方法。因为画质的损失在一定程度上可通过后期处理来弥补，而画面模糊则意味着拍摄失败，是无法补救的。

4．高 ISO 的副作用

提高感光度的大小确实能给我们的拍摄带来很大的好处，它让我们在暗光环境下也能拍出明亮的照片。可是在我们提高感光度的同时它也给我们带来了一个副作用——噪点的增加。

噪点（noise）主要是指感光元件 CCD（CMOS）将光线作为信号接收并输出的过程中所产生的图像中粗糙的部分，也是指图像中不该出现的外来像素点。噪点和相机使用了较高的感光度有关。

我们对数码相机增加感光度实际上是对感光元件的采样信号进行人为放大，在放大图像信号的同时电路中所存在的暗电流也会随之增加，这些增加暗电流会对图像信号产生一定的干扰作用，其结果就是在画面上产生较多的杂色斑点，这就是我们所说的噪点。这些噪点看起来就像图像被弄脏了一样，画面质量也就随之下降。所以，要拍得最佳拍摄效果，一定要恰到好处地设置感光度数值。

5.2.2 对焦

对焦就是通过改变镜头与感光元件之间的距离，让某一个特定位置的物体通过镜头的成像焦点正好落在感光元件之上，得出最清晰的影像。对焦是通过光学镜头的折射作用，将景物光线聚集在正对镜头中央的图像传感器表面的感光区域，使曝光的图像更清晰的过程。一张好的照片，最基本的条件就是要拥有正确的对焦。要把远近不同的物体拍清楚就要调整照相机镜头的焦点，这个过程就叫对焦，也叫调焦。

现在的数码相机有强大的自动对焦功能，相机能自动测量到被摄主体的距离，利用马达驱动镜头里的一些镜片移动位置，使拍摄主体最清晰。从无限远的平行光线通过透镜会落在镜头焦距的焦点上，所以一般广泛对焦说的就是对焦在无限远，也就是感光元件放在离镜头焦距远的位置上，而这样近处物体的成像焦点就落在了感光元件后面，造成成像模糊。而通过对焦把感光元件和镜头间的距离加大，就可以得到清晰的成像，对焦的英文学名为 Focus，通常数码相机有多种对焦方式，分别是自动对焦、手动对焦和多重对焦方式。

5.2.2.1 自动对焦

传统相机采取一种类似目测测距的方式实现自动对焦，相机发射一种红外线（或其他射线），根据被摄体的反射确定被摄体的距离，然后根据测得的结果调整镜头组合，实现自动对焦。

传统的自动对焦技术较多采用测距法，即通过测出物距，由镜头方程求出系统的像距或焦距，来调整系统使之处于准确对焦的状态。随着现代计算技术的发展和数字图像处理理论的日益成熟，自动对焦技术进入一个新的数字时代，越来越多的自动对焦方法基于图像处理理论对图像有关信息进行分析计算，然后根据控制策略驱动电机，调节系统使之准确对焦。

自动对焦的不同方式叫对焦模式。常用的基本对焦模式有两种：单次对焦模

式（AF - S）和连续对焦模式（AF - C），有的相机还有一种自动对焦模式（AF -
A）。在相机的菜单里面可以选择相机的对焦模式。

1. 单次对焦模式

单次对焦模式在半按快门按钮时相机完成对焦，半按快门的手指不松开（也不
继续按下去）就会锁定焦点，这时不管怎样转动方向，或者镜头前的景物移动位置
对焦点都不会改变。单次对焦模式下取景器里选定的对焦点会闪亮，一般情况是，
焦点无法对准时对焦框变成黄色，焦点已经对准时对焦框变成绿色。

在拍摄实践中拍摄对象的主体部分并不总在画面中央，而是经常偏左或偏右一
些，比如在拍摄留念照时，如果直接对着前方半按快门，那么相机就会以正前方的
物体为对焦点把距离较远的建筑树木等拍得很清晰，而较近的人物反而模糊了。

解决这个问题的方法就是采用单次对焦模式。首先把相机对准站在画面边上的
人物轻轻半按下快门这时取景器里会在人物身上显示出一个绿框表示焦点对在这
里，然后手指不要动，轻轻转动相机取景把人和背景都放在合适的位置，再轻轻地
彻底按下快门，这样拍摄的照片，焦点就在较近的人物身上，人物是最清楚的。所
以，单次对焦模式适合拍摄对象静止可以从容构图的情况。

2. 连续对焦模式

连续对焦模式下，在半按下快门按钮的时候相机对拍摄对象持续进行对焦，拍
摄对象在画面里即使不断改变位置和距离。相机也时刻保持它最清晰。随时完全按
下快门，都可以拍到主体清晰的照片。我们可以在安静的地方试验一下，这种模式
下半按快门，可以听到相机里面的吱吱声，这就是自动对焦系统在连续工作。AI
伺服模式下取景器里选定的对焦框不闪亮，即使对焦目标不移动，自动对焦系统仍
然"吱吱"地连续工作。

比如有一个人从对面跑过来，在他离我们 15m 远的时候我们对准他半按快门，
这时相机就锁定他为对焦点，他继续往前跑，离我们越来越近，这时相机就会始终
把他作为对焦点持续进行调整，不管他离你 8m 还是 5m，你随时彻底按下快门拍
照，片中跑步的人都是清晰的。因为这个模式下相机一直在对焦，所以如果我们拍
摄的对象是固定的这种模式，想用好连续对焦模式就要深入了解其特性。相机取景
器里面分布着很多对焦点每种相机是从 3～51 个不等，用户可以激活任何一个对焦
点，也可以激活全部对焦点。

（1）激活一个对焦点：半按快门时始终由这个对焦点进行对焦，移动镜头，面
对的景物发生了变化，相机就对新的目标进行对焦。比如一个人从我们面前跑过，
一开始他在对焦点上，所以他最清晰，但是后来他离开了对焦点，对焦点对准的是
远处的楼房，那么这时按下快门，远处的景物就会清晰而近处的人反而不清晰。这
种方法适合拍摄面对镜头或背对镜头纵向移动的景物。

（2）激活全部对焦点：这时相机会自动分析画面选定一个对焦点作为对焦目
标，如果镜头移动或者画面里的景物发生了运动，相机就会重新自动分析画面，选
定一个新的对焦点作为对焦目标。这种操作方法，在完全按下快门时，最清晰的对
象可能是最初的目标，也可能不是最初的目标，这是摄影师无法掌控的。这种非锁

定连续对焦方法适合拍摄没有特定目标的群体性活动。

（3）激活全部对焦点，用中心点对准对焦目标，这时中心点的景物就会被锁定为对焦目标，移动镜头或者对焦目标移动位置，那么其他的对焦点就会继续以这个被锁定的景物为对焦目标，在任何时候完全按下快门都可保证最初锁定的对焦目标最清晰。尼康相机把这种对最初对焦点的跟踪功能称为"3D跟踪模式"可以在菜单里面进行设定。

例如，一个骑着自行车从画面左边较远处斜着骑过来，用中心点对准他半按快门1s，然后不松开快门，镜头右移重新构图，这时最左边的对焦点开始发挥作用，对焦距离可能是10m，然后骑车人到达画面中央时，中间的对焦点发挥作用，对焦距离可能是5m，然后骑车人移到右边更靠近我们的地方，那么右侧的对焦点发挥作用，对焦距离可能是2m。这样，尽管开始锁定的拍摄对象在画面里到处移动，但是相机一直在跟踪这个对象把其定为拍摄的焦点，随时按下快门都可以得到拍摄对象清晰的相片。这种锁定目标连续对焦方法适合拍摄运动中的特定目标。

使用连续对焦时要注意三点：一是相机应尽量与被摄主体保持平行关系；二是机位的移动应平稳柔顺，要选择合理的同步追随速度；三是构图时留有必要的空间，以方便后期二次剪裁。

3. 自动智能对焦模式

自动智能对焦模式下，相机首先假定拍摄对象是不动的，半按快门自动对焦，对焦点闪亮。

智能自动对焦，是一种根据被摄主体的状态（静止或运动），由相机自动选择单次拍摄自动对焦模式或连续随动自动对焦模式，并能自动启动追踪对焦模式追踪高速运动被摄体焦点的智能型的自动对焦控制功能。

从理论上说，有了单次自动对焦和连续自动对焦，就应该能够满足各种不同拍摄场景的需要了。但是，最主要的还是可能出现一个被摄物从相对静止状态转换到运动状态，或者相反的情况。

将单次自动对焦和连续自动对焦结合起来的方式，更适合在被摄物动静不断切换的场景下使用。相机能够根据被摄物的移动速度自动选择对焦方式，内部的测距组件一直不断地测量自动对焦区域内的影像，并实时传送到处理器中。当被摄物静止不动时选择单次自动对焦，当被摄物运动时，选择连续自动对焦。由于切换工作交由处理器来完成，因此您只需要按动快门就可以了。

保持半按快门状态下面会有三种情况。

（1）拍摄位置不动，拍摄对象不动。移动相机方向重新构图，这时对焦点不发生任何变化，耳朵贴近相机也听不到"吱吱"的对焦声，完全等同于单次对焦。

（2）拍摄位置前后移动或拍摄对象前后移动。相机会开始自动连续对焦，这时可以听到"吱吱"的对焦声，原对焦点工作但是对焦点不闪亮。这相当于用单点连续对焦拍摄迎向镜头或背向镜头的纵向运动目标。

（3）先改变距离再改变镜头方向或原对焦目标离开原对焦点相机自动重新对焦。

1）如果这时激活的是单个对焦点，就以这个对焦点为目标重新对焦。取景器里的对焦点不闪亮，可以听到持续不断的"吱吱"对焦声，这时相当于连续对焦模式。三种状态中的第一种状态，如果原来是画面里的个人清楚现在此人偏离了原来的位置，对焦点所对准的新的物体就变为清晰的了。

2）如果这时激活的是全部对焦点，相机就会自动选定一个新的对焦点，新的对焦点可能是原先的对焦点，也可能不是原先的对焦点。取景器里的对焦点不闪亮，可以听到持续不断的"吱吱"对焦声，这时就相当于连续对焦模式三种状态中的第二种状态。

5.2.2.2　手动对焦

通过手工转动对焦环来调节相机镜头从而使拍摄出来的照片清晰的一种对焦方式，这种方式很大程度上依赖人眼对对焦屏上的影像的判别以及拍摄者的熟练程度甚至拍摄者的视力。

早期传统的单镜头反光相机与旁轴相机基本都是使用手动对焦来完成调焦操作的。现在的准专业及专业数码相机，还有单反数码相机都设有手动对焦的功能，以配合不同的拍摄需要。

自动对焦在某些主体上可能无法进行对焦（对焦确认指示灯闪烁），例如：反差小的主体（蓝天、色彩单一的墙壁等）；低光照下的主体；强烈逆光或反光的主体（车身反光强烈的汽车等）；被一个自动对焦点覆盖的远近主体（笼中的动物等）；重复的图案（摩天高楼的窗户、计算机键盘等）；在这些情况下，将对焦模式切换为 MF，采用手动对焦。

手动选择对焦点：拍摄时可以根据主体位置选择对焦点，十分方便和准确，从而避免移动相机重新构图所带来的焦点偏移想象。

5.2.2.3　多重对焦

很多数码相机都有多点对焦功能，或者区域对焦功能。当对焦中心不设置在图片中心的时候，可以使用多点对焦或者多重对焦。让对焦点其中的某一个点对准你要拍摄的对象的某一处，相机便会根据你的对焦点来自动对焦。对焦点所对的地方是清晰的，主要用于风景，除了设置对焦点的位置，还可以设定对焦范围，这样，用户可拍摄不同效果的图片。常用的多点对焦为 5 点、7 点和 9 点对焦。如图 5.6 所示。

多重对焦的作用主要在于方便主体不在画面中心时，可以通过方向按钮直接选择对焦点，而不必先半按快门对焦或者手动对焦以后再移动镜头重新构图，它的最大作用就是方便。如果是主体位于画面中心时，中央一个对焦点就够了，但

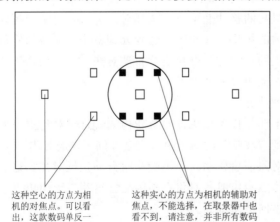

这种空心的方点为相机的对焦点。可以看出，这款数码单反一共有9个对焦点

这种实心的方点为相机的辅助对焦点，不能选择，在取景器中也看不到，请注意，并非所有数码单反都有这样的辅助对焦点

图 5.6　多点对焦

是拍摄时往往会遇到主体偏离中心的情况，只有这时才会看出多点对焦的方便。其实大家都经常只用中心对焦一个点，因为中心对焦那个点是最准确的。至于一次能对到多个焦点，当然它们同时都会很清晰，但仅限于这些点是在一个平面上，或者小光圈景深范围很长时才会出现一前一后同时清晰的情况。

多点对焦和单点对焦一样，最终对焦点只有一个，但多点对焦的对焦点不由人为控制，而是由相机自动选择的。多点对焦用于移动物体对焦或追焦，对焦点越多，理论上的合焦成功率就越高。

5.2.2.4 不同情况下的对焦方法

人像：拍摄人像特别是特写的时候，对着眼睛进行对焦，如果所需要拍摄的人并不在取景器的中央，就需要先对着被摄者对焦，然后不放开快门重新构图然后再拍摄。

风景：我们可以对着远处对焦。值得注意的是尽量不要对着天空对焦。当天空万里无云的时候，这样做往往会导致对焦失败。

5.2.3 白平衡

数码相机是机器，不如肉眼般会对周围光线的颜色进行自动调整适应。因此有时候拍出来的照片，色调可能不够理想，白平衡功能正是为拍出正确色调而出现。白平衡是描述显示器中红、绿、蓝三基色混合生成后白色精确度的一项指标。白平衡是电视摄像领域一个非常重要的概念，通过它可以解决色彩还原和色调处理的一系列问题。现在的数码相机都有白平衡感测器，一般位于镜头的下面。白平衡机构会试图把白色制成纯白色。如果这个最亮的部分是黄色，它会加强蓝色来减少画面中的黄色色彩，以求得更为自然的色彩。数码相机只要在拍摄白色物体时正确还原物体的白色，就可以在同样的照明条件下正确还原物体的其他色彩。

在相机拍摄过程中，很多初学者会发现荧光灯的光在人看起来是白色的，但用数码相机拍摄出来却有点偏绿。同样，如果是在白炽灯下，拍出图像的色彩就会明显偏红。人类的眼睛之所以把它们都看成白色的，是因为人眼进行了修正。如果能够使相机拍出的图像色彩和人眼所看到的色彩完全一样就好了。但是，由于CCD传感器本身没有这种功能，因此就有必要对它输出的信号进行一定的修正，这种修正就叫作白平衡。白平衡的基本概念是"不管在任何光源下，都能将白色物体还原为白色"，对在特定光源下拍摄时出现的偏色现象，通过加强对应的补色来进行补偿。各种白平衡下的照片所产生的偏色显示出补偿时的补色。使用胶片相机时，为了对这些偏色进行补偿，拍摄时要用各种彩色滤镜。数码相机的基本原理与其类似，白平衡功能就相当于彩色滤镜，但在彩色滤镜中并没有类似"自动白平衡"的滤镜，在这一点上两者有很大区别。一般使用时选择自动白平衡（AWB）就足够了，但在特定条件下如果色调不理想，可以选择使用其他的各种白平衡选项。

白平衡，字面上的理解是白色的平衡。那什么是白色？这就涉及一些色彩学的知识，白色是指反射到人眼中的光线由于蓝、绿、红三种色光比例相同且具有一定的亮度所形成的视觉反应。我们都知道白色光是由赤、橙、黄、绿、青、蓝、紫七种色光组成的，而这七种色光又是由红、绿、蓝三原色按不同比例混合形成，当一种光线中的三原色成分比例相同的时候，习惯上人们称之为消色，黑、白、灰、金和银所反射的光都是消色。通俗地理解，白色是不含有色彩成分的亮度，人眼所见到的白色或其他颜色同物体本身的固有色、光源的色温、物体的反射或透射特性、人眼的视觉感应等诸多因素有关。举个简单的例子，当有色光照射到消色物体时，物体反射光颜色与入射光颜色相同，即红光照射下白色物体呈红色，两种以上有色光同时照射到消色物体上时，物体颜色呈加色法效应，如红光和绿光同时照射白色物体，该物体就呈黄色。当有色光照射到有色物体上时，物体的颜色呈减色法效应，如黄色物体在红光照射下呈现红色，在青色光照射下呈现绿色，在蓝色光照射下呈现灰色或黑色。

白平衡是一个很抽象的概念，最通俗的理解就是让白色所成的像依然为白色，如果白是白，那其他景物的影像就会接近人眼的色彩视觉习惯。白平衡是描述显示器中红（R）、绿（G）、蓝（B）三基色混合生成后白色精确度的一项指标。白平衡没有缺陷的显示器，在改变色彩及亮度时不会影响白色纯净度，也就是说不会出现偏色，更不会有其他的杂色掺杂其中，因为对于一台高档大屏幕专用显示器而言，哪怕是很微小的"偏色"都会影响画面的色彩质量。调整白平衡的过程叫作白平衡调整，白平衡调整在前期设备上一般有三种方式：预置白平衡、手动白平衡调整和自动跟踪白平衡调整。如果掌握了白平衡的工作原理，那么使用起来会更加有的放矢，得心应手。

白平衡具有三个基本操作：色温估计，利用算法统计的方法，估计出表达色温的特征量；增益计算，采用查表或迭代的方法，计算出红色和蓝色增益校正因子；色温校正，在红色和蓝色通道乘上对应的校正因子，调整通道增益，以达到白平衡的效果。

5.2.3.1　应用及方法

1. 应用

一种是根据景物的色温来调整白平衡（或使用滤光镜）使色温平衡（色温逆差在 50～150）；另一种是故意使色温不平衡，利用色温产生的冷调或暖调来达到特殊的艺术效果（色温逆差在 200 以上）。或者可以这样说，一种是精确地调整色温使得照片的色彩还原准确；另一种是创造性地利用破坏了的白平衡艺术地再现画面的色彩。

2. 方法

一般来说，数码相机有三种方法去获得正确的白平衡，分别为全自动、半自动以及手动。随着摄像科技进步，自动白平衡模式在大多数情况下都能让你获得理想的颜色，如图 5.7 所示为日常巡检工作中常用的白平衡设置菜单。

5.2.3.2　色温

所谓色温，从字面上理解就是颜色的温度。温度有分冷暖，红、黄、啡这些颜色称为暖色，而青、蓝、绿称为冷色，色温的单位是以 Kelvin（绝对温度）表示。色温数值越低越偏向红色（越暖），数值越高则越偏向蓝色（越冷），表 5.1 为一些

图 5.7　日常巡检工作中常用的白平衡设置菜单

色温的常见实例。

表 5.1　　　　　　　　　　　**色　温　常　见　实　例**

色　温	常　见　实　例
16000～20000K	天空碧蓝的天气
8000K	浓雾弥漫的天气
6500K	浓云密布的天气
6000K	略有阴云的天气
5500K	一般的日光，电子闪光灯
5200K	灿烂的正午阳光
5000K	日光，这是用于摄像、美术和其他目的的专业灯箱的最常用标准
3200K	日光灯
2800K	钨丝灯/电灯泡（日常家用灯泡）
1800K	烛光
1600K	日出和日落

　　色温即定量地以开尔文温度（K）来表示色彩。英国著名物理学家开尔文认为，假定某一黑体（黑体是指吸收所有入射光线而不反射或透射的物体，即黑体所吸收的红外线能量与发射红外线能量相等）物质，能够将落在其上的所有热量吸收，而没有损失同时又能够将热量生成的能量全部以"光"的形式释放出来，它便会因受到热力的高低而变成不同的颜色。例如，当黑体受到的热力相当于 500～550℃时，就会变成暗红色，达到 1050～1150℃时，就变成黄色，温度继续升高会呈现蓝色。光源的颜色成分是与该黑体所受的热力温度是相对应的，任何光线的色温是相当于上述黑体散发出同样颜色时所受到的"温度"，这温度就用来表示某种色光的特性以区别其他，这就是色温。

　　打铁过程中，黑色的铁在炉温中逐渐变成红色，这便是黑体理论的最好例子。色温现象在日常生活中非常普遍，相信人们对它并不陌生。钨丝灯所发出的光由于色温较低表现为黄色调，不同的路灯也会发出不同颜色的光，天然气的火焰是蓝色的，原因是色温较高。正午阳光直射下的色温约为 5600K，阴天更接近室内色温 3200K。日出或日落时的色温约为 2000K，烛光的色温约为 1000K。这时我们不难发现一个规律：色温越高，光色越偏蓝色；色温越低则偏红。某一种色光比其他光的色温高时，说明该色光比其他色光偏蓝，反之则偏红；同样，当一种色光比其他色光偏蓝时，说明该色光的色温偏高，反之偏低。不同情况下的色温对比如图 5.8 所示。

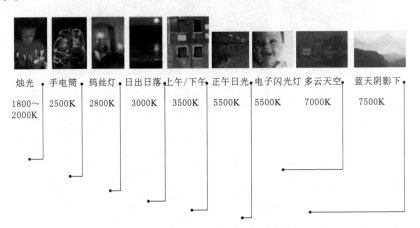

烛光	手电筒	钨丝灯	日出日落	上午/下午	正午日光	电子闪光灯	多云天空	蓝天阴影下
1800～2000K	2500K	2800K	3000K	3500K	5500K	5500K	7000K	7500K

图 5.8　不同情况下的色温对比

1. 色温的特点

因色温事实上是以黑体辐射接近光源光色时，对该光源光色表现的评价值，并非一种精确的颜色对比，故具有相同色温值的二光源，可能在光色外观上仍有些许差异。不同色温的光源产生不同感觉的环境见表 5.2。

表 5.2　　　　　　　　　　不同色温的光源产生不同感觉的环境

色 温	光 色	气 氛 效 果
＞5000K	清凉（带蓝的白色）	冷的气氛
3300～5000K	中间（白色）	爽快的气氛
＜3300K	温暖（带红的白色）	稳重的气氛

2. 色温与亮度

高色温光源照射下，如亮度不高则给人们有一种阴气的气氛；低色温光源照射下，亮度过高会给人一种闷热感觉。

在色温上的喜好是因人而定的，这跟我们日常看到景物景色有关，例如在接近赤道的人，日常看到的平均色温是在 11000K［8000（黄昏）～17000K（中午）］，所以比较喜欢高色温（看起来比较真实），相反地，在纬度较高的地区（平均色温 6000K）的人就比较喜欢低色温的（5600K 或 6500K）。

黑眼睛的人看 9300K 是白色的，但是蓝眼睛的人看了就是偏蓝色；6500K 蓝眼睛的人看了是白色，黑眼睛的人看了就是偏黄色；因此电视或者显示屏的色温，中国电视台在节目的制作都以 9300K 去摄影；欧美最适合观看 5600～6500K。

5.2.3.3 工作原理

摄像机内部有 3 个 CCD 电子耦合元件，它们分别感受蓝色、绿色、红色的光线，在预置情况下这 3 个感光电路电子放大比例是相同的，为 1∶1∶1 的关系，白平衡的调整就是根据被调校的景物改变了这种比例关系。比如被调校景物的蓝、绿、红色光的比例关系是 2∶1∶1（蓝光比例多，色温偏高），那么白平衡调整后的比例关系为 1∶2∶2，调整后的电路放大比例中明显蓝的比例减少，增加了绿和红的比例，这样被调校景物通过白平衡调整电路到所拍摄的影像，蓝、绿、红的比例才会相同。也就是说如果被调校的白色偏一点蓝，那么白平衡调整就改变正常的比例关系减弱蓝电路的放大，同时增加绿和红的比例，使所成影像依然为白色。

换一个思路来考虑白平衡调整的问题，摄像机在白平衡调整容度之内不会"拒绝"放在镜头前面的被调校景物，就是说镜头可以对着任何景物来调整白平衡。大多情况下使用白色的调白板（卡）来调整白平衡，是因为白色调白板（卡）可最有效地反映环境的色温，其实很多时候某种环境下白板（卡）并不是白色，多多少少会偏一点蓝或其他的颜色，经验丰富的摄像也会利用蓝天来调白平衡，从而得到偏红黄色调的画面。搞清楚白平衡的工作原理之后，再使用的时候就会大胆地尝试不同的效果，丰富了摄像创作。

5.2.3.4 调整

摄像师调整白平衡的方法大体分粗调、精细调整和自动跟踪（ATW）3 种：粗调指在预置情况下改变色温滤光片，使色温接近到 3200K 的出厂设置；精细调整是指在色温滤光片的配合下通过摄像机白平衡调整功能，针对特定环境色温得到一个更为精确的调整结果；自动跟踪是指依靠摄像机的自动跟踪功能（ATW），摄像机自身根据画面的色温变化随时调整。

白平衡预置是以 3200K 色温条件下设置的蓝、绿、红感光平衡。当环境色温为 3200K 时，摄像机色温滤光片放置在 3200K，景物可以得到正确的色彩还原；当环境色温为 5600K 时，摄像机色温滤光片放置在 5600K，景物可以得到正确的色彩还原；当环境色温在 2200～4200K 和 4600～5600K 范围内，利用白平衡预置功能可以得到人眼可以接受的色彩还原，由于色温偏差不大，使拍摄出的画面呈现出细微的色彩变化。这有一个好处，不同的生活环境本身会由于环境色和照明差异的影响而色彩基调不同，如果到处调白会使不同的环境呈现单一白光照明的效果，而利用白平衡预置则可以保留这种丰富的色彩变化。

一般精细调白的方法是在拍摄环境中以顺着拍摄方向的调白板（卡）来调整白平衡。这是一种普遍的情况，还有几种非常灵活的精细调白方法。利用一块透光性良好的标准白板，把它置于紧贴镜头的前面，在拍摄环境中对着光源照明方向或对着主拍摄方向来调整白平衡，专业的摄像机会给出一个色温读数，比如是 5000K，如果希望拍摄还原正常的画面就以这个白平衡结果来拍摄。在摄像创作中，有时希望得到色彩偏差的画面来达到创作目的，这时可以利用任何景物来调整白平衡，被调白景物的色温同画面的色彩偏差呈补色关系，即以红色调白画面偏向青色，以绿色调白画面偏向品色，以蓝色调白画面偏向黄色。白平衡自动跟踪功能（ATW）是随着镜头摄取景物的色温变化而时实调整，如果一个推镜头或摇镜头由于被摄景物的色温（镜头摄入景物的色温同环境照明色温是不同的）变化，会使画面在一个镜头内发生色彩变化。如镜头由人物全景推近脸部特写，因为景别的变化摄入镜头的色温会不同，画面中人物的肤色也就会发生变化，所以非特殊情况不建议使用该模式。

5.2.4　EV 值

EV（exposure values）是反映曝光多少的一个量，其最初定义为：当感光度为 ISO100、光圈系数为 $f/1.0$、曝光时间为 1s 时，曝光量定义为 0；曝光量减少一档（快门时间减少一半或者光圈缩小一档），EV-1；曝光量增加一档（快门时间增加一倍或者光圈增加一档），EV$+1$。

现在的单反相机或数码相机都有自动曝光功能，通过自身的测光系统准确地对拍摄环境的光线强度进行检测，从而自动计算出正确的光圈值和快门速度的组合，这样相片就能正确地曝光。但是，某些特殊光影条件下（如逆光条件），会引起测光系统不能对被摄主体进行正确的测光，从而相片不能正确地曝光。这时，我们就要依照经验进行$+/-$EV 值，人为地干预相机的自动曝光系统，从而获得更准确的曝光。

当拍摄环境比较昏暗，需要增加亮度，而闪光灯无法起作用时，可对曝光进行补偿，适当增加曝光量。进行曝光补偿的时候，如果照片过暗，要修正相机测光表的 EV 值基数，EV 值每增加 1.0，相当于摄入的光线量增加一倍；如果照片过亮，要减小 EV 值，EV 值每减小 1.0，相当于摄入的光线量减小一半。按照不同相机的补偿间隔可以以 1/2（0.5）或 1/3（0.3）的单位来调节。

当被拍摄的白色物体在照片里看起来是灰色或不够白的时候，要增加曝光量，简单地说就是"越白越加"，这似乎与曝光的基本原则和习惯是背道而驰的，其实不然，这是因为相机的测光往往以中心的主体为偏重，白色的主体会让相机误以为环境很明亮，因而曝光不足。通过遥控器上的右拨轮调整曝光补偿 EV 值，往左减少亮度、往右增加亮度。

图 5.9　曝光补偿过高

当拍摄天气晴好，拍摄角度略微逆光，选择将 EV 值增加到为$+2.7$，但此时本身光线十分充足出现过曝现象（图 5.9），应将 EV 值降低到$+1.0$左右。

当拍摄天气阴天，EV 值为$+0$没有进行调节，由于光线不足造成照片过暗（图 5.10），此时 EV 值应尽量调高到$+2.0$以上，照片曝光补偿正常（图 5.11）。

图 5.10 曝光补偿过低

图 5.11 曝光补偿正常

5.3 可见光成像设备设置

目前应用到实际电力巡检中的无人机以小型机为主，此节以某公司悟系列无人机相机和对应地面站软件 GO 软件为例，介绍相机参数设置内容及常见问题。

1. 摄像参数设置

在屏幕顶部飞行参数下面的一列数据是摄像参数，由上至下分别是感光度 ISO、光圈、快门、曝光补偿 EV、照片格式、照片风格、曝光锁定 AE。摄像参数设置界面如图 5.12 所示。

图 5.12 摄像参数设置界面

2. 相机参数设置

点击屏幕右侧工具条的齿轮按钮可以进行相机参数初始设定：照片格式、照片尺寸、白平衡、视频尺寸、照片风格（含自定义——锐度、对比度、饱和度）、色彩、更多（过曝警告、直方图、视频字幕、网格、抗闪烁、快进预览、视频格式、视频制式 NTSC/PAL、重置参数）。相机参数的设置界面如图 5.13 所示。

相机的默认设定已能胜任用户一般的拍摄所需，如果有更高要求，可在拍摄前

图 5.13　相机参数的设置界面

调整上述的基本设置。

3．拍摄模式设置

长按屏幕右侧中部的拍摄圆键，圆键的左侧将出现扇形的选项按钮，这些按钮的功能分别为：单拍或连拍、单张、HDR、连拍（3 张、5 张、7 张）、包围曝光（3 张、5 张，步长 0.7EV）。定时摄像：5s、7s、10s、20s、30s。

4．测光设置

无人机开启后，相机立即处于默认的自动"中央重点平均测光"状态。如果需要手动点测光，需轻触地面站屏幕画面景物里指定的测光位置，则可变为手动的"点测光"状态（在测光的位置将出现带中间小圆点的黄色方框符号），点击黄色方框右上角的小叉，相机将退出手动点测光回到默认的自动"中央重点平均测光"状态（注：短促点击屏幕是切换自动、手动测光操作；如较长时间的点击屏幕将出现蓝色四圈符号，此时拖动图标的操作是控制云台姿态的俯仰）。

5．相机手动测光状态下参数调整

点击屏幕右侧下部的"五线谱"按钮，此按钮变亮后可进入手动曝光调整状态。可以通过拖动屏幕上 ISO 滑块改变感光度 ISO，或通过遥控器上的右拨轮调整快门值，往左减少、往右增加。此时曝光补偿 EV 处于不可调的状态，但 EV 显示值会按照你给定的 ISO 和快门数值自动变化。另外，还可以点按屏幕上的 AE，进入或退出曝光锁定。

第6章 红外设备使用与维保

6-1
红外设备
使用与维
保

通过不断的科技创新，无人机作业模式也不再是单一的巡检拍摄，通过搭载不同功能的云台设备，可实现一机多用，使其实用性更强，作业形式和运维手段也更加多样、更为有效。

（1）无人机云台搭载红外可见光测温设备，如图6.1所示，可对架空输电线路进行红外测温作业，通过热成像技术及时发现导线结点、各类金具是否有过热情况。

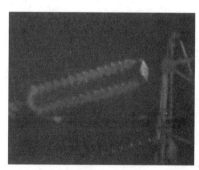

图6.1　无人机进行红外测温作业

（2）无人机云台搭载紫外线探伤设备时，可近距离对运行中的线路设备的机械构件进行高精准度探伤。通过紫外线成像及时发现部件外部检查无法检测到的内部裂纹、金属疲劳、断裂等缺陷。

（3）无人机云台搭载喷火机构时，可定点采用喷火焚烧的方式清除导线搭挂或缠绕的异物，避免带电作业风险。

（4）无人机云台搭载牵引放线机构，可牵引过渡绳索快速跨越障碍进行牵引放线施工作业，不受地理环境限制，提高放线速度和工作效率。

通过运用和组合多种无人机任务载荷，实现架空输电线路无人机多功能作业，使无人机运用到各类作业现场，达到整体提升线路管理和运维质量的目的。

6.1　红　外　简　介

6.1.1　概念

红外线（infrared，IR）是电磁波，它的波长在微波和可见光之间，其波长在

6-2
红外

760nm～1mm。当物体自身温度和绝对零度存在温差时，会向外传输自己的能量，红外线就会产生。物体和外部环境的温度差决定了物体传输出来的能量的多少。红外线是太阳光线中众多不可见光线中的一种，由英国科学家赫歇尔于1800年发现，又称为红外热辐射，热作用强。他将太阳光用三棱镜分解开，在各种不同颜色的色带位置上放置了温度计，试图测量各种颜色的光的加热效应。结果发现，位于红光外侧的那支温度计升温最快。因此得到结论：太阳光谱中，红光的外侧必定存在看不见的光线，这就是红外线，也可以当作传输之媒介。太阳光谱上红外线的波长大于可见光线，波长为 $0.75\sim1000\mu m$。红外线可分为三部分，即近红外线，波长为 $(0.75\sim1)\sim(2.5\sim3)\mu m$；中红外线，波长为 $(2.5\sim3)\sim(25\sim40)\mu m$；远红外线，波长为 $(25\sim40)\sim1500\mu m$。

红外线辐射源可区分为4部分。

（1）白炽发光区（actinic range）。该区称"光化反应区"，由白炽物体产生的射线，自可见光域到红外域。如钨丝灯、太阳。

（2）热体辐射区（hot - object range）。由非白炽物体产生的热射线，如电熨斗及其他的电热器等，平均温度约为400℃。

（3）发热传导区（calorific range）。由滚沸的热水或热蒸汽管产生的热射线。平均温度低于200℃，此区域又称为"非光化反应区"（non - actinic）。

（4）温体辐射区（warm range）。由人体、动物或地热等所产生的热射线，平均温度约为40℃。

红外光谱在电磁波中的位置如图6.2所示。

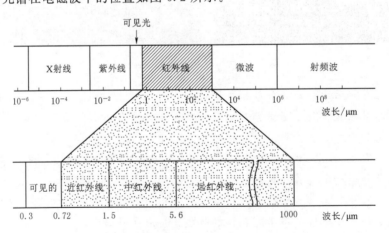

图6.2　红外光谱在电磁波中的位置

红外线波长较长（无线电、微波、红外线、可见光，波长按由长到短顺序），给人的感觉是热的感觉，产生的效应是热效应，红外线频率较低，能量不够，远远达不到原子、分子解体的效果。因此，红外线只能穿透到原子、分子的间隙中，而不能穿透到原子、分子的内部。由于红外线只能穿透到原子、分子的间隙，会使原子和分子的振动加快、间距拉大，即增加热运动能量，从宏观上看，物质在融化、沸腾、汽化，但物质的本质（原子、分子本身）并没有发生改变，这就是红外线的热效应。

通过上述可知：波长越短、频率越高、能量越大的波穿透达到的范围越大；波长越长、频率越低、能量越小的波穿透达到的范围越小。

大多数红外成像系统采用的响应光谱范围为大气吸收较小的波长。大气传输率的光谱范围称为大气窗口，如图 6.3 所示。

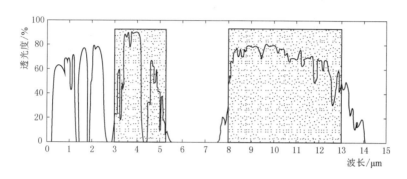

图 6.3　大气窗口

红外对射管由红外发射管和红外接收管两部分组成。红外发射管在外加电压的情况下可以产生出红外线。红外线是一种光线，具有普通光的性质，但又不同于普通可见光，它不会被察觉。红外线具有可以光速直线传播，强度可调，可以通过光学透镜聚焦，可以被不透明物体遮挡等诸多优点。红外接收管是与发射管配对的特制二极管，它可以接收到红外发射管发射出的红外线，并产生微小的光电流，可以使用一对红外线发射与接收的装置，构成红外线的对射系统，称为主动式红外线应用系统。使用中经常配对出现，当红外线发射、接收装置之间的隐形光路被阻挡时，接收装置可以立即察觉到。利用这种对射系统，可以很方便地构建工作体系。红外线发射与接收的方式有两种：其一是直射式，其二是反射式。直射式指的是发光管和接收管彼此相对安放在发射与受控物的两端，中间相距一定距离；反射式指发光管与接收管并列一起，平时接收管始终无光照，只有在发光管发出的红外光线遇到反射物时，接收管收到反射回来的红外光线才工作。红外线发射电路如图 6.4 所示。

当红外发射管 VD_1 加上电压导通之后，红外接收管 VD_2 将产生一个微小的光电流，NPN 三极管 VT_1 的基极将产生一个微小的电流，基极微小的电流存在使得 VT_1 的 BE 导通，NPN 三极管 VT_1 工作在饱和状态，CE 之间的电阻很小，近似短路，集电极相当于直接接地，电压为 0V。VT_1 的导通使得 VT_2 的集电极电位近似于 0V，则 PNP 三极管 VT_2 饱和导通，那么 VT_2 的发射极和集电极近似短路，相当于 5V 的电压加载到发光二极管 VD_3 和电阻 R_6 上，发光二极管点亮，表示红外对射管已经形成通路。当红外对射管的通路被阻挡，VD_2 产生不了光电流，三极管 VT_1、VT_2 截止，VT_2 的集电极上的电压相当于 3.7V，发光二极管接地，不点亮，表示红外对射管不导通。

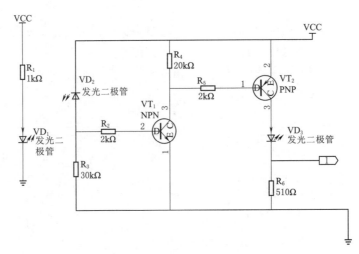

图 6.4　红外线发射电路图

6.1.2　红外技术特点

（1）便捷性。红外测温技术可在一定距离内实时、定量、带电检测发热点的温度，通过扫描，还可以绘出设备在运行中的温度梯度热像图，直观形象，而且灵敏度高，不受电磁场干扰，便于现场使用。红外热像仪坚实、轻巧、易携带，便于进行日常巡检工作。

（2）安全性。红外测温技术具有远距离，不停电、不接触、不解体等特点，给运行设备在线监测提供了一种有效手段。它能够在仪器允许的范围内安全地读取难以接近的或不可到达的目标温度，还可在测温较为困难的区域进行精确测量。红外检测不需要辅助信号源和装置，从而不会对运行中的设备造成其他损害和负面影响，属于无损检测。

（3）精确性。红外热像仪可以将探测到的数据精确量化，且精度通常都在 ±2℃ 以内。它可以在 −20～+2000℃ 宽量程内以 0.05℃ 的高分辨率检测电气设备的致热故障，揭示出如导线接头或线夹发热，以及电气设备局部过热等故障。红外测温技术除了拍摄红外图像外，还同时捕获一幅数字照片，两者的融合有助于识别和定位故障，从而能够为第一时间准确修复故障提供可靠的数据资料和依据。

（4）使用面广，效益高。红外诊断技术适用于发电厂、变电站和输配电等所有高压电气设备的各种故障检测，而且可实现大面积快速扫描成像，状态显示快速、灵敏、直观，劳动强度低，检测效率高。

（5）易于计算机分析，促进智能化发展。红外测温设备配备了功能强大的软件，用于存储和分析热图像并生成专业报告。通过相关软件，可以对热图像中的发射率、反射温度补偿以及调色板等关键参数进行调节，从而进一步提高检测的准确性。

电力设备和热力设备运行中的检测选择不断电、不停运的方式来排查故障，可以最大限度地防患于未然，能够提高电网运行安全性，也是削弱了电力瓶颈的威胁。依靠先进的民用无人机系统能够最大限度地达到社会不断增加的供电要求，根据合理的分配资源，也能够降低运营成本，使得社会效益和经济效益双丰收。所以在电力行业推广无人机红外检测技术是节约能耗，维护检修可靠性，保障用电生产安全，提高管理效率的新思路，也有重要的学术意义。

6-3
红外设备
原理图

6.2　红外热像仪器工作原理

1. 红外热像仪工作原理

利用红外探测器、光学成像物镜和光机扫描系统，接收被测目标的红外辐射能量分布图形，反映到红外探测器的光敏元件上，通过光机扫描机构对被测物体的红外热像进行扫描，并聚焦在分光探测器上，由探测器将红外辐射能转换成电信号，再经放大处理、转换到监测器，显示红外热像图。红外热像仪原理示意图如图 6.5 所示。

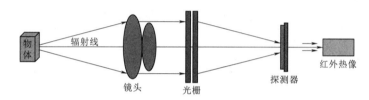

图 6.5　红外热像仪原理示意图

红外热像仪适用于工业领域各类设备的检测，是通过红外光学系统、红外探测器及电子处理系统，将物体表面红外辐射转换成可见图像的设备。它具有测温功能，具备定量绘出物体表面温度分布的特点，将灰度图像进行为彩色编码。

2. 非制冷焦平面探测器工作原理

它采用微型辐射热量探测器，类似热敏电阻，即探测器吸收入射的红外辐射，致使自身的温度升高，从而导致探测器电阻值发生变化，在外加电流的作用下可以产生电压信号输出。

6.3　红外设备的技术要求和试验方法

（1）在日常使用红外成像设备进行巡检作业的时候，会影响测温精度的因素如下：

1）物体的反射率，如反光的金属表面。反射率较高，测出来的温度会偏低。

2）辐射背景温度。如果是晴天无云影响较小，如果多云影响会加大。

3）空气的影响。包括温度和湿度，温度和湿度越高，越容易影响物体的测温，精度会越差。

4）空气的厚度。也就是相机与被测量问题的距离，距离越远，受影响越大，测量越不准。

（2）影响红外热像拍摄质量的一些外部因素及对策如下：

1）雨雾天气因素会影响红外热成像巡检拍摄质量。解决方法：对于通常的红外巡检，尽量天气好了再出门，但对于复合绝缘子的检测，阴冷的雨雾天气是最佳检测时机。

2）阳光直射会影响图像判读以及测温结果。解决方法：逆光飞行、全程全动态多角度录像，也可以通过调节云台角度减缓阳光干扰。

3）复杂"空—地"目标环境会影响红外成像质量。解决方法：固定色温显示范围或采用智能调节设备。

4）复杂地理环境会影响飞行安全。解决方法：做好任务规划，针对不同塔型确定最佳飞行方式。

5）±800kV 直流等特高压输电线路会干扰飞机磁力计以及红外图像画面，可使用 50mm 以上长焦距设备，条件允许情况下采用光学变焦及更高分辨率（1024×768）热像仪在相对比较安全的远距离上进行拍摄。

（3）离线型红外热像仪的基本技术要求见表 6.1。

表 6.1　　　　　　　　　　离线型红外热像仪的基本技术要求

技　术　内　容		技　术　要　求				备注说明
		一般检测		精确（诊断）检测		
		简配	标配*	简配	高配	
探测器	探测器类型	非制冷焦平面				
成像性能	红外分辨率/像素	160×120 或 320×240	320×240	320×240 及以上	640×480 及以上	320×240 可选 384×288
	视场（FOV）	镜头配置满足空间分辨率	标准镜头（可选 0.5 倍、2 倍、3 倍镜头）			标准镜头：25°±2°
	波长范围	7.5～14μm				
	空间分辨率	<2.8mrad	<1.4mrad	<0.7mrad		
		—	<0.47mrad	<0.24mrad		3 倍镜头
	热灵敏度	<80mK	<60mK	<60mK	<40mK	30℃时
	图像帧频	≥25Hz（非插值法）				
	图像显示	热图可见光可有叠加显示			叠加显示及 DDE 显示技术	
	调焦	自动/手动/电动				
	数字变焦	—	2 倍、4 倍连续变焦	1～8 倍连续变焦，具备可更换长焦镜头，且自动识别	1～8 倍连续变焦，具备可更换长焦、广角镜头，且自动识别	
温度测量	测温范围	−20～350℃可分段量程				
	准确度	±2℃或读数的±2%				
	测温一致性	不超过中心值±2℃或读数的±2%（取绝对值大者）		不超过中心值±0.5℃（0～100℃）		

续表

技 术 内 容		技 术 要 求				备注说明
		一般检测		精确（诊断）检测		
		简配	标配*	简配	高配	
温度测量	测温方式	手动/自动，设置可移动点，设置区域		手动/自动，能设置数个可移动点、区域，在区域内能设置最高温、最低温，等温线，温差，具有声音报警和颜色报警，同时自动跟踪最高/最低温度点		
	大气穿透率校正	—		根据输入的距离、大气温度和相对湿度校正测试温度		
	光学穿透率校正	—		根据内置的温度传感器对探测器周围温度的漂移和增益（包括一起本身的温度变化）进行连续的自动检验		
	辐射率校正	0.1～1.0可调（0.01步长），或从预设菜单中选择				
	背景温度校正	能自动根据输入的温度校正				
其他	内置数码相机	—		不低于300万像素、自动对焦、内置目标照明灯、全彩色、红外可见光可切换		
	激光指示器	—		带安全激光，夜间指示观测目标		
	内置取景器	—		高分辨率彩色取景器，像素不低于800×480		
	外部显示器	外置LCD液晶显示屏	外置LCD液晶显示屏，不低于3.5寸	外置LCD液晶显示屏（不低于3.5寸），角度可调节。像素不低于1024×600		
	视频流记录	—		仪器内可存储影像并传输至记忆卡内		
	数据传输接口	支持USB	支持USB、Wi-Fi或蓝牙可选	支持USB、Wi-Fi或蓝牙		
	红外图像文件格式	标准JPEG格式				
	可见光文件格式	—		标准JPEG格式，对应的红外图像自动关联/可进行标识		
	工作环境温度	−15～50℃				
	存放温度	−30～60℃				
	封装	IP54				
	电磁兼容	GB/T 18268.1				
	抗冲击性/抗振性	25g/2g				
	语音注释	—	语音注释，随图像一同存储			
	文本注释	—	能选择预设文本或设备名信息，与图像一起存储			

续表

技　术　内　容		技　术　要　求				备注说明
		一般检测		精确（诊断）检测		
		简配	标配*	简配	高配	
其他	报警功能	可设置报警阈值，自动进行声音或颜色报警				
	信号输出	—	视频输出	视频输出，温度流输出可选		
	整机重量	含电池小于 2kg				
	存储卡	—	SD 存储卡			
	电池	可充电锂电池，单个电池连续工作时间不小于 2h				

* 　一般检测的建议配置。

（4）在线型红外热像仪的基本技术要求见表 6.2。

表 6.2　　　　　　　　　　　在线型红外热像仪的基本技术要求

技　术　内　容		技　术　要　求	备注说明
探测器	探测器类型	非制冷焦平面	
成像性能	红外分辨率（像素）	320×240 及以上	
	视场（FOV）	标准镜头（可选 0.5 倍、2 倍、3 倍镜头）	标准镜头：25°±2°
	波长范围	7.5～14μm	
	空间分辨率	<1.4mrad	标准镜头（25°）
	热灵敏度	<60mK	30℃时
	图像帧频	≥25Hz（非插值法）	
	调焦	自动/电动	
	数字变焦	1～4 倍连续变焦	
温度测量	测温范围	−20～350℃可分段量程	
	准确度	±2℃或读数的±2%	
	测温方式	自动跟踪区域内最高/最低温度点	
	大气穿透率校正	根据输入的距离，大气温度和相对湿度校正测试温度	
	光学穿透率校正	根据内置的温度传感器对探测器周围的温度的漂移和增益（包括仪器本身的温度变化）进行连续的自动检验	
	辐射率校正	0.1～1.0 可调（0.01 步长）	
	背景温度校正	能自动根据输入的温度校正	
其他	数据传输接口	以太网 RJ-45	
	工作温度范围	温度−15～50℃	根据实际情况加护罩可扩展工作温度范围
	封装	IP54	
	抗冲击性/抗振性	25g/2g	
	电磁兼容	GB/T 18268.1*	
	信号输出	视频输出，温度流输出可选	

* 　《测量、控制和实验室的电设备电磁兼容性要求　第 1 部分：通用要求》（GB/T 18268.1—2010）。

（5）车载、机械性红外热像仪的技术要求见表 6.3。

表 6.3　　　　　　　　　车载、机械性红外热像仪的技术要求

技　术　内　容		技　术　要　求	备注说明
探测器	探测器类型	非制冷焦平面微热型	
成像性能	红外分辨率（像素）	320×240 及以上（机载要求 640×480 及以上）	
	视场（FOV）	标准镜头（可选 0.5 倍、2 倍、3 倍镜头）	标准镜头：25°±2°
	波长范围	7.5～14μm	
	空间分辨率	＜1.4mrad	标准镜头（25°）
	热灵敏度	＜60mK	30℃时
	图像帧频	≥50Hz（非插值法）	
	调焦	自动/电动	
	数字变焦	1～4 倍连续变焦	
温度测量	测温范围	−20～350℃可分段量程	
	准确度	±2℃或读数的±2%	
	测温方式	自动跟踪区域内最高/最低温度点	
	大气穿透率校正	根据输入的距离、大气温度和相对湿度校正测试温度	
	光学穿透率校正	根据内置的温度传感器对探测器周围温度的漂移和增益（包括仪器本身的温度变化）进行连续的自动检验	
	辐射率校正	0.01～1.0 可调（0.01 步长）	
	背景温度校正	能自动根据输入的温度校正	
其他	数据传输接口	以太网 RJ-45	
	工作温度范围	温度−15～50℃	根据实际情况加护罩可扩展工作温度范围
	封装	IP54	
	抗冲击性/抗振性	25g/2g	
	电磁兼容	GB/T 18268.1	
	信号输出	视频输出	
	整机重量	含电池小于 2kg	

（6）SF_6 气体检漏红外热像仪的技术要求见表 6.4。

（7）试验方法。

1）试验样品。搭载红外成像任务设备的无人直升机巡检系统 1 套（按巡检作业要求，所有设备安装、调试完毕）。

2）试验设备。精密黑体 A（低温不高于−20℃）、精密黑体 B（高温不低于 150℃）。

3）试验布置。试验应在室内无风、环境温度 0～40℃条件下进行。精密黑体 A 和精密黑体 B 间隔 2m 平行布置，二者辐射面处于同一垂直平面上。试验布置如图 6.6 所示。

表 6.4　　　　　　　　　　　　SF₆ 气体检漏红外热像仪的技术要求

技　术　内　容		技　术　要　求	备注说明
探测器	探测器类型	制冷焦平面	
成像性能	红外分辨率（像素）	320×240 及以上	320×240 可选（384×288）
	视场（FOV）	25°×19°、15°×11°	±2°
	波长范围	10.3～10.7μm，中心波长 10.55μm	
	空间分辨率	<1.4mrad	标准镜头（25°）
	测温热灵敏度	<30mK	30℃时
	气体检漏探测灵敏度	≥0.06mL/min	
	图像帧频	≥50Hz（非插值法）	
	调焦	自动/手动/电动	
	数字变焦	1～4 倍连续变焦	
温度测量	测温范围	−20～350℃ 可分段量程	
	准确度	±1～100℃时	
	测温方式	手动/自动，能设置数个可移动点、区域，在区域内能设置最高温、最低温，等温线，温差，具有声音报警和颜色报警，同时自动跟踪最高/最低温度点	
	大气穿透率校正	根据输入的距离、大气温度和相对湿度校正测试温度	
	光学穿透率校正	根据内置的温度传感器对探测器周围温度的漂移和增益（包括仪器本身的温度变化）进行连续的自动检验	
	辐射率校正	0.01～1.0 可调（0.01 步长）	
	环境温度校正	能自动根据输入的温度校正	
其他	内置数码相机	不低于 300 万像素、自动对焦、内置目标照明灯、全彩色、红外可见光可切换	
	激光指示器	带安全激光，夜间指示观测目标	
	内置取景器	高分辨率彩色取景器，像素不低于 800×480	
	外部显示器	外置 LCD 液晶显示屏（不低于 3.5 寸），角度可调节。像素不低于 1024×600	
	视频流记录	仪器内可存储影像并传输至记忆卡内	
	数据传输接口	支持 USB、Wi-Fi、蓝牙	
	红外图像文件格式	标准 JPEG 格式	
	可见光文件格式	标准 JPEG 格式，对应的红外图像自动关联/可进行标识	
	工作环境	−15～50℃	
	存放温度	−30～60℃	
	封装	IP54	

技 术 内 容		技 术 要 求	备注说明
探测器	探测器类型	制冷焦平面	
其他	抗冲击性/抗振性	25g/2g	
	电磁兼容	GB/T 18268.1	
	语音注释	语音注释，随图像一同存储	
	文本注释	能选择预设文本，与图像一起存储	
	报警功能	对设置的温度值/之上/之下/自动 进行声音或颜色报警	
	信号输出	视频输出	
	整机重量	含镜头、电池，小于 3kg	
	存储卡	SD 存储卡	
	电池	可充电锂电池，单个电池连续工作时间 不小于 2h	

4）试验步骤。按图 6.6 进行试验布置，红外成像任务设备视轴与精密黑体 A 和 B 辐射面中心连线等高、与辐射面所在的平面垂直，镜头所在平面距中心连线 10m。将精密黑体 A 的温度设置为－20℃、精密黑体 B 设置为 150℃，且保持稳定 1min。将试验样品通电，调节红外成像任务设备参数，使精密黑体 A、精密黑体 B 同时落在视场范围内，拍摄 1 张影像（P1）。将精密黑体 A 的温度设置为 50℃、精密黑体 B 的温度设置为 100℃，且保持稳定 1min。拍摄 1 张影像（P2）。

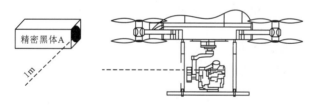

图 6.6 试验布置图

5）试验结果。影像有效像素数不低于 30 万，可自动对焦。红外影像为伪彩显示，具备热图数据，可显示温度最高点位置及温度值。影像 P1 上可分辨－20℃和 150℃的黑体热源，各个黑体温度测量精度均不低于±2℃或测量值乘以±2％中的绝对值大者。

6.4 红外成像设备的使用及保养

1. 红外热像仪器的管理

（1）红外热像仪应由专人保管维护。

（2）红外热像仪出厂资料保存完整，包括出厂校验报告、合格证、使用说明、质保书和操作手册、软件驱动盘等。

6-4
直射光干扰
红外成像

（3）红外热像仪应定期到规定的技术部门进行校验。

（4）红外热像仪应保存在保险柜内，并采取防火、防潮、防盗、防震措施。

（5）建立红外热像仪等测温设备的台账卡片。

2. 红外热像仪器在正常状态的操作注意事项

（1）开机时不要反复按电源按钮。

（2）安装存储卡时要注意方向的正确性，用力要适当。对红外热像仪的存储卡不要轻易进行格式化操作，以免产生图像不能存储的后果，对不需要的文件只要进行删除操作就行。如一定要进行格式化操作时，文件系统必须选择 FAT 的格式。

（3）现场使用红外热像仪时，注意挂好仪器的背带、环带。注意不要刮伤镜头，不使用时应及时盖上镜头盖。

（4）红外热像仪的电池充满电后应拔掉电源，若延长充电时间，不要超过 30min。

（5）红外热像仪使用完毕，要关闭电源，取出电池，放入箱内保存携带。防止现场遗忘丢失红外热像仪与配件，防止路途行进过程中红外热像仪意外碰伤损坏。

（6）禁止用手或纸巾直接擦镜头，也不要用水清洗镜头，应用镜头纸轻轻擦拭。

（7）红外热像仪的机身和附件可用干燥的软布擦拭清洁，禁止使用湿布擦拭。

（8）红外热像仪长时间放置时，应定期开机运行一段时间，存放中应定期进行保养，包括通电检查、电池充放电、CF 存储卡存储处理、镜头的检查等，以保证仪器及附件处于完好状态。

（9）热像仪启动后请先核对一下设置参数，特别是日期、时间的设置，以利于图像的查找。

（10）仪器必须聚焦清晰。

（11）为获取高质量的图像，在存储时，请先冻结图像，看图像是否满意，再用菜单进行保存。

3. 红外热像仪器在异常环境下的使用注意事项

（1）在污染、潮湿、寒冷的环境进行红外诊断，做好相应的防尘、防潮、保温等防护措施，避免放在潮湿的环境。需要在雨、雾中观察绝缘子运行状态时，应对红外热像仪采取防护措施。

（2）在夏季高温环境中进行连续作业时，应注意观察红外热像仪的内部散热温度是否正常。红外热像仪壳体温度较高时，应间歇休息通风降温；使用红外热像仪工作间歇时，避免将红外热像仪放在强烈太阳光下长时间暴晒。

（3）现场进行红外诊断应保持顺光进行测温。逆光测温时，镜头保持低于太阳。红外热像仪镜头不可对着太阳进行测温，不可对着高温炼钢炉等强光部位进行测温，否则会损坏测温元件及红外图谱。直射阳光干扰红外热像如图 6.7 所示。

（4）红外热像仪不得擅自拆卸，有故障时，必须到红外热像仪厂家进行维修。

4. 设备的保养

（1）红外成像设备的镜头元件通常由锗单晶制成，容易打碎、擦伤和破裂，在不使用热像仪时，应重新盖上镜头，并将热像仪小心存放。

（2）注意红外成像设备使用时所处的环境温度，热像仪可在－10～50℃范围内工作。

（3）尽量避免在雨天室外工作，若有液体沾染到红外成像设备，应在第一时间擦拭干净。

（4）为了避免损坏设备，应首先使用压缩空气清除大的颗粒和灰尘，然后

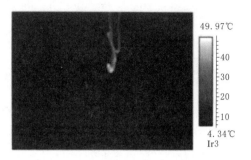

图 6.7　直射阳光干扰红外热像

用一块布擦拭。轻轻使用略微沾湿标明用于清洁镜头的非腐蚀性溶液或是温和的稀释肥皂溶液（绝对不要使用溶剂）的软棉布擦拭镜头（不要将布浸入液体中）。使用干净略湿的布轻轻擦拭设备机身。如有需要，可用水加少量温和肥皂配成的溶液将布浸湿。当使用完成后，应尽快将设备盖上镜头盖，并放入携带箱内保存，防止相机在使用过程中脱落。

（5）红外成像设备与无人机连接安装完毕后，禁止带电扳动热像仪与增稳伺服云台，以防止破坏其机械结构。

（6）将相机远离湿气、灰尘、不通风的场所和高温热源，以免损坏和变形。

（7）避免装卸和运输过程中产生剧烈冲击或振动，否则部分零件将可能被损坏。

（8）建议红外成像设备每年返厂一次进行测温标定与复测工作，以确保测温精度。

6－5
红外设备
使用与维
保题库

7-1
红外设备
设置和拍
摄

第7章 红外设备设置和拍摄

在红外成像方面，20世纪90年代红外探测器取得重大突破，已经研发出大规模、高帧率、低噪声的红外探测器。目前，超大规模的 4K×4K、8K×8K 分辨率的红外探测器已经问世，使用拼接方式更是可以将探测器阵列规模迅速扩大。随着社会的不断发展与进步，在红外成像技术方面也渐入佳境。本章对于红外成像的相关概念进行了一定的概括以及描述，首先介绍了红外成像的相关术语，同时也介绍了红外成像设备的相关设置。最后以大疆 Zenmuse XT 2 为例详细讲解了双光热成像相机的实例，并进行了相关说明以及介绍。

7.1 红外成像设备和拍摄

7.1.1 红外成像相关术语

7-2
红外成像
设备和拍
摄相关照
片

红外成像设备的主要技术参数包括温度分辨率（热灵敏度，NETD）、探测器像素数、焦距、视场角与有效孔径（F 数）、空间分辨率（IFOV）、帧频、高质量的红外图像数据要素及信息等。

1. 温度分辨率（热灵敏度，NETD）

温度分辨率代表热像仪可以分辨的最小温差，直接决定了红外热像仪的图像清晰度，热灵敏的数值越小，表示其灵敏度越高，图像更清晰。对于低零值绝缘子与复合绝缘子的检测尽量选用温度分辨率指标较高的产品（≤50mK）。

2. 探测器像素数

探测器像素数是指传感器的最大像素数，通常给出了水平及垂直方向的像素数。常见分辨率有 320×240、384×288、640×480、1024×768 等。

3. 焦距、视场角与有效孔径（F 数）

（1）焦距是光学系统中衡量光的聚集或发散的度量方式，指平行光入射时从透镜光心到光聚集之焦点的距离。通常焦距越长，其探测距离越远，但视场角窄、成本越高。

（2）视场角，在光学仪器中，以光学仪器的镜头为顶点，以被测目标的物像可通过镜头的最大范围的两条边缘构成的夹角，称为视场角，视场角越大焦距越短。对于目前采用 640×480 探测器的各种主要品牌与类型的热像仪，50mm 焦距镜头水平视场角约为 12°，25mm 焦距镜头水平视场角约为 24°，焦距与视场角的关系为对应等比例变化。

（3）有效孔径为镜头的最大光圈直径和焦距的比数，是表示镜头的最大通光量，也是镜头的最大口径。如一只镜头的最大光圈直径是 50mm，焦距是 50mm，则有 50:50＝1:1，这只镜头的有效孔径就是 1:1，或称 F1，F 数越小，进光量越大，热像仪的灵敏度越高，但景深越短，非制冷焦平面的 F 数通常为 1～1.2。

4. 空间分辨率（IFOV）

空间分辨率是指图像上能够详细区分的最小单元的尺寸或大小，是用来表征影像分辨率细节的指标，即红外热像仪分辨物体的能力。该指标与热像仪的探测器像素数、焦距（视场角）等参数相关。相关计算见式（7.1）和式（7.2），即

$$IFOV = \frac{2\pi\sigma}{360\eta} \tag{7.1}$$

式中：η 为在焦平面探测器的水平像素；σ 为热像仪水平视场角（采用 640×480 探测器，17μm 像元直径探测器，50mm 焦距镜头，水平视场角约为 12°）。

例如：24°标准镜头的视场角为 24°×18°，空间分辨率为 1.3mrad。计算为

$$IFOV = \frac{24°}{320（像素）} \times \frac{\pi}{180} = 0.0013rad = 1.3mrad$$

$$D = IFOV \times L \tag{7.2}$$

式中：D 为最小目标边长（理想大气情况下），即大于该尺寸的目标可以填充满一个像素点；L 为观测距离。

采用 50mm 焦距，640×480 探测器热像仪镜头的 $IFOV$ 为 0.325mrad，观察距离为 10m 时，$D=0.000325 \times 10=0.00325m（\approx 3.3mm）$，以此类推，25mm 焦距镜头 $IFOV$ 为 0.65mrad；观看距离为 10m 时，$D=0.00065 \times 10=0.0065m（6.5mm）$。

对于被测目标来说，由于其投影可能在两个像素点之间，因此其在探测器上的投影图像须填充满 3×3 个像素点才能确保准确测温，否则测温精度大幅下降，甚至不能观测到目标。根据上述计算，50mm 焦距的热像仪在 10m 的距离上可以对长宽各大于 1cm（直径约 1.5cm）的发热目标清晰成像并准确测温，25mm 焦距的热像仪在 10m 的距离上可以对长宽各大于 2cm（直径约 3cm）发热目标清晰成像并准确测温。观测距离越远，最小目标尺寸越大，在不考虑大气衰减的情况下为等比例变化。不同距离红外目标最小直径需求见表 7.1。

表 7.1 不同距离红外目标最小直径需求表

观测距离	10m	15m	20m	25m
50mm 镜头	1.5cm	2.25cm	3cm	3.75cm
25mm 镜头	3cm	4.5cm	6cm	7.5cm

通过 50mm 焦距镜头与 25mm 焦距镜头对比，发现 50mm 在显示画面细节方面优势明显，更加适合用于远距离探测，有利于保证无人机飞行安全，但其成本较高、价格贵。图像显示对比效果如图 7.1 所示。

5. 帧频

图像帧频一般以赫兹表示，指每秒钟更新图像的速率。如 30Hz 的红外成像设

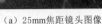
（a）25mm焦距镜头图像

（b）50mm焦距镜头图像

图 7.1　图像显示对比效果图

备是指 1s 内可以产生 30 幅连续的图像。针对快速移动的物体进行红外侦测时，尽可能地选择高帧频的热像仪，这样能更准确地捕获温度的瞬时变化并在无人机飞行过程中清晰地拍摄。

6. 高质量的红外图像数据要素及信息

拍摄质量高的红外图像应包括的主要数据要素如图 7.2 所示，应包括的重要信息如图 7.3 所示。

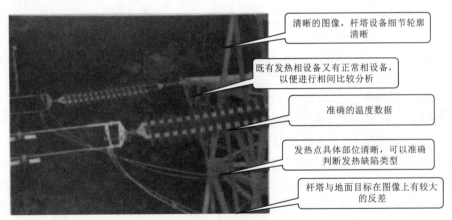

清晰的图像，杆塔设备细节轮廓清晰

既有发热相设备又有正常相设备，以便进行相间比较分析

准确的温度数据

发热点具体部位清晰，可以准确判断发热缺陷类型

杆塔与地面目标在图像上有较大的反差

图 7.2　高质量的红外图像数据要素

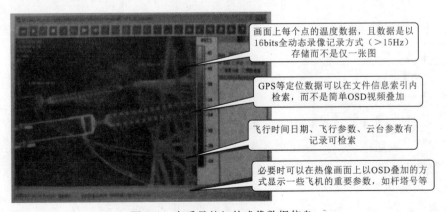

画面上每个点的温度数据，且数据是以16bits全动态录像记录方式（＞15Hz）存储而不是仅一张图

GPS等定位数据可以在文件信息索引内检索，而不是简单OSD视频叠加

飞行时间日期、飞行参数、云台参数有记录可检索

必要时可以在热像画面上以OSD叠加的方式显示一些飞机的重要参数，如杆塔号等

图 7.3　高质量的红外成像数据信息

7.1.2 红外成像设备的设置

1. 测温参数的实时设定

可以通过无人机地面站实时设定辐射率等关键测温参数，以保证测温精度。特别是对于新旧不同的金具，辐射率的设定直接影响到检测结果的准确性。

2. 热像仪焦距设定与调节

由于无人机在飞行过程中相对于杆塔等目标间的距离是不断变化的，因此对于25mm 以下的热像仪最好选用可以通过地面站进行实时调焦或起飞前调节好可基本正常工作的大景深设备；对于 50mm 等较长焦距的设备则必须选用可以通过地面站进行实时调焦并具备自动调焦功能的设备。

3. 测温报警阈值与伪彩种类的实时设定

可以通过无人机地面站实时设定测温报警阈值与伪彩种类以提高巡检效率与观测效果，如图 7.4 所示。

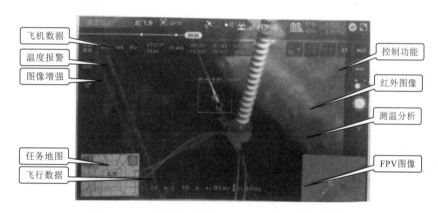

图 7.4 设定测温报警阈值与伪彩种类的红外热图

4. 色温显示范围设定

一般红外成像系统可以记录 16bits 全动态温度数据，通过 App 或相关软件，调节色温显示范围以达到发现微小温差目标缺陷的目的，如图 7.5 所示。

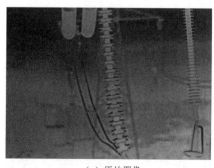 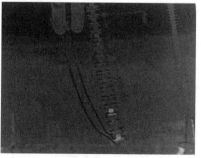

（a）原始图像　　　　　　　　　　（b）处理后图像

图 7.5 设置色温显示范围前后对比图

7.2 双光热成像相机实例

目前国内新兴的无人机产品型号多样,本章以大疆 Zenmuse XT 2 为例讲解。

7.2.1 产品简介

该产品的云台相机搭载 FLIR 长波红外非制冷热成像相机机芯与可见光相机,可同时拍摄热成像与可见光影像,并支持两者融合显示,提供细节更丰富的影像。支持视觉聚焦,实现特有的快速与高温跟踪功能。其中热成像相机有 640×512 和 336×256 两种分辨率型号,提供 9mm、13mm、19mm 与 25mm 多种规格选配镜头,均具备数字变焦功能,可见光相机可录制 4K 视频与拍摄 1200 万像素照片。此产品配备高精度三轴云台,可安装至 Matricem 200 系列与 Matrice 600 系列等飞行器使用,配合 DJI TM Pilot App 可在移动设备上实时观测拍摄画面,支持拍照与录影。

此产品的热成像摄像机设计坚固,可在各种条件下工作,包括雨、雪、烟和雾,可执行特殊任务,主要用于基础设施检查、精准农业、消防和搜救等专业无人机平台。它的热成像摄像机能够转换数据,配装的防震云台及并排视觉和热成像传感器可捕获肉眼看不见的热成像信号,通过结合先进的热像仪和一个 4K 的相机,为应急服务、灾后恢复和工业检验领域提供无与伦比的数据获取和态势感知能力。无人机操作者可在飞行时随时查看热数据和视觉数据,为工业检查以及公共安全等提供高级别的多功能性和图像细节。此外,DJI 公司还发布了一个最新研发出的有效载荷软件开发工具包(SDK),无人机操作员、研发人员、传感器和设备制造商可轻松将定制的非 DJI 摄像机、传感器和其他类型有效载荷,如空对地通信工具和设备,无缝安装并集成到 Matrice 200 系列无人机上。相机结构如图 7.6 所示。

7.2.2 相机的安装

1. 支持飞行器类型

Matrice 200 系列和 Matrice 600 系列。

2. 安装至飞行器

(1)移除云台保护盖,如图 7.7 所示。

(2)以安装至 Matrice 200 飞行器为例,将 XT 2 云台接口调整至解锁位置,嵌入 M200 云台安装位置。最后旋转云台锁扣至锁定位置以固定云台。相机的安装如图 7.8 所示。应注意:

1)请确保云台安装正确、稳固。云台接口结构设计紧凑,安装或取下时请

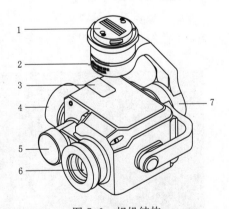

图 7.6　相机结构

1—云台接口;2—平移轴电机;3—Micro SD 卡槽;
4—俯仰轴电机;5—可见光相机;6—红外相机;
7—横滚轴电机

用手固定安装平台的同时用力旋转。

2）安装至 M200 系列飞行器使用时，确保飞行器固件在 V1.01.0900 及以上。配合 M210 以及 M210 RTK 使用时，请安装 Zenmuse XT 2 至云台接口 1。

3）使用或存储过程中，请盖好 SD 卡保护盖，以免水汽或灰尘进入。

4）Zenmuse XT 2 结构精密，请勿自行对 Zenmuse XT 2 做任何拆装，否则将会导致云台相机工作异常。

3．连接 DJI Pilot App

（1）开启飞行器与遥控器。

（2）使用 USB 连接线，连接遥控器与移动设备。

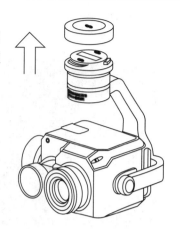

图 7.7　移除云台保护盖

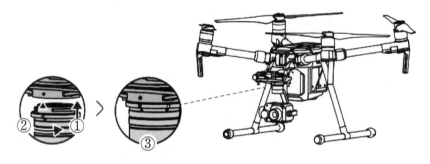

图 7.8　相机的安装

（3）连接成功后进入相机界面，移动设备可实时显示拍摄画面。

连接 DJI Pilot App 如图 7.9 所示。

7.2.3　相机的设置

在相机界面（图 7.10），可预览 Zenmuse XT 2 的拍摄画面，并可进行相机参数设置。

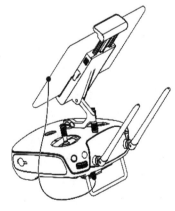

图 7.9　连接 DJI Pilot App

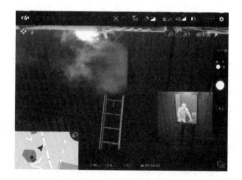

图 7.10　相机界面

1. 聚焦

聚焦（图 7.11）分为快速跟踪与高温跟踪。

图 7.11 聚焦

（1）快速跟踪。用户用手指划动屏幕框选目标，云台将始终跟随该目标。红点表示目标区域内最高温点，蓝点则表示最低温点。跟随过程中也可再次框选新目标。若在跟随过程中目标丢失，请重新选择。

（2）高温跟踪。云台自动识别拍摄画面中温度最高点（以红点表示）并主动跟随。如果在跟随过程中识别到另外更高温的点，红点周围将出现圆形虚线，点击则可使云台跟随。

聚焦功能仅适用于配合 M200 系列飞行器时使用，在 M600 系列飞行器上不能使用聚焦功能。

2. 云台工作模式

点击选择云台工作模式：跟随、自由、回中模式。

3. 开启 FFC

点击开启 FFC 功能。FFC 校准是相机的一个功能，校准以后的图像质量将得到优化。FFC 校准利用相机内置的一个可活动挡片自动实现。校准过程中 DJI Pilot App 画面将出现约 1s 停顿，同时相机会有"咔嚓"一声提示。

4. 数字变焦

点击可调节数字变焦。

5. 显示模式

点击选择实时画面的显示模式，分为画中画、可见光、红外以及融合显示。可见光模式只显示可见光相机拍摄画面。

（1）画中画模式。细分为三种显示子模式（图 7.12）。一是在可见光画面中以窗口形式嵌入热成像画面，热成像画面在屏幕中的位置可以选择。二是可见光画面和热成像画面以左右分屏的方式显示。三是可见光画面与热成像画面以衔接方式显示。

（2）可见光模式。只显示可见光相机拍摄画面。

（3）红外模式。仅显示热成像画面。

（4）融合显示。将可见光画面和热成像相机拍摄画面融合显示（图 7.13），融合程度可以选择低、中、高。选择红外、融合显示时，可开启或关闭测温功能。测

图 7.12   三种显示子模式

温分为点测温和区域测温。

1）点测温。此设备支持屏幕任意点测温，测量精度为±10℃。在环境较为理想时，测量精度可达±5℃。

2）区域测温。开启区域测温功能后，在屏幕中选取任意区域，屏幕将显示该区域内的平均温度、最低温与最高温及其位置。

测温功能开关
融合程度设置

图 7.13   融合显示

测温功能较为复杂，测温精度受环境因素影响较大，因此测量出的温度应做参考使用。不同的环境条件对测量精度的影响不同，造成影响的环境因素包括：①物体的反射率。例如反光的金属表面，反射率较高，相机测出来的温度会更接近背景或环境温度，误差较大；而测量表面比较粗糙的物体温度时，准确率会更高。②辐射背景温度。晴天、无云的天气对测量精度影响较小，在多云天气下的测量则误差会较大。③空气温度和湿度。温度和湿度越高，测量精度越低。④相机与被测量物体的距离。距离越近，测量精度越高；距离越远，则精度越低。⑤物体的发射率。被测量物体的发射率越高，测量精度越准。

选择融合显示时，当可见光与热成像相机的融合图像显示偏移的情况下，可以通过融合偏移功能调整，如图 7.14 所示。

6. 辅助设置

点击进行相应的画中画或融合显示设置。

图 7.14   通过融合偏移功能调整融合图像

7. 相机设置

点击 MENU 进入相机设置。

（1）拍照设置。

1）拍照模式：提供单张拍摄；连拍 3 张/5 张；定时拍摄（2s/3s/5s/7s/10s/15s/20s/30s）。

2）照片格式：R‑JPEG，JPEG，TIFF（14bit）。

（2）视频设置。热成像相机与可

见光相机的视频格式可分别设置。

1）可见光视频格式：MOV 和 MP4。

2）热成像视频格式：MOV，MP4，TIFF Sequence，SEQ。

可设置可见光相机视频分辨率。

（3）通用设置。

1）视频字幕：可开启或关闭视频字幕。

2）抗闪烁：根据地区选择抗闪烁参数。

3）画中画设置：设置画中画显示模式下，可见光和热成像画面的显示位置。

（4）兴趣区域。用户可根据需要选择兴趣区域范围。当兴趣区域为全屏时，整个图像的色阶将按默认配置分布。当画面中有大片天空时，由于天空的温度较低，大量色阶被分配到低温区域，将导致地面部分不同温度显示的色彩变化不明显。选择剔除 33％天空区域或剔除 50％天空区域，意味着将分配在天空区域的色阶数量减少，而将更多色阶分配在地面区域，使地面区域内的色彩变化较明显、图像更清晰，从而更利于观测。全屏与剔除天空区域对比如图 7.15 所示。

（a）开启兴趣区域前（全屏）　　　　　　（b）开启兴趣区域后

图 7.15　全屏与剔除天空区域对比图

（5）调色板。热成像图片中的颜色用来表示温度，画面中的温度范围将被映射到 256 个色阶上，在 8bit JPEG 图片以及 MP4、MOV 视频中显示出来。Zenmuse XT 2 相机提供多种调色板，每种调色板对应不同的色阶，如图 7.16 所示。

选用不同色板的效果如图 7.17 所示。

（6）场景。场景分为室外、室内、海洋等，同时支持自定义场景，用户可以根据需求设置并保存自定义参数。相机将根据不同的场景调整以下相机参数，对图像进行优化处理：

1）DDE（digital detail enhancement）数字细节增强技术，提高图像及轮廓的清晰度。

2）ACE（active contrast enhancement）动态对比增强技术，动态调节相关场景温度的对比度。当 ACE 值大于 0 时，冷的物体对比度更明显；ACE 值小于 0 时，热的物体对比度更明显。

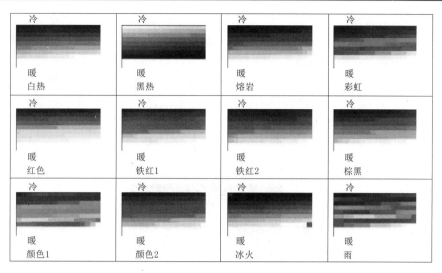

图 7.16 调色板

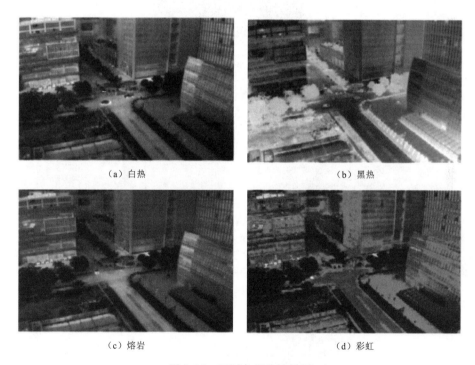

图 7.17 不同色板的效果图

3）SSO（smart scene optimization）智能场景优化技术，增强双模式场景中的极限值，令图像颜色与温度的关系更线性化，使不同温度的物体对比度更明显。

4）对比度（contrast）：画面黑与白的比值。比值越大，色彩表现越丰富。

5）亮度（brightness）：自动调节图像亮度。

（7）等温线。开启等温线功能可以更直观地看出不同温度的区域，根据上，中，下 3 个阈值来设置等温线的值。等温线阈值可选择百分比或温度值。

以白热等温为例：

在阈值"下"以下的温度，使用 128 个灰阶表示。不同区间内的温度，将显示对比度更强的颜色，而相同温度用同一种颜色表示，方便寻找同等温度的对象。

在阈值"下"与"中"之间的温度，使用等温线色阶 1（共 48 个色阶）表示。

在阈值"中"与"上"之间的温度，使用等温线色阶 2（共 48 个色阶）表示。

在阈值"上"以上的温度，使用等温线色阶 3（共 32 个色阶）表示。

色阶如图 7.18 所示。

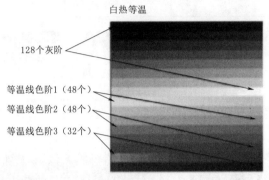

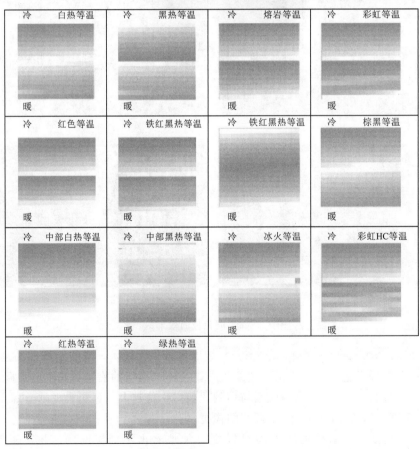

图 7.18　色阶

开启等温线功能后的对比如图 7.19 所示。

（a）白热等温

（b）黑热等温

（c）熔岩等温

（d）彩虹等温

图 7.19　开启等温线功能后的对比图

等温线提供搜人、搜火、自定义 3 种设置。当选择搜人或搜火时，等温线 3 个阈值的温度为固定值，拍摄画面根据温度值将人物或火焰着重显示出来。截图为搜人效果如图 7.20 所示。

（8）增益模式。调整相机的温度范围。增益模式可选择自动、高或低 3 种。当选择高增益时，相机对温度差异更灵敏，但要求画面温度范围较小。低增益模式时，相机测量的温度范围较大，对温度差异灵敏度会降低。相机会根据画面中的温度范围，自动选择合适的增益模式，默认模式为自动模式。

图 7.20　搜人效果

（9）外部参数。用户可设置环境温度、辐射系数等 8 项外部参数，用于校准测温公式，使温度测量更精准。

（10）高温警报。启用区域测温功能后，才可开启高温警报。用户可以设置高温警报的阈值。当选定区域内最高温度超过阈值时，App 将出现相应提示。

（11）FFC 设置。可选择自动或手动进行 FFC 校准。

（12）重置相机参数。点击可将相机参数恢复至出厂默认设置。

（13）格式化 SD 卡。SD 卡格式化后内容将被清空，请谨慎操作。注意：①位置靠近镜头的 SD2 卡仅存储 TIFF Sequence 和 SEQ 的红外 RAW 视频，其他文件均存储至另一张 SD1 卡中。②推荐使用 ImageJ 软件播放 TIFF sequence 格式视频，使用 Flir Tools 播放 SEQ 格式视频。

8. 拍照/录影切换按键

点击切换拍照或录影。

9. 拍照/录影按键

轻触一次以启动拍照，或点击开始录影，再次点击停止录影。

10. 回放按键

点击可查看已拍摄照片与视频。

7.2.4　遥控器操作

遥控器操作（图 7.21）右拨轮控制调色板，通过拍照、录影按键控制相机拍照和录影，左拨轮可调整相机拍摄的俯仰角度。

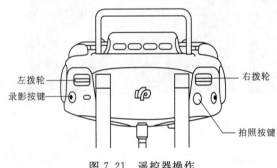

图 7.21　遥控器操作

（1）左拨轮。拨动云台控制拨轮可以控制云台俯仰（默认设置）或平移轴转动。

（2）录影按键。短按一次开始录影，再次短按停止录影。

（3）拍照按键。短按一次启动拍照。

（4）右拨轮。按压右拨轮可选择不同调色板。

7.2.5　规格参数

规格参数见表 7.2。

表 7.2　　　　　　　　　　规　格　参　数

项目		参数
总体参数	产品名称	Zenmuse XT 2 热成像云台相机
	尺寸	25mm 版本：123.7mm×112.6mm×127.1mm
		其余版本：118.02mm×111.6mm×125.5mm
	质量	25mm 版本：629g
		其余版本：588g
云台参数	角度抖动量	±0.01°
	安装方式	可拆卸
	可控转动范围	俯仰：+30°～−90°，平移：±320°
	结构设计范围	俯仰：+45°～−130°，平移：±330°
		横滚：−90°～+60°
	最大控制转速	俯仰：90°/s，平移：90°/s

续表

项目		参数		
相机参数	热成像器	非制冷氧化钒（VOx）微测热辐射计		
	FPA/数字视频显示格式	640×512；336×256		
	数字变焦	640×512：1x，2x，4x，8x		
		336×256：1x，2x，4x		
	像元间距	$17\mu m$		
	波长范围	7.5～13.5μm		
	全帧频	30Hz		
	可出口帧频	＜9Hz		
	灵敏度	＜50mk@f/1.0		
	场景范围（高增益）	640×512：−25～135℃		
		336×256：−25～100℃		
	场景范围（低增益）	−40～550℃		
	存储	Micro SD 卡		
	照片格式	JPEG，TIFF，R－JPEG		
相机参数（可见光）	传感器	CMOS，1/1.7，有效像素：1200万		
	镜头	定焦镜头		
		焦距8mm，FOV57.12°×42.44°		
	数字变焦	1x，2x，4x，8x		
	图像存储格式	JPEG		
	视频存储格式	MOV，MP4		
	录影分辨率	4K Ultra HD：3840×216029.97p		
		FHD：1920×108029.97p		
	工作模式	拍照模式，录影模式，回放模式		
	拍照模式	单拍，连拍（3张/5张），定时拍（2s/3s/5s/7s/10s/15s/20s/30s）		
	视频字幕	支持		
	抗闪烁	自动，50Hz，60Hz		
图像处理和显示控制	图像优化	是		
	数字图像增强	是		
	极性控制（黑热/白热）	是		
	彩色和单色调色板（LUT）	是		

镜头参数		9mm	13mm	19mm	25mm
640×512	FoV IFoV	—	$f/1.25$ 45°×37° 1.308mm	$f/1.25$ 32°×26° 0.895mm	$f/1.1$ 25°×20° 0.680mm

7－3
红外设备
设置和拍
摄题库

8-1
激光雷达
设备使用
与维保

8-2
激光雷达
设备相关
图片

第8章 激光雷达设备使用与维保

本章对于激光雷达设备使用与维保技术进行讲解。首先介绍了激光雷达设备功能及结构组成，使读者了解激光雷达设备，然后对激光雷达及其与无人机结合的巡检系统工作原理进行说明，其精准工作主要依靠惯性导航技术，通过激光雷达技术与无人机相结合来提升电力线路巡检的效率。最后对基于无人机激光雷达智能巡检及其故障排查维修进行相关介绍，使读者能够了解激光雷达智能巡检系统的应用及维护过程。

8.1 激光雷达设备功能

激光雷达，即光探测和测距（light detection and ranging，LiDAR），是一种以发射激光束探测目标的位置、速度等特征量的雷达系统。区别于无线电探查与测距雷达（radio detecting and ranging，Radar），但是二者都属于遥感（remote sensing）的范畴。激光雷达由于使用的是激光束，工作频率较微波高了许多，从而具备了很多优点，如分辨率高、隐蔽性好、抗有源干扰能力强、低空探测性能好、体积小、质量轻等。正是由于这些优点，激光雷达被广泛应用于资源勘探、城市规划、水利工程、环境监测、交通通信、防震减灾及国家重点建设项目等方面，为国民经济、社会发展和科学研究提供了极为重要的研究资料；另外，激光雷达还具有建立周边 3D 模型的功能，并被应用于自动驾驶辅助系统（ADAS），例如自适应巡航控制（ACC）、前车碰撞警示（FCW）及自动紧急制动（AEB）等。图 8.1 为激光雷达扫描图，图 8.2 为无线电探查与测距雷达示意图，图 8.3 为激光测距原理图，图 8.4 为激光雷达测距示意图。

图 8.1 激光雷达扫描图

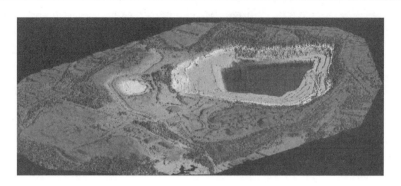

图 8.2　无线电探查与测距雷达示意图

图 8.3　激光测距原理图

图 8.4　激光雷达测距示意图

8.2　激光雷达设备结构组成

下面对激光雷达设备结构组成进行说明。图 8.5 为无人机/飞控子系统示意图。

图 8.6 为连接稳定子系统示意图。连接稳定子系统负责物理连接无人机飞行平台与激光子系统,并为保证数据精度提供适度稳定功能。

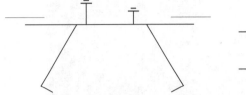

图 8.5　无人机/飞控子系统示意图　　　　图 8.6　连接稳定子系统示意图

图 8.7 为激光扫描子系统示意图。激光扫描子系统是数据采集核心系统,包含激光扫描器、位置姿态系统、中控主板以及嵌入式集成系统。

激光扫描在电力应用的主要优势如下:

(1) 激光测绘结果精确可信,可作为走廊全地物比对支撑数据作业流程,效率极高。

(2) 部署方案灵活,同时支持直升机/无人机作业方式。

(3) 可作为三维数字化资产数据,无缝对接电网资产数据库。

数据处理子系统运行于随行笔记本电脑中,负责在点云采集飞行完成后的数据处理流程。主要功能包括:激光系统采集数据导入与解算;点云数据快速裁剪、优化;树障缺陷现场快速检测;缺陷平断面图自动生成;检测报告自动生成。图 8.8 为数据处理子系统示意图。

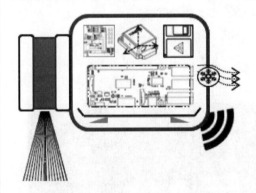
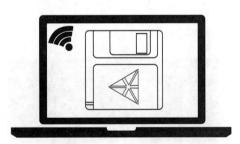

图 8.7　激光扫描子系统示意图　　　　图 8.8　数据处理子系统示意图

8.3　激光雷达工作原理

8.3.1　激光雷达分类

目前业界主要以线数、激光波形及扫描方式进行激光雷达的种类划分,同时也可按照功能用途、工作介质等完成划分。本文主要以线数、激光波形和扫描方式展开分类介绍。

1. 线数

线数是常规视觉检测系统激光雷达选型最主要的参数之一，可按照线数（发射器/接收器组数）分为单线/多线激光雷达。

（1）单线激光雷达。单线激光雷达只能完成平面扫描，主要用于规避障碍物，其扫描速度快、分辨率和可靠性高，目前主要应用于服务机器人等对高度信息要求不高的场景。

（2）多线激光雷达。多线激光雷达可识别物体的高度信息（可理解为竖直方向的积分），目前业界以 4～128 线为主，造价昂贵，主要用于自动驾驶等领域。

2. 激光波形

（1）连续型激光雷达。连续型激光雷达指激光持续亮光到待测高度，进行某个高度下数据采集，同一时刻只能采集到单点数据，单点代表某个高度的风况，较为片面。

（2）脉冲型激光雷达。脉冲型激光雷达指输出的激光不连续，发射上万个激光粒子，根据多普勒原理，综合评价某个高度的风况，较连续激光测量的点位多几十倍，更能够精确地反映出某个高度风况。

3. 扫描方式

激光雷达按扫描方式大体可以分为机械式、固态式和混合固态式 3 种类型。从现有市场状况来看，机械式最为常用；固态式为未来业界大力发展方向（固态指激光雷达为单个整体，没有需要旋转和可动扫描部件）；混合式是机械式和纯固态式的折中方案（较机械式只扫描前方一定角度内的范围；较纯固态式仍有一些较小的活动部件），是目前阶段量产装车的主流产品。

（1）机械旋转式激光雷达。机械旋转式激光雷达目前技术较为成熟，业界多为此种方案。发射系统和接收系统存在物理意义上的转动，不断地旋转发射器，将激光点变成线，并在竖直方向上排布多束激光发射器形成面，实现 3D 扫描的目标。但内部结构复杂，主要包括激光器、扫描器、光电探测器以及位置和导航器件等。由于通过复杂的机械结构实现高频准确的转动，硬件成本高，且很难保持长时间稳定运行，业界寿命多为 2 万～3 万 h（正常使用 2～3 年），因此目前固态激光雷达成为很多公司的研究方向。

（2）MEMS 激光雷达（混合固态）。MEMS 型激光雷达主要基于微振镜引导激光束射向不同方向，可以动态调整自己的扫描模式，以此来聚焦特殊物体，可以采集更远更小物体的细节信息实现对其识别。微振镜的出现极大地减小了激光雷达的体积且降低了成本，且由于其惯性力矩较小，可以实现快速移动，在中远测距方面有巨大潜力，但稳定性方面有待商榷。

（3）泛光面阵式激光雷达（Flash，固态）。泛光面阵式是目前全固态激光雷达中较为成熟的技术（快闪，原理类似相机），它可以短时间直接发出一大片覆盖探测区域的激光，以高灵敏度的接收器来完成周围环境的绘制，能快速记录整个场景，避免了扫描过程中雷达或目标的移动带来的麻烦。但是由于每次发射的光线会散布在整个视场内，这意味着只有小部分激光会投射到某些特定点，很难进行远距离探测。

（4）光学相控式激光雷达（OPA，固态）。相控阵激光雷达采用多个光源组成阵列，通过控制各光源发光时间差（相对相位），合成具有特定方向的主光束，加以控制便可实现不同方向的扫描。光学相控阵要求单元尺寸不大于半个波长，目前激光雷达的工作波长均在 1000nm 左右，故阵列单元的尺寸不得大于 500nm，加工难度较大。

8.3.2　激光雷达中的惯性导航系统

惯性导航系统（INS）是以陀螺和加速度计为敏感器件的导航参数解算系统，该系统根据陀螺的输出建立导航坐标系，根据加速度计输出运载体在导航坐标系中的速度和位置。

惯性导航系统中的实时动态（real - time kinematic，RTK）载波相位差分技术，是实时处理两个测量站载波相位观测量的差分方法，将基准站采集的载波相位发给用户接收机，进行求差解算。这是一种新的常用的卫星定位测量方法，以前的静态、快速静态、动态测量都需要事后进行解算才能获得厘米级的精度。而 RTK 是能够在野外实时得到厘米级定位精度的测量方法，它采用了载波相位动态实时差分方法，是 GPS 应用的重大里程碑，它的出现为工程放样、地形测图、各种控制测量带来了新的测量原理和方法，极大地提高了作业效率。

惯性导航系统优点有：①由于它是不依赖于任何外部信息，也不向外部辐射能量的自主式系统，故隐蔽性好，也不受外界电磁干扰的影响；②可全天候、全时间地工作于空中、地球表面乃至水下；③能提供位置、速度、航向和姿态角数据，所产生的导航信息连续性好而且噪声低；④数据更新率高、短期精度和稳定性好。

8.3.3　无人机激光雷达组成与工作原理

1. 无人机激光雷达组成

图 8.9 为无人机激光雷达组成结构图，其主要参数为：最大射程 200m；对旧线 95m；对新导线 50m；扫描频率 1216 万点/s；扫描角度 9160°；点密度 200 点/m²；重量 1.2kg。机载雷达分解示意图如图 8.10 所示。

2. 无人机激光雷达工作原理

激光雷达是一种采用非接触激光测距技术的扫描式传感器，其工作原理与一般的雷达系统类似，通过发射激光光束来探测目标，并通过收集反射回来的光束来形成点云和获取数据，这些数据经光电处理后可生成为精确的三维立体图像。采用这项技术，可以准确地获取高

图 8.9　无人机激光雷达组成结构图

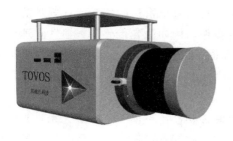

图 8.10 机载雷达分解示意图

精度的物理空间环境信息，测距精度可达厘米级，因此，该项技术成为汽车自动驾驶、无人驾驶、定位导航、空间测绘、安保安防等领域最为核心的传感器设备。

雷达的激光传感器由一个光发射器和一个接收器组成。雷达会发出高频光脉冲。在无人驾驶飞机嵌入式雷达上，这些脉冲中的每个脉冲都由激光发射器发送到地面。当这些脉冲之一遇到物体时，其返回的回声将被雷达光接收器捕获并转换为数字信号。该光在发射器与被反射的障碍物之间传播所需的时间用于测量传感器与所到达物体之间的距离。

无人机激光雷达通常能够感测同一脉冲产生的多个回波。第一个回波将被最靠近传感器（通常也是最高的）的物体反射，例如房屋的屋顶或树的顶部。通常位于较低位置的物体（例如树的叶子和下部树枝或地面）将返回以下回波。

通常，雷达的回波越多，它就会变得越重，因此将其嵌入无人机上更加困难，甚至不可能。然后，必须使用有人驾驶飞机将这种系统带入空中，这会带来这种解决方案的所有缺点，同时又会失去所有无人机的好处。

由于无人机和雷达始终在移动，因此传感器的位置也在不断移动。计算每个反射点位置所必需的基本信息之一是雷达在拍摄时的精确位置。这要归功于惯性管理单元（IMU）提供的信息，该信息包含在脉冲的精确时刻及其回波的传感器方向数据。

由惯性管理单元（IMU）传输的数据可以计算出传感器在俯仰，横滚和偏航轴的精确时刻的相对位置。此信息包括在时间轴内这三个轴中每个轴的角速度，传感器的线速度以及与当前位置相关的当前位置的估计。

全球导航卫星系统（GNSS）接收器是无人机嵌入式激光雷达的重要组成部分。它用于计算系统的地理位置和发射每个激光脉冲时的精确时间，以及接收其回波。除了精确定位外，GNSS 接收器还充当节拍器，以使雷达传感器与惯性管理单元（IMU）同步。GNSS 接收器的准确性直接影响机载雷达测量。

如今，GNSS 接收器通过使用多个卫星星座（如 GPS, Glonass, Galileo, Beidou，QZSS 等）提供非常精确的定位。根据使用接收器的区域，它还可以受益于 DGPS（差分）等精密增强系统全球定位系统和 EGNOS（欧洲对地静止导航覆盖服务）。该接收器生成的定位信息将主要与地面参考站发送的校正数据结合在一起，以实现 RTK（实时运动）或 PPK（后处理运动）定位。这将进一步提高数据质量，从而提高机载雷达运行的准确性。

嵌入式计算机是系统的基本组成部分，是无人机雷达的大脑。在其功能中，雷达机载计算机控制和协调系统外围设备的操作，例如激光传感器，惯性管理单元和GNSS接收器。它收集这些子集提供的数据，以执行定位计算。它的作用非常重要，没有它，遥测操作将无法进行。

3. 无人机雷达遥感的优势

（1）光照条件独立性。雷达是一种有源传感器，不依赖于环境光条件。这意味着它能够与其他无源传感器（如相机）不同，能够昼夜操作。无论是光线充足的地方还是阴影下的地方，或者在测量过程中光照条件发生变化时，雷达操作都不会受到影响。

（2）测量精度。无人机雷达进行的测量是遥感领域中最准确的测量之一。扫描植被，取决于植被的密度，无人机雷达可以穿透植被，从而感知下面的物体（土壤、建筑物等）。

（3）数据采集速度。无论是在实施过程中还是在信息处理过程中，无人机雷达都可以非常快速地获取准确的数据。

（4）信息质量。借助无人机进行的低空飞行，无人机雷达可以精确扫描目标位置并增加收集点的密度。无人机雷达的接近性，操作的简便性和导航的简便性提高了所收集信息的质量。

8.4 无人机激光雷达智能巡检

8.4.1 机载激光雷达巡检

8-3
激光雷达
设备数据
采集实例
分析

电力巡检工作习惯上被分为通道巡检和精细化巡检两大类。

利用获取的高精度三维点云模型数据和真彩色影像信息，可确定地面、植被、建筑物、道路、导线、地线、交跨线、杆塔、挂点、索道、绝缘子串等相应属性目标的空间位置和轮廓，实现线路高精度实时浏览、查询与测量。

依据行业规程可在模型中检测导线弧垂与地面、建筑、植被等目标物之间的安全距离，各导线间安全距离，杆塔与目标物间安全距离，导线交跨距离等。实现线路安全距离范围内障碍物和悬挂物的自动识别与定位，并可自动输出全线路通道内障碍物统计列表。

可利用精确的杆塔点云模型一键化检测塔身有无倾斜、倾斜角度多大、有无位移、位移向量值等定制化输出量化数据报告；通过对植被点云的周期性分析，可动态检测植被，模拟植被生长状态从而设计优化线路维护计划。

在线路模型中通过对导线参数、环境参数、运行参数的设定模拟出高温、大风、覆冰、强电流等不同工况条件下输电线路的运行状态进而进行危险距离分析和应急预警；获取线路走廊的精确三维地形，分析线路走廊的地质灾害及地质灾害对线路安全运行的影响。

在线路走廊模型中对绝缘子串、杆塔号牌、挂点等目标点位空间坐标进行选取定位,通过软件自动生成包含相机触发时间和拍照角度的标准化无人机飞行文件,用以辅助精细化巡检的外业项目实施;以标准化飞行文件为基础,通过技术设计可实现无人机全自动精细化巡检。

通过精细化巡检的影像可识别排查螺栓、绝缘子串、鸟巢、悬挂物等;结合塔杆模型、线路模型、地形地貌模型以及收集的线路属性参数,还可以辅助实现线路资产管理,与智能电网方案结合,效果更好。可根据不同的技术要求,集成可见光相机/多光谱相机/红外相机等实施个性化巡检。图 8.11 为线路走廊三维点云模型示意图。

图 8.11 线路走廊三维点云模型示意图

针对架空输电线路机巡作业特点进行深度定制,从而实现现有系统的升级改造。运用无人机低空遥感技术、RTK 差分定位技术、多传感器融合技术等,实现架空线路强电磁干扰、复杂工况条件下多旋翼微型无人机高精度定位、变焦高清图像获取,以全自动的方式按照默认航线、位置、角度、焦距完成架空线路可重复的巡视作业。内置全自动通道巡视、树障巡视、精细巡视等多种智能作业模式,满足各种应用场景的数据获取需求。使无人机电力巡视更简单、安全、高效,降低了无人机巡视作业门槛,确保电网无人机巡视的质量。

8.4.2 机载激光雷达巡检软件应用

为更好地控制及实时检测运行状况,机载激光雷达地面站软件与传统的航空摄影测量优化选线技术相比,机载 LiDAR 测量技术在输电线路优化选线设计业务中许多方面具有明显的优势,主要表现如下:

(1) 激光雷达可穿透植被、快速获取地表的三维信息,通过对机载激光雷达数据及其同时拍摄的影像数据进行一系列处理,可以得到高精度的 DEM、DSM、DOM、等高线以及植被分类图等丰富的地表信息,结合 DSM 和 DOM 可得到真实的三维场景如图 8.12 所示，参考三维场景图进行电力选线，可从不同视角观看线路周围的地物、地貌信息，使设计人员在室内即可高效地完成图上选线及线路优化工作。

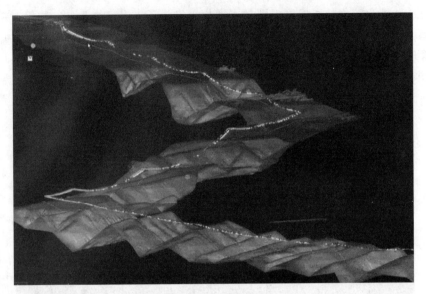

图 8.12　输电线路三维场景示意图

（2）机载激光 LiDAR 利用系统所带的 GPS 数据以及 IMU 系统的精确空间位置信息，只需要外业的几个 GPS 基站布控点，进行 GPS 数据的差分误差解算，基本不需要再有大量的人工外业的相控点，这相对于传统航测方法来说，提高了很大的工作效率，并且节省了很大的工程设计成本。

（3）估算需砍伐树木的面积。用激光雷达点云完成地面滤波后，参考地面点按不同高度对植被进行分类处理，得到全线范围内的植被分布区域。从植被分布区中可直观地判断需砍伐植被的位置，应用面积查询工具可估计需砍伐植被的面积，从而避免了不必要的植被砍伐，减少了建设输电线路对环境的破坏。图 8.13 为植被茂密的线路走廊扫描效果图。

（4）估算房屋拆迁数量及赔偿费用。房屋赔偿费用在输电线路建设成本中占有一部分比例，根据高分辨率的三维真实景观图，可清晰地查看设计线路走廊房屋状况，包括房屋建筑结构、层数及占地面积，根据这些细节可准备地计算需拆迁房屋数量，估算赔偿费用，使输电线路建设成本预算更科学。

（5）实时获取断面。利用机载 LiDAR 测量技术，可以快速获取不同方向不同深度的断面图，可方便地观看设计电力线与周围地物在空间上的关系，如交叉线路在高程上的差异、设计线路与走廊范围内植被的高差等，一些诸如房高、树高、杆塔高等信息则利用激光点云数据自动提取，避免了传统航测作业中由内业人员逐点进行立体量测的烦琐过程，与航空摄影测量优化选线技术相比较，应用机载 LiDAR 优化选线技术进行平断面采集作业效率可以提高 75% 左右。至于平断面精度，绝大部分机载 LiDAR 断面点高程误差在 0.5m 以内，因此，机载激光 LiDAR 平断面精

图 8.13　植被茂密的线路走廊扫描效果图

度不仅完全能够满足线路设计的需要而且远优于传统航测平断面精度。

（6）机载 LiDAR 测量技术生产的 DOM 和 DEM 生成的三维场景操作更方便，效果更逼真，可以方便地进行全线漫游以及多视角观察，便于设计人员从整体上把握线路路径。

（7）选线的测量设计成果可以非常方便地为后期电网三维可视化管理提供数据基础，更有利于数字电网的实现。

8.4.3　维护保养材料的性能及其使用

1. 清洁剂

（1）酒精。易挥发、燃烧，用来擦拭高压绝缘柱、弹簧、电机整流子、胶木板。

（2）香蕉水。作油漆喷漆的溶剂，对绝缘材料有很大的损害，故禁止用于绝缘物。

（3）汽油。挥发性较强，极易燃烧，有很强的溶解性和渗透性，用来除去油脂，擦拭几件表面的油垢及除去铁器的锈。对橡皮、涂有油漆的元件、瓷绝缘体及电阻、电容、线圈禁止使用。

（4）柴油（或煤油）。去垢能力强、不易挥发、腐蚀性小、价格便宜，用来清洗带有大量油污的金属零件。禁止用于清洁整流子。

2. 其他维护材料

其他维护材料包括纱头、棉布、绒布和绸布、砂纸、毛刷、笔刷、油漆。

8.4.4　激光雷达的定期保养

（1）每日保养。清洁机器外壳、支架及整个激光雷达；清洁机器外壳各裸露部分；运转试机。

（2）每周保养。用吹风机吹除内部潮气、灰尘，并用干布擦拭；清洁各导电部分的主要接触点（开关、保险丝、电阻及架子、继电器等的接触点）；检查吸湿剂是否良好，否则更换或烘干；检查各机器外部是否有腐蚀、变形现象。

（3）每月保养。检查各种导线、接头及包皮是否紧密；检查各活动部分是否灵活，是否要加油；检查各电路板插头、插座有无松动，接触是否紧密；检查各高压部分的绝缘能力。

（4）每年保养。每年的大保养需要在专业技术人员指导下进行，天线内部的清洁、加油、换新；大保养后的全面校准；测量各主要部分的电压、电流以及调整。

8.5　激光雷达设备一般故障排查及维修

雷达在实际使用过程中可能会因为不同地区、不同气候、不同的工作条件出现各式各样的故障，但如果有一个正确的检修思路和方法，一般故障是可以发现或排除的。一些故障的处理方法如下：

（1）雷电会直接把 GTS 数字探空仪损坏造成突失，由于在探空仪上安装避雷设施不现实，因此遇雷电天气应适当推迟放球时间，避免探空仪直接遭雷击。总之，要避免 GTS 数字探空仪在雷雨天气下突失，从上述几方面入手是比较有效的，更有效的措施还有待于厂家、用户进一步探索这方面的经验，使 L 波段雷达系统和 GTS 数字探空仪越用越好。

（2）设备配套线缆为设备电源线和设备数据线各一条，其中数据线集成多根线为一体，包括相机 Trigger 信号线、Flash 信号线、pps 信号线，通信网线以及用于设备与 GPS 接收机通信的串口线。连接扫描仪其他设备、设备电源线设备数据线。如果在工作过程中突然下雨，请及时将设备断电并移至安全处。遇设备故障，禁止使用者自行拆解设备。

（3）设备使用注意事项在扫描前，请确保光学扫描镜干净无尘，避免温度突变工作，防止形成结露损伤设备；操作过程中，禁止身体任何部位直接接触光学元件，操作人员口部远离光学元件，防止因为唾液对光学元件的污染。设备工作过程中，禁止在扫描区域内直视扫描镜。设备的工业产品防护等级（防尘防水等级）为"IP164"，即该设备只能防止飞溅的水侵入，请勿把设备置入水中或被大雨浇灌。设备的运行环境为 $-20\sim +50℃$。有雨、雪、雾的天气，如果在工作过程中突然下雨，请及时将设备断电并移至安全处。遇设备故障，禁止使用者自行拆解设备。

（4）开启设备前，检查光学元件是否清洁，若有污染应立即清理，需要检查的光学元件主要是外露的扫描窗口透镜。设备使用完后，检查光学器件是否污染，如污染应立即清理。设备在恶劣环境下工作后或累计工作 100h 后，应对光学元件进行彻底清理。常规清理材料应使用光学级别的无水乙醇，光学镜头纸、橡胶气吹。首先用橡胶气吹对光学表面的灰尘进行初步清理，利用气吹喷出的气流除去表面灰尘，若仍有污染物附着光学表面，应进行擦拭。将专用镜头纸叠成 $9cm \times 16cm$ 方块状，再滴 2～9 滴无水乙醇。用滴有无水乙醇部分的镜头纸轻轻擦拭窗口，注意向同一方向擦拭一次后，更换镜头纸未污染的部分继续擦拭，滴无水乙醇再次擦拭，禁止用镜头纸的同一部分反复擦拭。禁止在清理过程，手部直接接触光学元件。注意在清理前确认仪器已经处于关闭状态。镜头纸使用过后请勿重新使用。清理时，请操作员务必戴上手套。擦拭光学元件时，要以转圈的方式从内向外擦拭。

（5）网络无法连接首先检查电源指示灯是否常亮绿色，若不是，检查电源连接及电源线信号线；若电源指示灯常亮绿色，设备初始化失败，首先确定网络是否连接正常，然后检查主控软件相关配置，若正常，则设备断电重新上电，待设备预热完毕，重新进入操作软件进行初始化。导航界面无法加载导航信息首先确认 POS 工作状态，GPS 信号是否正常，然后确认电气连接，PCS 的 COM1 口是否通过交叉串口线连接至主控计算机。航拍相机无法曝光，首先确认电气连接是否正确，防止 Shutter 信号线与 Flash 信号线接反，其次若有条件可用示波器测 Shutter 信号，从而确定扫描仪信号线是否损坏。数据采集不正常或无数据生成导致数据采集不正常的原因较复杂，可联系厂家详细描述问题浮现过程及现象以获得解决方案。解算点云文件之间出现漏缝首先检查在解算时选择按文件处理还是按照任务处理，将处理方式改为按任务处理。

（6）机器中途停刻、漏刻、乱刻检查机器接地状况，测量地线是否达标（对地电阻不应大于 5Ω），改造地线达到相关标准。查电脑有没有设置屏幕保护或节电模式（如系统休眠或关闭硬盘）针对低速高速主板取消上述各项设置，改为"从不"查看原始图形是否有错误，如图形有交叉，未闭合，缺笔画等改正图形中的错误。

（7）如做其他图形无此问题，只是某一个图形出现这样的问题图形数据处理错误，重新做效果图，问题仍然存在可能为电脑 USB 口，雕刻机主板问题勾边不闭合测量横梁是否平行，正常情况下，左右偏差不大于 2mm 调整横梁平行度，减小误差查激光头皮带与横梁皮带松紧度是否适宜，两侧皮带张调整皮带松紧程度，两侧不要相差紧程度是否相同太多，开机状态下，用手推拉激光头及横梁，上下轻轻搬动激光头，看是否有机械间隙，如有加紧电机或传动轴同步轮，更换滑块清扫或勾边错位，任何图形，速度过快均会引起错位、降低工作速度，在输出软件中放大原始图形，查看图形本身有无错位现象，改正原始图形中的错误，试做另一块样版，看是否只有某图形有问题，如果图形数据错误，重新制作效果图，查看同步带是否过松，横梁两侧皮带是否张紧程度相同，调整同步带松紧度。

（8）电机与传动轴同步轮是否有间隙，紧固同步轮，检查横梁是否平行，横梁支座与小车滑块是否有磨损现象调整横梁平行度，更换支座或滑块。主板或驱动器故障：更换主板或驱动器，清扫或勾边有锯齿，速度过快、降低速度，如用 BMP 位图格式输出，查看图形分辨率。在图形尺寸无误的前提下，尽量加大分辨率，小车与横梁同步带是否过松或过紧，调整同步带张紧程度，检查 X 向张紧轮，是否因磨损出现间隙，更换张紧轮，停机状态下，查看激光头或滑块有无间隙，更换滑块或紧固激光头，查看 4 片激光镜片处有无破损或松动，特别是激光头上方反光镜与聚焦镜是否安装牢固，紧固有松动的镜片，或更换破损的镜片。

（9）端口打不开（或连续发送机器不动）检查接地状况，地线安装是否达到相关标准（静电干扰将影响数据通信）改造地线，达到相关标准。查 USB 数据线各接口是否出现松动，接触不良等现象，处理接头或更换数据线。USB 驱动程序是否正确安装，重新安装 USB 驱动程序。神绘软件中输出端口是否与电脑中生成的串口一致，修改神绘软件中串口设置。激光电源的高压接头端或激光电源有问题，重新连接或更换激光电源。电脑 USB 接口是否有问题，可以用其他 USB 设备测试，换 USB 口或用另外电脑试机。机器主板问题，更换主板。

（10）激光头出光口有火花，如用在橡胶版行业，胶版有杂质，易出现此现象，若无影响无须处理，建议客户选用优质胶版，查看激光头上的气管，是否有较强的气流喷出，因气管路径较长，易打折，堵塞或磨破清洁或更换气管，检查气泵本身是否有故障，如气泵出气量小或不工作，更换气泵。

（11）电流不稳或不受控制，主板或接线板有问题。更换主板或接线板，激光电源有问题更换激光电源。开机激光头或横梁抖动现象，先查看主板参数中，"复位检测极性"是否正确按正确参数写入雕刻机关机后用手移动小车与横梁，如阻力明显，查看左侧张紧轮，小车滑块清洁导轨、滑块，更换张紧轮，查看同步带与激光头吹风管有无卡住，横梁是否偏移严重，调整横梁及皮带，理顺吹气管，检查电机及驱动器是否有故障，更换电机或驱动器。如问题仍然存在，可能为主板故障更换主板。开机连续发光，先查看主板参数中，激光器类型是否正确，检查机器地线是否接好，给机器连接好地线。激光电源故障，更换激光电源，主板故障更换主板。

（12）A-Pilot 激光等级按照相关标准《激光产品的安全　第 1 部分：设备分类、要求》（GB 7247.1—2012）划分为 4 级，要求设备使用人员熟知激光防护知识，并根据激光等级采取相应的防护措施。设备相关位置贴有醒目的安全标志予以警示。

（13）内部已进行屏蔽及静电防护，通过电源线的接地导线接地，对任何部件施加的电压不要超过其允许的最大额定值，以避免火灾或人身伤害。电路连接前请记得拔下断路开关或防尘盖。接通电源后，请勿接触外露的线路和设备相关部位。

设备使用环境（温度/湿度）需严格按照技术参数执行，遇有雨、雪、雾、沙尘等恶劣天气应停止作业，一方面可防止设备损伤，另一方面可保证测量精度。如在工作过程中突发恶劣天气，请及时将设备移至安全处。

8-4
激光雷达设备使用与维保题库

第 2 篇 思 考 题

1. 传统的巡检方式问题主要有哪些？

2. 无人机在环保领域的应用，大致可分为哪三种类型？

3. 飞行作业完成后的贮存保养包括哪些？

4. 简述无人机系统的优点。

5. 遥感技术正朝着哪几个方向发展？

6. 影响曝光的因素有什么？

7. 自动曝光可以分为哪三种形式？

8. 景深的深浅主要取决于哪些元素？

9. 简述镜间快门的优缺点。

10. 红外线辐射源可区分为哪几部分？

11. 红外技术有什么特点？

12. 简述红外热像仪工作原理。

13. 红外成像设备的主要技术参数包括什么？

14. 无人机激光雷达系统总体构成包括哪些？

15. 激光扫描在电力应用的主要有哪些优势？

第3篇　无人机巡检

在电力巡检行业变革中，无人机的入局，让无人机巡检作业方式受到了业内的关注与认可。无人机巡检能够代替人工完成大部分常规巡检作业，可以有效降低巡检人员工作强度、提高安全性，还能提高电力线路巡检及维护效率，保障电力运行稳定，避免对用户产生影响。

本篇介绍了几种无人机的巡检方式。在第 9 章中编制了巡检方案，介绍了巡检作业的施工方案，安全措施，人员配置，设备异常处理，工作流程以及巡检作业的一些要求。在第 10 章中介绍了无人机对架空输电线路的精细化巡检和通道巡检。首先，介绍了无人机在输电线路巡检中的应用，在未来发展中的制约因素以及未来发展的关键技术。其次，详细描述了精细化巡检的要求、流程和相关原则。另外，本章还介绍了通道巡检，通道巡检是对线路通道、周边环境、沿线交叉跨越、施工作业等进行检查，以便及时发现和掌握线路通道环境的动态变化。第 11 章还包括了全自主无人机电力精细化巡检技术，该技术可根据不同电压等级、不同塔型，科学的规划巡视路径、拍摄位置、角度和安全点，对无人机的拍照和录制进行控制，为运行管理提供了图片清晰、位置描述准确的影像资料，提高了工作效率和质量，减轻了工作负担，使巡检工作更加科学全面。

第9章 巡检方案编制

输电线路无人机巡检的首要步骤是按照规定制定出合理的巡检方案，根据制定出的巡检方案进行巡检，本章对巡检方案的编制进行介绍，即编制无人机巡检作业施工方案、巡检线路概况、巡检计划、设备清单以及巡检方案实例。

9.1 编制无人机巡检作业施工方案

9.1.1 组织措施

1. 现场勘察制度

（1）操控手和程控手应提前掌握巡检线路走向和走势、交叉跨越情况、杆塔坐标、周边地形地貌、空中管制区分布、交通运输条件及其他危险点等信息，并确认无误。还应提前确定并核实起飞和降落点环境。

（2）工作票签发人或工作负责人认为有必要进行现场勘察的作业场所，应根据工作任务组织现场勘察，并填写架空输电线路无人机巡检作业现场勘察记录单，见表9.1，现场勘察由工作票签发人或工作负责人组织。

表 9.1　　　　　　　架空输电线路无人机巡检作业现场勘察记录单

勘察单位：		编号：	
勘察负责人：		勘察人员：	
勘察的线路或线段的双重名称及起止杆塔号：			
勘察地点或地段：			
巡检内容：			
作业现场条件：			
地形地貌以及巡检航线规划要求：			
空中管制情况：			
特殊区域分布情况：			
起降场地：			
巡检航线示意图：			
应采取的安全措施：			
记录人：　　　勘察日期：　　　年　月　日　时　分至　　年　月　日　时　分			

（3）现场勘察应核实线路走向和走势、交叉跨越情况。杆塔坐标、巡检区域地形地貌、起飞和降落点环境。交通运输条件及其他危险点等，确认巡检航线规划条件。

（4）对复杂地形、复杂气象条件下或夜间开展的无人机巡检作业以及现场勘察认为危险性、复杂性和困难程度较大的无人机巡检作业，应专门编制组织措施、技术措施、安全措施。并履行相关审批手续后方可执行。

（5）实际飞行巡检范围不应超过批复的空域。且在办理空域审批手续时，应按实际飞行空域申报，不应扩大许可范围。

2．空域申报制度

（1）无人机巡检作业应严格按国家相关政策法规，当地民航军管等要求规范化使用空域。

（2）工作许可人应根据无人机巡检作业计划，按相关要求办理空域审批手续，并密切跟踪当地空域变化情况。

（3）各单位应建立空域申报协调机制，满足无人机应急巡检作业时空域使用要求。

3．工作票制度

（1）对架空输电线路进行无人机巡检作业，应按以下方式进行：

1）填用架空输电线路无人机巡检作业工作票。

2）填用架空输电线路无人机巡检作业工作单。

（2）填用架空输电线路无人机巡检作业工作票的工作为：使用中型无人直升机和固定翼无人机巡检系统按计划开展的线路设备巡检、通道环境巡视、线路勘察和灾情巡视等工作。

（3）填用架空输电线路无人机巡检作业工作单的工作如下：

1）使用小型无人直升机巡检系统开展的线路设备巡检、通道环境巡视、线路勘察和灾情巡视等。

2）在突发自然灾害或线路故障等情况下需紧急使用无人机巡检系统开展的工作。

（4）工作票（单）的填写与签发应满足以下要求：

1）工作票由工作负责人或工作票签发人填写，工作单由工作负责人填写。

2）工作票（单）应用黑色或蓝色的钢（水）笔或圆珠笔填写与签发，内容应正确，填写应清楚，不得任意涂改，如有个别错漏字需要修改时，应使用规范的符号，字体应清楚。

3）工作票一式两份，应提前分别交给工作负责人和工作许可人。

4）用计算机生成或打印的工作票（单）应使用统一的票面格式。工作票应由工作票签发人审核无误，并手工或电子签名后方可执行。

5）工作票由设备运维管理单位（部门）签发，也可由经设备运维管理单位（部门）审核合格且经批准的运行检修单位签发。

6）运行检修单位的工作票签发人。工作许可人和工作负责人名单应事先送有关设备运维管理单位（部门）备案。

7）同一张工作票中，工作票签发人、工作许可人、工作负责人（监护人）不得兼任，且以上均不能为工作班成员。同一张工作单上，工作许可人、工作负责人（监护人）不得兼任。

（5）工作票（单）的使用应满足以下要求：

1）一张工作票（单）只能使用一种型号的无人机巡检系统，使用不同型号的无人机巡检系统进行作业，应分别填写工作票（单）。

2）一个工作负责人不能同时执行多张工作票（单）。在巡检作业工作期间，工作票（单）应始终保留在工作负责人手中。

3）对多个巡检飞行架次，但作业类型相同的连续工作，可共用一张工作票（单）。

（6）工作票（单）所列人员的基本条件应满足以下要求：

1）工作票签发人应由熟悉人员技术水平、熟悉线路情况、熟悉无人机巡检系统、熟悉本规程，并具有相关工作经验的生产领导人。技术人员或经本单位分管生产领导批准的人员担任。

2）工作许可人应由熟悉空域使用相关管理规定和政策、熟悉地形地貌和环境条件、熟悉线路情况、熟悉无人机巡检系统、熟悉本规程，具有航线申请、空管报批相关工作经验，并经省（地、市）检修公司分管生产领导书面批准的人员担任。

3）工作负责人（监护人）应由熟悉线路情况、熟悉无人机巡检系统、熟悉本规程、具有相关工作经验，并经省（地，市）检修公司分管生产领导书面批准的人员担任。

4）工作班成员应由熟悉线路情况、熟悉无人机巡检系统、熟悉本规程、取得无人机巡检系统培训合格证，并具有相关工作经验的人员担任。

（7）工作票（单）所列人员的安全责任包括：

1）工作票签发人：①负责审查工作必要性和安全性；②负责审查工作内容和安全措施等是否正确完备；③负责审查所派工作负责人和工作班成员是否适当和充足。

2）工作许可人：①负责审查飞行空域是否已获批准；②负责审查航线规划是否满足安全飞行要求；③负责审查安全措施等是否正确完备；④负责审查安全策略设置等是否正确完备；⑤负责审查异常处理设施是否正确完备；⑥负责按相关要求向当地民航军管部门办理作业申请。

3）工作负责人（监护人）负责：①正确安全地组织开展巡检作业工作，按国家相关法律法规规定正确使用空域，及时纠正不安全行为；②负责检查航线规划。安全策略设置和作业方案等是否正确完备，必要时予以补充；③负责检查工作票所列安全措施是否正确完备，是否符合现场实际条件，必要时予以补充；④工作前对工作班成员进行危险点告知，交代安全措施和技术措施，并确认每一个工作班成员都已知晓；⑤严格执行工作票所列安全措施；⑥督促、监护工作班成员遵守本规程，正确使用劳动防护用品和执行现场安全措施，及时纠正不安全行为；⑦确认工作班成员精神状态是否良好，必要时予以调整。

4）工作班成员负责：①熟悉工作内容、工作流程、掌握安全措施、明确工作中的危险点，并履行确认手续；②严格遵守安全规章制度、技术规程和劳动纪律、对自己在工作中的行为负责、互相关心工作安全，并监督本规程的执行和现场安全措施的实施；③正确使用安全工器具和劳动防护用品。

4.工作许可制度

（1）工作负责人应在工作开始前向工作许可人申请办理工作许可手续，在得到工作许可人的许可后，方可开始工作。工作许可人及工作负责人应分别逐一记录、核对工作时间、作业范围和许可空域，并确认无误。

（2）工作负责人应在当天工作前和结束后向工作许可人汇报当天工作情况。

（3）已办理许可手续但尚未终结的工作，当空域许可情况发生变化时，工作许可人应及时通知工作负责人视空域变化情况调整工作计划。

（4）办理工作许可手续方法可采用当面办理、电话办理或派人办理。当面办理和派人办理时，工作许可人和工作负责人在两份工作票上均应签名；电话办理时，工作许可人及工作负责人应复诵核对无误。

5.工作监护制度

（1）工作许可手续完成后，工作负责人应向工作班成员交代工作内容、人员分工、技术要求和现场安全措施等，进行危险点告知，在工作班成员全部履行确认手续后，方可开始工作。

（2）工作负责人应始终在工作现场，对工作班成员的安全进行认真监护，及时纠正不安全的行为。

（3）工作负责人应对工作班成员的操作进行认真监督，确保无人机巡检系统状态正常、航线和安全策略等设置正确。

（4）工作负责人应核实确认作业范围地形地貌、气象条件、许可空域、现场环境以及无人机巡检系统状态等满足安全作业要求，任意一项不满足安全作业要求或未得到确认，工作负责人不得下令放飞。

（5）工作期间，工作负责人若因故暂时离开工作现场时，应指定能胜任的人员临时代替，离开前应将工作现场交代清楚，并告知工作班全体成员。原工作负责人返回工作现场时，也应履行同样的交接手续。

（6）若工作负责人必须长时间离开工作现场时，应履行变更手续，并告知工作班全体成员及工作许可人。原、现工作负责人应做好必要的交接。填用架空输电线路无人机巡检作业工作票的应由原工作票签发人履行变更手续。

6.工作间断制度

（1）在工作过程中，如遇雷、雨、大风以及其他任何情况威胁到作业人员或无人机巡检系统的安全，但可在工作票（单）有效期内恢复正常，工作负责人可根据情况间断工作，否则应终结本次工作。若无人机巡检系统已经放飞，工作负责人应立即采取措施，作业人员在保证安全条件下，控制无人机巡检系统返航或就近降落，或采取其他安全策略及应急方案保证无人机巡检系统安全。

（2）在工作过程中，如无人机巡检系统状态不满足安全作业要求，且在工作票（单）有效期内无法修复并确保安全可靠，工作负责人应终结本次工作。

（3）已办理许可手续但尚未终结的工作，当空域许可情况发生变化不满足要求，但可在工作票（单）有效期内恢复正常，工作负责人可根据情况间断工作，否则应终结本次工作。若无人机巡检系统已经放飞，工作负责人应立即采取措施，控制无人机巡检系统返航或就近降落。

（4）白天工作间断时，应将发动机处于停运状态，电机下电，并采取其他必要的安全措施，必要时派人看守。恢复工作时，应对无人机巡检系统进行检查，确认其状态正常。即使工作间断前已经完成系统自检，也必须重新进行自检。

（5）隔天工作间断时，应撤所有设备并清理工作现场。恢复工作时，应重新报告工作许可人，对无人机巡检系统进行检查，确认其状态正常，重新自检。

7. 工作终结制度

（1）工作终结后，工作负责人应及时报告工作许可人，报告方法可采用：当面报告、电话报告。

（2）工作终结报告应简明扼要，并包括下列内容：工作负责人姓名、工作班组名称、工作任务说明线路名称、巡检飞行的起止杆塔号等，已经结束，无人机巡检系统已经回收，工作终结。

（3）已终结的工作票（单）应保存1年。

9.1.2 工作票制度

（1）工作票的工作为：使用中型无人直升机和固定翼无人机巡检系统按计划开展的线路设备巡检、通道环境巡视、线路勘察和灾情巡视等工作。

（2）工作单的工作如下：

1）使用小型无人直升机巡检系统开展的线路设备巡检、通道环境巡视、线路勘察和灾情巡视等工作。

2）在突发自然灾害或线路故障等情况下需紧急使用无人机巡检系统开展的工作。

（3）对架空输电线路进行无人机巡检作业，应按以下方式进行：

1）填用架空输电线路无人机巡检作业工作票，见表9.2。

表 9.2 架空输电线路无人机巡检作业工作票

单位：	编号：
1. 工作负责人：　　　　　　工作许可人：	
2. 工作班： 工作班成员（不包括工作负责人）	
3. 无人机巡检系统型号及组成：	
4. 起飞地点、降落地点及巡检线路：	

5. 工作任务：

巡检线段及杆号	工作内容

6. 审批的空域范围：

7. 计划工作时间：
　自　　年　月　日　时　分
　至　　年　月　日　时　分

8. 安全措施（必要时可附页绘图说明）：
　8.1 飞行巡检安全措施：
　8.2 安全策略：
　8.3 其他安全措施和注意事项：
　工作票签发人签名　　年 月 日 时 分
　工作负责人签名　　年 月 日 时 分

9. 确认本工作票1～8项，许可工作开始
　许可方式：
　许可人：
　工作负责人：
　许可工作的时间：　　年 月 日 时 分

10. 确认工作负责人布置的工作任务和安全措施
　班组成员签名：

　　2）填用架空输电线路无人机巡检作业工作单，见表9.3。

表 9.3　　　　　　　　架空输电线路无人机巡检作业工作单

单位：	编号：
1. 工作负责人：　　　　工作许可人：	
2. 工作班： 工作班成员（不包括工作负责人）	
3. 作业性质： 小型无人直升机巡检作业、应急巡检作业	
4. 无人机巡检系统型号及组成：	
5. 使用空域范围：	
6. 工作任务：	
7. 安全措施（必要时可附页绘图说明）： 7.1 飞行巡检安全措施： 7.2 安全策略： 7.3 其他安全措施和注意事项： 上述1～6项由工作负责人根据工作任务布置人的布置填写。	

续表

8. 许可方式及时间
许可方式：
许可时间： 年 月 日 时 分至 年 月 日 时 分

9. 作业情况
作业自 年 月 日 时 分开始，至 年 月 日 时 分，无人机巡检系统撤收完毕，现场清理完毕，作业结束。
工作负责人于 年 月 日 时 分向工作许可人用方式汇报。
无人机巡检系统状况：
工作负责人： 工作许可人：
填写时间： 年 月 日 时 分

（4）填用架空输电线路无人机巡检作业工作票的工作为：使用中型无人直升机和固定翼无人机巡检系统按计划开展的线路设备巡检、通道环境巡视、线路勘察和灾情巡视等工作。

（5）填用架空输电线路无人机巡检作业工作单的工作如下：

1）使用小型无人直升机巡检系统开展的线路设备巡检、通道环境巡视、线路勘察和灾情巡视等工作。

2）在突发自然灾害或线路故障等情况下需紧急使用无人机巡检系统开展的工作。

9.1.3 安全措施

（1）工作地点、起降点及起降航线上应避免无关人员干扰，必要时可设置安全警示区。

（2）现场禁止使用可能对无人机巡检系统通信链路造成干扰的电子设备。

（3）带至现场的油料应单独存放，并派专人看守。作业现场严禁吸烟和出现明火，并做好灭火等安全防护措施。

（4）起飞和降落时，现场所有人员应与无人机巡检系统始终保持足够的安全距离，作业人员不得位于起飞和降落航线下。

（5）巡检作业现场所有人员均应正确佩戴安全帽和穿戴个人防护用品，正确使用安全器具和劳动防护用品。

（6）现场作业人员均应穿戴长袖棉质服装。

（7）工作前 8h 及工作过程中不应饮用任何酒精类饮品。

9.1.4 技术措施

1. 航线规划

（1）应严格按照批复后的空域进行航线规划。

（2）应根据巡检作业要求和所用无人机巡检系统技术性能进行航线规划。

（3）航线规划应避开空中管制区、重要建筑和设施，尽量避开人员活动密集区、通信阻隔区、无线电干扰区、大风或切变风多发区和森林防火区等地区。对首次进行无人机巡检作业的线段，航线规划时应留有充足裕量，与以上区域保持足够的安全距离。

（4）航线规划时，无人机巡检系统飞行航时应留有裕度。对已经飞行过的巡检作业航线，每架次任务的飞行航时应不超过无人机巡检系统作业航时，并留有一定裕量。对首次实际飞行的巡检作业航线，每架次任务的飞行航时应充分考虑无人机巡检系统作业航时，留有充足裕量。

（5）除必要的跨越外，无人机巡检系统不得在公路、铁路两侧路基外各 100m 之间飞行、距油气管线边缘距离不得小于 100m。

（6）除必要外，航线不得跨越高速铁路，尽量避免跨越高速公路。

（7）选定的无人机巡检系统起飞和降落区应远离公路、铁路、重要建筑和设施，尽量避开周边军事禁区、军事管理区、森林防火区和人员活动密集区等，且满足对应机型的技术指标要求。

（8）不得在无人机巡检系统飞行过程中更改巡检航线。

2.安全策略设置

（1）应充分考虑无人机巡检系统在飞行过程中出现偏高航线、导航卫星颗数无法定位、通信链路中断、动力失效等故障的可能性，合理设置安全策略。

（2）应充分考虑巡检过程中气象条件和空域许可等情况发生变化的可能性，合理制订安全策略。

3.航前检查

（1）应确认当地气象条件是否满足所用无人机巡检系统起飞飞行和降落的技术指标要求，掌握航线所经地区气象条件，判断是否对无人机巡检系统的安全飞行构成威胁，若不满足要求或存在较大安全风险，工作负责人可根据情况间断工作、临时中断工作或终结本次工作。

（2）应检查起飞和降落点周围环境，确认满足所用无人机巡检系统的技术指标要求。

（3）每次放飞前，应对无人机巡检系统的动力系统、导航定位系统、飞控系统、通信链路、任务系统等进行检查。当发现任一系统出现不适航状态，应认真排查原因、修复，在确保安全可靠后方可放飞。

（4）每次放飞前，应进行无人机巡检系统的自检。若自检结果中有告警或故障信息，应认真排查原因、修复，在确保安全可靠后方可放飞。

4.航巡监控

（1）各型无人机巡检系统的飞行高度、速度等应满足该机型技术指标要求，且满足质量要求。

（2）无人机巡检系统放飞后，宜在起飞点附近进行悬停或盘旋飞行，作业人员确认系统工作正常后方可继续执行巡检任务。否则，应及时降落，排查原因，修复，在确保安全可靠后方可再次放飞。

（3）程控手应始终注意观察无人机巡检系统发动机或电机转速、电池电压、航向、飞行姿态等遥测参数，判断系统工作是否正常。如有异常，应及时判断原因，采取应对措施。

（4）操控手应始终注意观察无人机巡检系统飞行姿态，发动机或电机运转声音等信息，判断系统工作是否正常。如有异常，应及时判断原因，采取应对措施。

（5）采用自主飞行模式时，操控手应始终掌控遥控手柄，且处于备用状态，注意按程控手指令进行操作，操作完毕后向程控手汇报操作结果。在目视可及范围内，操控手应密切观察无人机巡检系统飞行姿态及周围环境变化，突发情况下，操控手可通过遥控手柄立即接管控制无人机巡检系统的飞行，并向程控手汇报。

（6）采用增稳或手动飞行模式时，程控手应及时向操控手通报无人机巡检系统发动机或电机转速、电池电压、航迹、飞行姿态、速度及高度等遥测信息。当无人直升机巡检系统飞行中出现链路中断故障，巡检系统可原地悬停等候 1～5min，待链路恢复正常后继续执行巡检任务。若链路仍未恢复正常，可采取沿原飞行轨迹返航或升高至安全高度后返航的安全策略。

（7）无人机巡检系统飞行时，程控手应密切观察无人机巡检系统飞行航迹是否符合预设航线，当飞行航迹偏高预设航线时，应立即采取措施控制无人机巡检系统按预设航线飞行，并再次确认无人机巡检系统飞行状态正常可控。否则，应立即采取措施控制无人机巡检系统返航或就近降落，待查明原因，排除故障并确认安全可靠后，方可重新放飞执行巡检作业。

（8）各相关作业人员之间应保持信息畅通。

5. 航后检查

（1）当天巡检作业结束后，应按所用无人机巡检系统要求进行检查和维护工作，对外观及关键零部件进行检查。

（2）当天巡检作业结束后，应清理现场，核对设备和工器具清单，确认现场无遗漏。

（3）对于油动力无人机巡检系统，应将油箱内剩余油品抽出，对于电动力无人机巡检系统，应将电池取出。取出的油品和电池应按要求保管。

9.1.5　设备异常处理

（1）无人机巡检系统在空中飞行时发生故障或遇紧急意外情况等，应尽可能控制无人机巡检系统在安全区域紧急降落。

（2）无人机巡检系统飞行时，若通信链路长时间中断，且在预计时间内仍未返航，应根据掌握的无人机巡检系统最后地理坐标位置或机载追踪器发送的报文等信息及时寻找。

9.1.6　特殊工况应急处理

（1）巡检作业区域出现雷雨、大风等可能影响作业的突变天气时，应及时评估巡检作业安全性，在确保安全后方可继续执行巡检作业，否则应采取措施控制无人机巡检系统避让、返航或就近降落。

（2）巡检作业区域出现其他飞行器或飘浮物时，应立即评估巡检作业安全性，在确保安全后方可继续执行巡检作业，否则应采取避让措施。

（3）无人机巡检系统飞行过程中，若班组成员身体出现不适或受其他干扰影响作业，应迅速采取措施保证无人机巡检系统安全，情况紧急时，可立即控制无人机巡检系统返航或就近降落。

9.2　巡 检 线 路 概 况

9.2.1　线路概况

1000kV 某 I 线，起于浙江丽水 1000kV 莲都站，止于福建 1000kV 榕城站，浙江公司管辖共计 237 基铁塔，其中耐张塔 70 基，直线塔 167 基，管辖线路长103.467km，线路全程单回路架设。1000kV 某 II 线，起于浙江丽水 1000kV 莲都站，止于福建 1000kV 榕城站，浙江公司管辖共计 234 基铁塔，其中耐张塔 73 基，直线塔 161 基，管辖线路长 103.339km，线路全程单回路架设线路概况见表 9.4。

表 9.4　　　　　　　　　线 路 概 况

线路名称	某 I 线		某 II 线	
线路段	浙江段	丽水	浙江段	丽水
线路长度/km	103.467	103.467	103.339	103.339
杆塔基数	237	237	234	234
耐张塔基数	70	70	73	73
直线塔基数	167	167	161	161
同塔双回塔基数	0	0	0	0
钢管塔基数	—	—	—	—
角钢塔基数	237	237	234	234
运维范围	1#～238#（不含）	1#～238#（不含）	1#～235#（不含）	1#～235#（不含）

线路全线单双回路分别架设运行情况如图 9.1 所示。

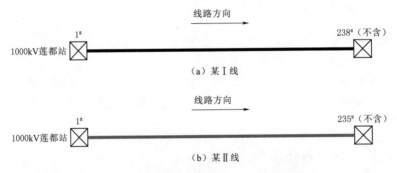

（a）某 I 线

（b）某 II 线

图 9.1　线路全线单双回路分别架设运行情况

9.2.2　线路色标

1000kV 某 I 线 1#～238#（不含）的色标为红底白字；1000kV 某 II 线 1#～235#（不含）的色标为黄底白字。

9.3 巡 检 计 划

巡检计划见表9.5。

表 9.5 　　　　　　　　巡 检 计 划 表

巡检日期	巡检内容及交跨情况		巡检内容及交跨情况		杆塔基数
	某Ⅰ线	巡检区段交跨情况（高速公路、高速铁路、500kV 及以上电压等级输电线路）	某Ⅱ线	巡检区段交跨情况（高速公路、高速铁路、500kV 及以上电压等级输电线路）	
	46#		46#		
	47#	S33 龙丽温高速	47#		
	48#		48#		
	49#		49#		
	106#		50#	S33 龙丽温高速	
	107#	G25 长深高速	51#		
	108#		52#		
	109#		61#		
	110#		106#		
	124#		107#		
	182#		108#		
	183#		109#		
6月1日 — 6月30日	195#		112#	G25 长深高速	49
	196#		113#		
	197#		119#		
	208#		123#		
	209#		124#		
	212#		132#		
	213#		182#		
	214#		183#		
			189#		
			195#		
			196#		
			197#		
			208#		
			209#		
			212#		
			213#		
			214#		

注：巡检该线路其他区段杆塔巡检方案按照此方案执行。若当月巡检量未能按计划完成，可顺延至下一自然月。

9.4 设 备 清 单

设备清单见表9.6。

表 9.6   设 备 清 单 表

序号	设 备 名 称	数量	单位	备注
1	飞行器	1	架	
2	遥控器	1	个	
3	智能飞行电池	5	块	
4	充电器	1	个	
5	电源线	1	根	
6	螺旋桨	2	对	
7	Micro SD 卡	1	个	
8	手提箱	1	个	
9	平板电脑	1	个	

注：表中设备清单为1套巡检系统所包含的部件。

9.5 巡 检 方 案 实 例

9.5.1 机型选择

1000kV×Ⅰ/Ⅱ线无人机精细化巡检作业使用无人机为小型无人直升机，具体机型为大疆精灵 4 Pro v2.0、大疆经纬 M210 RTK 和御 2（Mavic 2.0）机型参数见表9.7。

表 9.7   机 型 参 数

型号	质量（含电池及桨）	最大飞行海拔高度	最大可承受风速	最大飞行时间
大疆精灵 4 Pro v2.0	1375g	6000m	5 级	约 30min
大疆经纬 M210 RTK	4270g	2500m	5 级	约 30min
御 2（Mavic 2.0）	905g	6000m	5 级	约 31min

9.5.2 人员配置

使用多旋翼无人机巡检系统进行的架空输电线路巡检作业，作业人员包括工作负责人和工作班成员（1~2 人），分别担任程控手和操控手。

9.5.3 工作流程

（1）作业前，工作任务布置人签发架空输电线路无人机巡检作业工作单（适用于小型无人直升机巡检）给工作负责人。架空输电线路无人机巡检作业工作单是工作负责人在巡检作业前布置现场巡检任务、交代安全技术措施的书面依据。

（2）工作负责人依据架空输电线路无人机巡检作业工作单和现场实际情况向作业成员交代安全技术措施、个人工作任务分工、检查无人机巡检系统是否完备和人员精神状况是否良好，并严格监督作业成员执行工作单所列安全技术措施和相关安全工作规定。巡检作业成员在清楚巡检任务、巡检危险点和安全技术措施后，在架空输电线路无人机巡检作业工作单上签字确认。

（3）办理工作许可手续方法可采用：当面办理、电话办理或派人办理。当面办理和派人办理时，工作许可人和办理人在两份工作票上均应签名，并填写工作许可时间。电话办理时，工作许可人及工作负责人应复诵核对无误，由工作负责人代为签名，并填写工作许可时间。

（4）巡检作业开始前工作负责人应对工作班成员进行安全交底，确认现场安全措施、危险点等，并确认签字。

（5）巡检作业前必须按飞行前检查单严格执行，根据该检查单的作业前检查事项逐项确认打钩并签名确认。

（6）巡检结束后，工作班成员应填写无人机巡检飞行记录单，详细记录无人机飞行状态信息，线路信息等。

（7）巡检结束后应及时处理巡检数据，填写巡检报告，巡检缺陷应及时反馈。

9.5.4　巡检作业要求

（1）直线杆塔巡检内容及巡检要求。

1）巡检内容：绝缘子的导线侧金具附件和绝缘子杆塔侧的金具附件以及地线金具附件；导线或地线上的防震锤等。

2）巡检要求：每级在拍摄目标的左侧、右侧角度（大号侧、小号侧）至少各拍摄2张清晰照片；巡检时须注意拍摄角度，应从下往上或者平行拍摄，准确记录所拍摄杆塔的塔号，拍摄目标所对应的相位指示，须认真做好相应记录。

（2）耐张塔巡检内容及巡检要求。

1）巡检内容：绝缘子的导线侧金具附件和绝缘子杆塔侧的金具附件以及地线金具附件、跳线串绝缘子；导线或地线上的防震锤等。

2）巡检要求：耐张杆塔分大小号侧，须在各侧拍摄目标的左侧、右侧角度各拍摄2张清晰照片。拍摄时应从下往上或者平行拍摄，准确记录照片所对应的极位以及大小号侧。如耐张塔照片命名时要注明极Ⅰ、极Ⅱ的大号侧或者小号侧。

（3）附属设施巡检内容及巡检要求。

1）巡检内容：对安装在杆塔上的在线监测装置、避雷器、防鸟装置等设施进行无人机拍摄。

2）巡检要求：无人机选取适当的角度，拍摄的照片应能够清晰看见附属设施与杆塔连接情况、供电系统情况、破损情况等。

（4）巡检影像资料整理和命名要求。

1）直线杆塔影像资料要求：以"线路名称＋杆塔号＋巡检人员姓名"为名建

文件夹，如"某Ⅰ线 2210[#]张三"，文件夹下分别左相/中相/右相（A 相/B 相/C 相）、左地线、右地线和通道、塔号牌共 6 个文件夹，杆塔对应部位的照片分别放入对应文件夹中。

2）耐张杆塔影像资料要求：以"线路名称＋杆塔号＋巡检人员姓名"为名建文件夹，如"某Ⅰ线 2210[#]张三"，文件夹下分别左相小号侧/左相大号侧/中相小号侧/中相大号侧/右相小号侧/右相大号侧（A 相小号侧/A 相大号侧/B 相小号侧/B 相大号侧/C 相小号侧/C 相大号侧）、左地线、右地线和通道塔号牌共 9 个文件夹，杆塔对应部位的照片分别放入对应文件夹中。

3）缺陷照片影像资料：缺陷照片单独建文件夹，文件夹命名方式"线路名称＋巡检人员姓名＋缺陷"，如"某Ⅰ线张三缺陷照片"。缺陷照片影像资料和巡检普通照片影像资料放在同一个子目录下以备查阅。

9-2
巡检方案
编制题库

第 10 章　精细化巡检与通道巡检

10-1
精细化巡
检与通道
巡检

　　传统人工巡检不仅大量的消耗人力物力，而且工作效率也很低，总是会难免的遗漏一些人力所达不到的部位，这对于输电线路的安全留下了很大隐患。而无人机精细化巡检可以很好地解决这些问题。本章主要对精细化巡检进行详细的讲解。介绍了无人机智能巡检的应用、制约因素以及未来发展的关键技术，同时详细介绍了精细化巡检的内容、类别、要求等。

10.1　无人机智能巡检

　　传统人工巡视劳动强度高、作业安全风险大、缺陷识别率和精确率低下且易受天气和地形等的影响远远不能适应当今广泛在电力物联网建设的需求。无人机智能巡检通过搭载物联网装置（包括激光雷达、摄像机、红外测温仪等）实现了对输电线路运行状态数据的高效收集，对缺陷的精准识别，有效地提高了线路的安全运行水平。相比传统人工巡视，无人机智能巡检效率提高了 2.5 倍，一定程度上缓解了线路行维护人员不足的困境。随着无人机新技术的不断发展，无人机智能巡检将逐步替代人工巡视成为线路运行维护的主要手段。

10.1.1　无人机在输电线路巡检中的应用

1. 杆塔本体的精细化巡检

　　通过无人机搭载高清摄像头，对杆塔绝缘子串、连接金具、保护金具等重要部件进行拍照，以第一视角完成对杆塔本体的精细化巡检如图 10.1 所示。杆塔精细化巡检主要包括人工纯手动飞巡和无人机自主巡检两种方式。人工纯手动飞巡效率比较低，具有一定安全风险，且对无人机巡检作业人员（以下简称飞手）的飞行技能要求比较高，很难做到图像拍摄的标准化、统一化。因此，纯手动飞巡目前正逐渐被自主巡检所替代。

　　无人机自主巡检按照不同的技术路

图 10.1　无人机自主精细化巡检

10-2
杆塔本体
的精细化
巡检相关
照片

线分为人工示教航线规划和激光三维建模航线规划两种。人工示教为通过手动飞行记录航拍点，再通过深度学习算法优化拍照位置，形成平滑连接的飞行航线。激光三维建模航线规划通过对输电线路进行激光点云三维建模，规划最精准、高效的巡检路径，自主完成杆塔巡检。在输电线路的航迹规划中，人工示教对飞手的技能要求更高，而激光三维建模的数据处理较为复杂。但是采用激光三维建模的方法，得到的线路信息更全面，且可进行不同拍照点和拍摄角度的调整以及航点的优化重组。两种方法的优劣对比见表 10.1。

表 10.1   **两种方法的优劣对比**

航迹规划手段	飞手水平	数据处理	设备成本	航线编辑
人工示教	高	简单	降低	否
激光三维建模	低	复杂	较高	是

目前，人工示教和激光三维建模航线规划得到的应用都比较多，总体经济成本也相差不大，可以根据自身具备的条件及实际需求来选择合适的航迹规划方案。但从长远看来，激光三维建模航线规划的数据优势会越来越突出。

2. 输电线路应急抢险

采用无人机新技术，能够及时深入一线灾害现场，为快速抢险提供第一手资料，提高线路应急抢险的效率。如某供电公司 110kV 线路杆塔所在区域发生山体滑坡，人员无法到达现场，使用无人机现场飞巡及时发现了杆塔基础边缘 5m 处，有一条长几十米、深 6~7m 的壕沟，如图 10.2 所示。这为抢险方案的制定提供了有力的数据支撑。

此外，采用无人机搭载照明等装置可为线路抢修提供应急照明。如无人机对 220kV 某线夜间更换架空地线进行持续 3h 的抢修照明，如图 10.3 所示，有效地保证了施工的安全进行。

图 10.2   某线路区域发生山体滑坡   图 10.3   某线路夜间更换架空地线

随着无人机技术的不断发展与日趋成熟，其应用将越来越广泛，无人机智能巡检模式将逐步取代传统的人工运检模式。

10.1.2 无人机巡检发展中的制约因素

（1）飞巡空域限制条件多。一是空域管制严格，申请流程复杂且周期长；二是空域管制机构多且多重管制区域划分不明确；三是部分适航区军事活动频繁；四是空域管制机构人员少且通信占线率高。应优化空域申请的管理流程提高飞巡空域的申请效率。

（2）无人机续航能力低。目前，纯电动无人机续航时间一般在 30min 左右，不能满足连续大档距的输电线路巡检作业要求。对于油电混合的无人机，续航能力可达到 2h 左右，但由于油电混合无人机体积较大，不方便单人作业且有发生爆炸的危险，故目前的推广使用受到较大的约束。

（3）无人机图像距离短。现市场上比较成熟的大疆系列无人机图像传输距离理想状态下一般在 3～7km，但在城区及近郊等地方，由于受到信号干扰以及建筑物的影响，只能保持 2km 左右的图像传输。对于无人机杆塔巡检，当线下树木植被较高时，将进一步影响图像传输效果，导致图像传输距离不到 1km，严重制约了无人机巡检的质量。

（4）自主巡检 RTK 通信链路信号差。无人机杆塔精细化自主巡检需要较强的 RTK 网络信号，由于输电线路所处地区比较偏远，网络信号一般比较弱，很难满足自主巡检的要求，严重阻碍了无人机自主巡检的进程。

（5）手动无人机电力巡检效果欠佳。电力巡检因其具有高电压的风险，需要专业的电力培训和无人机飞巡实践才可实现输电线路通道和杆塔本体的精准飞巡，采集到满足生产需求的图像数据。但由于受到输电线路运维人员年龄结构偏大、学习新技术能力较差等的制约，目前输电线路的人工飞巡技能一直处于较低的行业水平。

（6）数据存储容量严重不足。通过统计某电力公司运维班组 3 个小组 6 名运维人员年度杆塔精细化巡检和通道巡视的影像数据量大小发现，每个班组需要存储的数据达到 84TB［其中通道巡视视频所需容量为 2GB/档×40 档/（组×天）×3 组×20 天/月×12 月≈60TB，杆塔精细化巡检照片大小为 0.2GB/基×1100 基≈0.2TB，年度 A 类、B 类树竹隐患通道扫描数据量为 180 档×5GB/（次×档）×2 次/月×12 月≈24TB］。同时，为了保证数据的安全可靠以及后续的数据挖掘，对部分数据需要备份操作，故目前数据的存储容量基本不能支撑无人机巡检大规模的发展。可考虑配置大容量分布式阵列存储器解决以上问题。

（7）人工缺陷隐患判别工作量大。按照国网运行维护管理规定，对上述班组采集的图片数量估计，年度精细化巡检图片数据量为 1100×30 张/基≈3.3 万张，通道巡视视频为 60TB。同时，通道 A 类、B 类树障测距数据处理时间需约 360h（180 档×1h/档×12＝2160h），给人工缺陷隐患的判别带来巨大的工作量。

10.1.3　无人机智能巡检的未来发展关键技术

随着泛在物联网建设的不断推进，无人机在输电线路巡检中的应用将得到越来越多的重视。无人机巡检将逐渐替代单一传统人工巡视，解放人员劳动力，降低线路运行维护成本，实现线路本体运行状态的精准把控，提高线路抗风险水平无人机巡检提高了线路运行维护的效率，但仍存在续航能力不足、图像缺陷识别差异性大等明显不足，将主要从以下四方面实现输电线路运行维护的自主化、智能化。

1. "巢—巢" 巡检新模式

对于线路距离较短、供电密度较大的区域，选择有条件的变电站部署无人机机

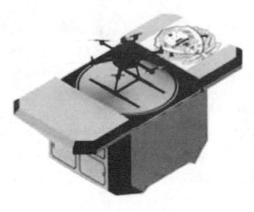

巢如图 10.4 所示。结合激光导航、视觉识别、RTK 精确定位等技术，实现无人机巡检过程中的精准降落、自主更换电池、快速充放电等操作。通过远程指令实现"巢—巢"之间的接力续航和无人机的自主巡检，从而解决了人机续航能力低的问题，并保证了重要负荷地区电线路的高可靠性运行维护。对于分布比较偏远、距离较长的线路，部署无人机巢将需要巨大的经济成本和维护费用，故主要采用人工操控无人机配置移动充电车辆如图

图 10.4 无人机机巢

10.5 所示，进行杆塔本体精细化巡检，并结合固定翼无人机进行远距离通道巡视。

固定装置 升降机构 无人机　　　控制箱（方案）无线支架

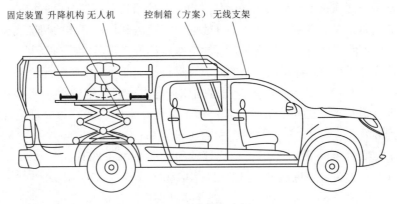

图 10.5 移动充电车辆

2. "5G＋" 通信实现低延迟自主巡检

目前，无人机自主巡检主要依赖于 4G 网络信号，控制信号存在 200ms 左右的延迟，不利于无人机的精准悬停和对杆塔本体部件位置的精准拍摄，同时易造成无人机在飞行中出现碰撞等事故。因此利用"5G＋"通信技术低延迟、高效的优势，将更加有利于无人机自主巡检影像数据的精准采集以及巡检过程的安全可靠，解决了自主巡检中 RTK 通信链路信号差的问题。

3. 超短波远程高清图传技术

为了保证无人机巡检图像传输的效率，无人机通常采用压缩算法对图像进行压缩，因此无法保证图像的清晰度。同时，目前无人机的图传距离尚不能满足远距离自主巡检的需求，且容易受到周围无线电信号的干扰，故选择合适的图像传输技术对于缺陷的及时发现具有十分重要的意义。超短波通信因其传输性能好、频带较宽等优点，目前正逐渐应用于无人机的远距离高清图传。

4. 图像缺陷的全过程实时智能识别

大量的机巡作业使得采集到的线路影像数据呈几何级增长，给人眼对图像缺陷的识别带来巨大的工作量，很难保证缺陷的精准识别和缺陷识别的实时性。在条件合适的变电站、供电所、机巢等部署边缘计算处理器，将传输至此的机巡作业、图像数据进行 AI 识别预处理，筛选大类明显缺陷并将统计信息发送至后台数据处理中心，同时将其他图像数据进行流式计算，采用更精确的人工智能算法实现对细小缺陷的精准识别，保证缺陷识别的实时性和可靠性。

10.2　精细化巡检要求、流程和相关原则

10.2.1　巡检内容

多旋翼无人机精细化巡视是指利用多旋翼无人机对输电线路杆塔、通道及其附属设施进行全方位高效率巡视，可以发现螺栓、销钉等这些无法通过人工地面巡视发现缺陷的巡视作业。巡检主要对输电线路杆塔、导地线、绝缘子串、金具，通道环境、基础、接地装置、附属设施等八大单元进行检查。巡检时根据线路运行情况和检查要求，选择性搭载相应的检测设备进行可见光巡检、红外巡检项目，巡检项目可以单独进行，也可以根据需要组合进行。可见光巡检主要检查内容为：导地线（光缆）、绝缘子、金具、杆塔、基础、附属设施、通道走廊等外部可见异常情况和缺陷。红外巡检主要检查内容为：导线接续管、耐张管、跳线线夹及绝缘子等相关发热异常情况。巡检内容见表 10.2。

10-3
精细化巡检相关图片

表 10.2　　　　　　　　　巡　检　内　容

分类	名　称	可　见　光　巡　检	红外巡检
设备	导地线	散股、断股、损伤、断线、放电烧伤、悬挂飘浮物。弧垂过大或过小、严重锈蚀、有电晕现象、导线缠绕（混线）、覆冰、舞动、风偏过大、对交叉跨越物距离不足等	发热点、放电点
	杆塔	杆塔倾斜、塔材弯曲、地线支架变形、塔材丢失、螺栓丢失、严重锈蚀、脚钉缺失、爬梯变形、土埋塔脚等	—
	金具	线夹断裂、裂纹、磨损、销钉脱落或严重锈蚀；均压环、屏蔽环烧伤、螺栓松动；防振锤跑位、脱落、严重锈蚀、阻尼线变形、烧伤；间隔棒松脱、变形或离位；各种连板、连接环、调整板损伤断裂纹等	连接点、放电点发热
	绝缘子	绝缘子自爆、伞裙破损、严重污秽、有放电痕迹、弹簧销缺损、钢帽裂纹、断裂、钢脚严重锈蚀或蚀损等	击穿发热
	其他	设备损坏情况	发热点
	光缆	损坏、断裂、弛度变化等	—
	防鸟、防雷等装置	破损、变形、松脱等	—
附属设施	各种监测装置	缺失、损坏等	—

10.2.2　巡检类别

1. 正常巡检

正常巡检是指根据架空输电线路实际巡检需要按周期制订巡检计划，并选择性地搭载相应的巡检设备对架空输电线路开展可见光和红外测温等项目的巡检作业。其中可见光巡检作业主要用于发现导线、地线、绝缘子串、金具、固定螺栓、线路通道环境及其他附属设施等外部可见的异常情况和缺陷，红外测温巡检作业主要用于发现导线压接管、导线线夹、耐张管及绝缘子等相关连接或焊接部位发热异常等缺陷情况。

（1）主要对输电线路导地线、绝缘子、金具、杆塔、基础、附属设施、线路通道等进行巡检。

（2）根据线路运行情况、检查要求，选择搭载相应的任务设备开展可见光、红外巡检作业。巡检项目可单独开展，也可根据需要组合开展。

2. 故障巡检

故障巡检是指在架空输电线路发生故障后，为快速有效地排查出故障原因、故障点，根据保护动作信息初步确定架空输电线路故障点的可疑区段和部位，利用无人机搭载的故障巡检设备对可疑区段线路和部位进行全方位故障巡查。另外，也可根据架空输电线路实际运行状况向两侧扩大故障巡查范围，以便进一步分析架空输电线路是否还有其他异样。

（1）根据故障情况选择适用机型开展故障查找，巡检图像质量应满足故障分析需要。

（2）根据故障测距范围，合理规划航线开展故障点查找。

（3）故障查找应先在测距区段内检查设备和线路通道异常情况；若未发现故障点，再扩大巡检范围。

3. 特殊巡检

根据季节特点、设备状况及特殊需要，选择适用机型开展加强性、防范性及针对性巡检。如防山火巡检、外破巡检、灾后巡检等。特殊巡视根据需要确定巡视范围和任务及时开展，一般巡视全线、某区段或某部件。

（1）鸟害巡检。输电线路架设路径大多为丘陵、旷野、高山，且基本采用高塔架设，这给鸟类提供了极佳的筑巢环境。因此，为避免鸟害对架空输电线路运行的影响，可根据鸟类筑巢及候鸟迁徙特性，在筑巢前期利用无人机开展鸟类驱赶巡检作业，在筑巢后期开展防鸟害监控巡检，实时掌握存在鸟害区段线路的运行状况。

（2）外破巡检。架空输电线路通道及保护区经常出现市政修路、车辆吊装、挖方取土等不确定外破因素，严重干扰输电线路的正常运行，利用无人机开展架空输电线路防外破巡检，为预防和消除这些外破隐患提供有效的影像数据信息。

（3）防山火巡检。随着植树造林、退耕还林等政策的出台，架空输电线路通道植被逐年增多，使得输电线路防山火压力持续攀升。因此，根据森林山火等级及季节特性，利用无人机对横跨山区、森林区段线路开展 360°无死角防山火巡检，及时确保山火隐患可控、可管。

（4）灾后巡检。输电线路跨越区段发生泥石流、山土滑坡、地震等灾害后，受诸多安全因素影响，线路运维人员很难第一时间深入灾区进行有效线路巡检，利用无人机搭载相应巡检设备对灾后线路现场进行全方位录像、拍摄，快速有效收集线路设备灾后受损情况及环境变化信息。

（5）树竹巡检。每年春夏季节，架空输电线路通道及保护区内树竹生长旺盛，极易发生树竹放电跳闸事故，其间运用无人机搭载激光雷达或激光测距巡检设备可快速实现树竹隐患排查与检测，精确掌握线路运行环境。其中激光雷达巡检设备主要用于输电线路本体及通道环境三维全景建模，为线路通道环境评估及运维决策提供可靠依据，激光测距巡检设备主要用于树线距离及交叉跨越距离精准测量，为输电线路通道治理及后期砍青扫障打造安全线路走廊提供有力支撑。

（6）红外巡检。迎峰度夏期间，输电线路常因过负荷出现设备异常发热现象，运用无人机搭载的红外成像仪对重载线路的连续管、压接管等进行红外巡检，可有效避免输电设备因温度过高而损坏的事故发生。无人机红外巡检的应用不仅解决传统人工地面巡检手持式红外测温仪较重携带不方便、线路档中压接管难测量等难题，尤其对高海拔、崇山峻岭的架空输电线路可实现快速测量、快速诊断、快速返回，极大地提高红外巡检效率。

10.2.3 一般要求

1. 人员要求

（1）作业人员应具有 2 年及以上架空输电线路运行维护工作经验，了解航空、气象、地理等相关知识，掌握无人直升机理论及技能，并考试合格。

（2）具备必要的安全生产知识，学会紧急救护法。

（3）作业人员应身体健康、精神状态良好，无妨碍作业的生理和心理障碍。作业前 8h 及作业过程中严禁饮用任何酒精类饮品。

（4）无人直升机飞行巡检作业人员配备应至少满足表 10.3 要求。

表 10.3　　　　　　　　　巡检作业人员配备及分工

机型	角色	人数	作业人员分工
中型机	工作负责人	1名	全面组织巡检工作开展，负责现场飞行安全
	操控手	1名	负责无人直升机人工起降操控、设备准备、检查、撤收
	程控手	1名	负责程控无人直升机飞行、遥测信息监测、设备准备、检查、航线规划、撤收
	任务手	1名	负责任务设备操作、现场环境观察、图传信息监测、设备准备、检查、撤收
小型机	工作负责人	1名	负责组织巡检工作开展及现场飞行安全。可兼任操控手或程控手
	操控手	1名	负责无人直升机操控
	程控手（任务手）	1名	负责任务设备操作、遥测信息监测

2. 设备要求

(1) 无人直升机巡检系统和备品备件应满足无人直升机巡检相关功能和技术要求，定期保养并经检测合格，确保其状态正常。

(2) 中型无人直升机应储备不少于 2 架次正常巡检所需油料，小型无人直升机应配备不少于 6 组电池。

(3) 中型无人直升机巡检系统应配置运输和测控车辆，小型无人直升机巡检系统可根据实际需要选配运输车辆。作业车辆应采用通过性能良好的车型，满足储运及现场作业保障要求。

3. 安全要求

(1) 人员安全。

1) 作业现场应设专人进行安全监护，注意保持与无关人员的安全距离，必要时设置安全警示区；受到无关人员干扰时可终止巡检任务。

2) 巡检过程中，作业人员之间应保持联络畅通，确保每项操作均知会相关人员，禁止擅自违规操作。

3) 起飞和降落时，作业人员应与无人直升机始终保持足够安全距离，避开起降航线。无人直升机桨叶转动时，严禁任何人接近。

4) 作业人员应穿戴个人防护用品，正确使用安全器具。

(2) 设备安全。

1) 无人直升机应在数据链范围内开展巡检作业。

2) 无人直升机应设置失控保护、自动返航等必要的安全策略。

3) 作业现场油料应单独存放，严禁吸烟和使用明火，做好消防安全措施。

4) 加油和放油操作应在良好天气下进行。在雨、雪、风沙天气条件时，应采取必要的遮蔽措施后方可进行；雷电天气不得进行加油和放油操作。

5) 巡检过程中，不得操纵无人直升机进行与巡检作业无关的活动。

6) 现场禁止使用可能对无人直升机造成干扰的电子设备，作业过程中，操控手和程控手严禁接打电话。

(3) 线路安全。

1) 在检查杆塔本体及金具时，应悬停检查，中型无人直升机单次悬停不宜超过 5min，与线路设备净空距离不小于 30m、水平距离不小于 25m。

2) 巡检作业时，严禁中型无人直升机在线路正上方飞行。确有必要跨越线路，应采用上跨方式，与最上层线路的净空距离不小于 30m。

3) 相邻两回线路边线之间的距离小于 100m 时，严禁中型无人直升机在两回线路之间飞行。

4) 小型无人直升机不能长时间在线路设备正上方悬停，应始终与带电设备保持不小于 5m 的净空距离。

(4) 其他。

1) 无人直升机严禁在变电站 (所)、电厂上空穿越飞行。

2) 中型无人直升机不应在重要设施、建筑、公路和铁路等上方悬停。

4. 作业要求

（1）现场勘查。

1）应制订无人直升机巡检计划，确定巡检作业任务，选择合适机型，并开展巡检线路的现场勘查。

2）勘查内容包括地形地貌、线路走向、气象条件、空域条件、交跨情况、杆塔坐标、起降环境、交通条件及其他危险点等。

3）根据现场地形条件合理布置无人直升机起降点，起降点四周净空条件应良好，满足安全起降要求。

4）对现场勘查认为危险性、复杂性较大的无人直升机巡检作业，应专门编制组织措施、技术措施、安全措施，并履行相关审批手续。

（2）航线规划。

1）航线规划前应根据作业实际需要，向线路所在区域的空管部门履行空域审批手续。

2）应根据无人直升机的性能合理规划航线。

3）航线规划应避开军事禁区、军事管理区、空中危险区和空中限制区、远离人口稠密区、重要建筑和设施、通信阻隔区、无线电干扰区、大风或切变风多发区，尽量避免跨越高速公路和铁路飞行。

4）应根据巡检线路的杆塔坐标、塔高、塔型等技术参数，结合线路途经区域地图和现场勘查情况绘制航线，制定巡检方式、起降位置及安全策略。

5）规划的航线遇有线路交叉跨越、临近边坡等情况，应保持足够的安全距离。

6）首次飞行的航线应适当增加净空距离，确保航线安全后方可按照正常巡检距离开展巡检作业。若飞行航线、悬停点与杆塔坐标偏差较大，应及时修正航线库。

7）已经实际飞行的航线应及时存档，并标注特殊区段信息（线路施工、工程建设及其他影响飞行安全的区段），建立巡检作业航线库。

8）相同巡检作业时，航线规划应优先调用已经实际飞行的历史航线。航线库应根据作业实际情况及时更新。

5. 作业许可

（1）抵达现场，应报告空管部门，履行工作许可手续，获得许可后方可开展作业。

（2）巡检作业前，根据相应机型和巡检任务编制无人直升机巡检作业指导书。

（3）故障巡检、特殊巡检等非计划巡检也应办理工作许可手续。

6. 现场作业

（1）起飞前准备。

1）应检查起降点周围地理环境、电磁环境和气象条件，确认满足安全起降要求。

2）应核对航线规划是否满足安全飞行要求。

3）应检查无人直升机动力系统的燃油或电能储备，确认满足飞行巡检航程要求。

4）应按照无人直升机巡检飞行前检查工作单对无人直升机各分系统进行逐项检查，确保系统正常。

（2）巡检飞行。

1）中型无人直升机启动后应在地面充分预热发动机。

2）无人直升机可采用全自主或手动增稳模式起飞，离地后应先保持低空悬停，确定各项状态正常后方可执行巡检作业。

3）无人直升机飞行过程中应避免进行超出其性能指标的飞行。

4）中型无人直升机巡检飞行速度不宜大于 15m/s，小型无人直升机巡检飞行速度不宜大于 10m/s。

5）单旋翼带尾桨的中型无人直升机悬停时应顶风悬停。

6）在目视范围内，操控手应密切观察无人直升机飞行姿态及周围环境变化，异常情况下，操控手可手动接管控制无人直升机。

7）程控手应密切观察飞行巡检过程中的遥测信息，综合评估无人直升机所处的气象和电磁环境，异常情况下应及时响应，必要时中止飞行，并做好飞行的异常情况记录。

8）作业过程中，作业人员之间应保持呼唱，及时调整飞行状态，确保无人直升机满足巡检拍摄角度和时间要求。

9）在巡检过程中，若发现异常情况时应对可疑部位进行重点检查核实，并记录详细信息。

10）作业过程中，任务手如发现飞行航线、悬停点与预设航线偏差较大，应及时告知程控手（操控手）调整飞行航线。

11）小型无人直升机可采用自主或增稳飞行模式控制无人直升机到巡检作业点，以增稳飞行模式进行作业。

12）无人直升机降落前，应确认降落场地无异常。

（3）飞行后检查及撤收。

1）作业结束后，应及时向空管部门汇报，履行工作终结手续。

2）降落后，应进行外观及零部件检查，并做好无人直升机巡检系统使用记录。

3）撤收前，油动无人直升机应将油箱内剩余油料回收并妥善储存；电动无人直升机应将电池取出。

4）人员撤离前，应清理现场，核对设备和工器具清单，确认现场无遗漏。

7. 资料归档

（1）每次巡检结束后，应及时将任务设备的巡检数据导出，汇总整理巡检结果并提交。

（2）应及时做好空域审批文件、工作票（单）、航线信息库等资料的归档。

8. 维护保养

（1）无人直升机巡检系统应定置存放，并专人管理。

（2）无人直升机巡检系统应按要求定期保养、维修和试验，确保状态良好。

（3）无人直升机巡检系统主要部件（如电机、飞控系统、通信链路、任务设备以及操作系统等）更换或升级后，应进行检测，确保满足技术要求。

（4）中型无人直升机应定期启动，检查发动机工况，如有异常应及时调试和维修。

（5）无人直升机巡检系统所需电池应指定专人定期检查保养。

10. 2. 4　异常处置

（1）无人直升机巡检作业应编制异常处置应急预案（或现场处置方案），并开展现场演练。

（2）飞行巡检过程中，发生危及飞行安全的异常情况时，应根据具体情况及时采取如下避让、返航或就近迫降等应急措施：

1）巡检作业区域出现其他飞行器或漂浮物时，应立即评估巡检作业安全性，在确保安全后方可继续执行巡检作业，否则应采取避让措施。

2）巡检作业区域出现雷雨、大风等突变天气或空域许可情况发生变化时，应采取措施控制无人直升机返航或就近降落。

3）无人直升机飞行过程中，若作业成员身体出现不适或巡检作业受外界严重干扰时，应迅速采取措施保证无人直升机安全。情况紧急时，可立即控制无人直升机返航或就近降落。

4）无人直升机机体发生异常时，应按照预先设定的应急程序迅速处理，尽可能控制无人直升机在安全区域紧急降落，确保地面人员和线路设备安全。

5）无人直升机通信链路长时间中断且未按预定安全策略返航时，应及时做出故障判断并上报相关部门，同时根据掌握的最后地理坐标或机载追踪器发送的位置信息就地组织搜寻。

（3）无人直升机因意外或失控撞向杆塔、导地线等造成线路设备损坏时，应立即启动应急预案，开展故障巡查，并将现场情况及时报告相关部门。

（4）无人直升机发生坠机事故引发次生灾害时，应立即启动应急预案，就地组织事故抢险，对现场情况进行拍照取证，及时进行民事协调，做好舆情监控，并将现场情况及时报告相关部门。

（5）无人直升机发生事故后，应及时分析事故原因，编写事故分析报告。

10. 2. 5　巡检步骤

输电线路无人机巡检现场作业人员应严格按照《架空输电线路无人机巡检作业安全工作规程》（Q/GDW 11399—2015）等标准的要求，明确巡检方法和巡检内容，认真开展巡检作业。

1. 精细化巡视要求

（1）多旋翼无人机作业应尽可能实现对杆塔设备、附属设施的全覆盖，根据机型特点、巡检塔型应遵照标准化作业流程开展作业，巡检导地线、绝缘子串、销钉、均压环、防振锤等重要设备或发现缺陷故障点时，从俯视、仰视、平视等多个角度、顺线路方向、垂直线路方向以及距离设备 5m 处进行航拍。

多旋翼无人机巡检拍摄内容应包含塔全貌、塔头、塔身、杆号牌、绝缘子、各挂点、金具、通道等总体原则。多旋翼无人机巡检路径规划的建议是：面向大号侧先左后右，从下至上（对侧从上至下），先小号侧后大号侧。有条件的单位，应根据输电设备结构选择合适的拍摄位置，并固化作业点，建立标准化航线库。航线库应包括线路名称、杆塔号、杆塔类型、布线型式、杆塔地理坐标、作业点成像参数等信息。

（2）直线塔建议拍摄原则。

1）单回直线塔：面向大号侧先拍左相，再拍中相，后拍右相；先拍小号侧，后拍大号侧。

2）双回直线塔：面向大号侧先拍左回，后拍右回，先拍下相，再拍中相，后拍上相（对侧先拍上相，再拍中相，后拍下相，∩形顺序拍摄），先拍小号侧，后拍大号侧。

（3）耐张塔建议拍摄原则。

1）单回耐张塔：面向大号侧先拍左相，再拍中相，后拍右相，先拍小号侧，再拍跳线串，后拍大号侧。小号侧先拍导线端，后拍横担端，跳线串先拍横担端，后拍导线端，大号侧先拍横担端，后拍导线端。

2）双回耐张塔：面向大号侧先拍左回，后拍右回；先拍下相，再拍中相，后拍上相（对侧先拍上相再拍中相后拍下相，∩形顺序拍摄）；先拍小号侧，再拍跳线，后拍大号侧；小号侧先拍导线端，后拍横担端；跳线串先拍横担端，后拍导线端；大号侧先拍横担端，后拍导线端。

2. 典型塔型精细化巡检

（1）交流线路单回直线酒杯塔。交流线路单回直线酒杯塔无人机巡检路径规划如图 10.6 所示。

图 10.6　交流线路单回直线酒杯塔无人机巡检路径规划

交流线路单回直线酒杯塔无人机巡检拍摄规则见表10.4。

表 10.4　　　　交流线路单回直线酒杯塔无人机巡检拍摄规则

无人机悬停区域	拍摄部位编号	拍摄部位	无人机拍摄位置	拍摄角度	拍摄质量要求
A	1	塔全貌	从杆塔远处，并高于杆塔，杆塔完全在影像画面里	俯视	塔全貌完整，能够清晰分辨塔材和杆塔角度，主体上下占比不低于全幅80%
B	2	塔头	从杆塔斜上方拍摄	俯视	能够完整看到杆塔塔头
C	3	塔身	杆塔斜上方，略低于塔头拍摄高度	平/俯视	能够看到除塔头及塔基部位的其他结构全貌
D	4	杆号牌	无人机镜头平视或俯视拍摄塔号牌	平/俯视	能清晰分辨杆号牌上线路双重名称
E	5	塔基	走廊正面或侧面面向塔基俯视拍摄	俯视	能够看清塔基附近地面情况，拉线是否连接牢靠
F	6	左相导线端挂点	面向金具锁紧销安装侧，拍摄金具整体	平/俯视	能够清晰分辨螺栓、螺母、锁紧销等小尺寸金具及防振锤。设备相互遮挡时，采取多角度拍摄。每张照片至少包含一片绝缘子
F	7	左相绝缘子串	正对绝缘子串，在其中心点以上位置拍摄	平视	需覆盖绝缘子整串，可拍多张照片，最终能够清晰分辨绝缘子片表面损痕和每片绝缘子连接情况
F	8	左相横担挂点	与挂点高度平行，小角度斜侧方拍摄	平/俯视	能够清晰分辨螺栓、螺母、锁紧销等小尺寸金具。设备相互遮挡时，采取多角度拍摄。每张照片至少包含一片绝缘子
G	9	左侧地线	高度与地线挂点平行或以不大于30°角度俯视，小角度斜侧方拍摄	平/俯/仰视	能够判断各类金具的组合安装状态，与地线接触位置铝包带安装状态，清晰分辨锁紧位置的螺母销级物件。设备相互遮挡时，采取多角度拍摄
H	10	中相左横担挂点	与挂点高度平行，小角度斜侧方拍摄	平视	能够清晰分辨螺栓、螺母、锁紧销等小尺寸金具。设备相互遮挡时，采取多角度拍摄。每张照片至少包含一片绝缘子
H	11	中相左绝缘子串	正对绝缘子串，在其中心点以上位置拍摄	平视	需覆盖绝缘子整串，可拍多张照片，最终能够清晰分辨绝缘子片表面损痕和每片绝缘子连接情况
H	12	中相导线端挂点	与挂点高度平行，小角度斜侧方拍摄	平视	能够清晰分辨螺栓、螺母、锁紧销等小尺寸金具及防振锤。设备相互遮挡时，采取多角度拍摄。每张照片至少包含一片绝缘子
H	13	中相右绝缘子串	正对绝缘子串，在其中心点以上位置拍摄	平视	需覆盖绝缘子整串，可拍多张照片，最终能够清晰分辨绝缘子片表面损痕和每片绝缘子连接情况

续表

无人机悬停区域	拍摄部位编号	拍摄部位	无人机拍摄位置	拍摄角度	拍摄质量要求
H	14	中相右横担挂点	正对横担挂点位置拍摄	平/俯视	能够清晰分辨挂点锁紧销等金具
I	15	右侧地线	高度与地线挂点平行或以不大于30°角度俯视，小角度斜侧方拍摄	俯视	能够判断各类金具的组合安装状态，与地线接触位置铝包带安装状态，清晰分辨锁紧位置的螺母销级物件。设备相互遮挡时，采取多角度拍摄
J	16	右相横担处挂点	与挂点高度平行，小角度斜侧方拍摄	平视	能够清晰分辨螺栓、螺母、锁紧销等小尺寸金具。设备相互遮挡时，采取多角度拍摄。每张照片至少包含一片绝缘子
	17	右相绝缘1子串	正对绝缘子串，在其中心点以上位置拍摄	平视	需覆盖绝缘子整串，如无法覆盖则至多分两段拍摄，最终能够清晰分辨绝缘子片表面损痕和每片绝缘子连接情况
	18	右相导线端挂点	与挂点高度平行，小角度斜侧方拍摄	平视	能够清晰分辨螺栓、螺母、锁紧销等小尺寸金具及防振锤。设备相互遮挡时，采取多角度拍摄。每张照片至少包含一片绝缘子
K	19	小号侧通道	塔身侧方位置先小号通道，后大号通道	平视	能够清晰完整看到杆塔的通道情况，如建筑物、树木、交叉、跨越的线路等
	20	大号侧通道	塔身侧方位置先小号通道，后大号通道	平视	能够清晰完整看到杆塔的通道情况，如建筑物、树木、交叉、跨越的线路等

注：拍摄角度和拍摄图片张数以能够清晰展示所需细节为目标，根据实际作业环境可做适当调整。

（2）交流线路单回直线猫头塔。交流线路单回直线猫头塔无人机巡检路径规划如图 10.7 所示。

图 10.7　交流线路单回直线猫头塔无人机巡检路径规划

交流线路单回直线猫头塔无人机巡检拍摄规则见表10.5。

表 10.5 　　　　　　　交流线路单回直线猫头塔无人机巡检拍摄规则

无人机悬停区域	拍摄部位编号	拍摄部位	无人机拍摄位置	拍摄角度	拍摄质量要求
A	1	塔全貌	从杆塔远处，并高于杆塔，杆塔完全在影像画面里	俯视	塔全貌完整，能够清晰分辨塔材和杆塔角度，主体上下占比不低于全幅80%
B	2	塔头	从杆塔斜上方拍摄	俯视	能够完整看到杆塔塔头
C	3	塔身	杆塔斜上方，略低于塔头拍摄高度	平/俯视	能够看到除塔头及塔基部位的其他结构全貌
D	4	杆号牌	无人机镜头平视或俯视拍摄塔号牌	平/俯视	能清晰分辨杆号牌上线路双重名称
E	5	塔基	走廊正面或侧面面向塔基俯视拍摄	俯视	能够看清塔基附近地面情况，拉线是否连接牢靠
F	6	左相导线端挂点	面向金具锁紧销安装侧，拍摄金具整体	平/俯视	能够清晰分辨螺栓、螺母、锁紧销等小尺寸金具及防振锤。设备相互遮挡时，采取多角度拍摄。每张照片至少包含一片绝缘子
F	7	左相绝缘子串	正对绝缘子串，在其中心点以上位置拍摄	平视	需覆盖绝缘子整串，可拍多张照片，最终能够清晰分辨绝缘子片表面损痕和每片绝缘子连接情况
F	8	左相横担挂点	与挂点高度平行，小角度斜侧方拍摄	平/俯视	能够清晰分辨螺栓、螺母、锁紧销等小尺寸金具。设备相互遮挡时，采取多角度拍摄。每张照片至少包含一片绝缘子
G	9	左侧地线	高度与地线挂点平行或以不大于30°角度俯视，小角度斜侧方拍摄	平/俯/仰视	能够判断各类金具的组合安装状态，与地线接触位置铝包带安装状态，清晰分辨锁紧位置的螺母销级物件。设备相互遮挡时，采取多角度拍摄
H	10	中相横担挂点	与挂点高度平行，小角度斜侧方拍摄	平视	能够清晰分辨螺栓、螺母、锁紧销等小尺寸金具。设备相互遮挡时，采取多角度拍摄。每张照片至少包含一片绝缘子
H	11	中相绝缘子串	正对绝缘子串，在其中心点以上位置拍摄	平视	需覆盖绝缘子整串，可拍多张照片，最终能够清晰分辨绝缘子片表面损痕和每片绝子连接情况
H	12	中相导线端挂点	与挂点高度平行，小角度斜侧方拍摄	平视	能够清晰分辨螺栓、螺母、锁紧销等小尺寸金具及防振锤。设备相互遮挡时，采取多角度拍摄。每张照片至少包含一片绝缘子
I	13	右侧地线	高度与地线挂点平行或以不大于30°角度俯视，小角度斜侧方拍摄	俯视	能够判断各类金具的组合安装状态，与地线接触位置铝包带安装状态，清晰分辨锁紧位置的螺母销级物件。设备相互遮挡时，采取多角度拍摄

续表

无人机悬停区域	拍摄部位编号	拍摄部位	无人机拍摄位置	拍摄角度	拍摄质量要求
J	14	右相横担处挂点	与挂点高度平行，小角度斜侧方拍摄	平视	能够清晰分辨螺栓、螺母、锁紧销等小尺寸金具。设备相互遮挡时，采取多角度拍摄。每张照片至少包含一片绝缘子
	15	右相绝缘子串	正对绝缘子串，在其中心点以上位置拍摄	平视	需覆盖绝缘子整串，如无法覆盖则至少分两段拍摄，最终能够清晰分辨绝缘子片表面损痕和每片绝缘子连接情况
	16	右相导线端挂点	与挂点高度平行，小角度斜侧方拍摄	平视	能够清晰分辨螺栓、螺母、锁紧销等小尺寸金具及防振锤。设备相互遮挡时，采取多角度拍摄。每张照片至少包含一片绝缘子
K	17	小号侧通道	塔身侧方位置先小号通道，后大号通道	平视	能够清晰完整看到杆塔的通道情况，如建筑物、树木、交叉、跨越的线路等
	18	大号侧通道	塔身侧方位置先小号通道，后大号通道	平视	能够清晰完整看到杆塔的通道情况，如建筑物、树木、交叉、跨越的线路等

注： 拍摄角度和拍摄图片张数以能够清晰展示所需细节为目标，根据实际作业环境可做适当调整。

（3）直流线路单回直线塔。直流线路单回直线塔无人机巡检路径规划如图 10.8 所示。

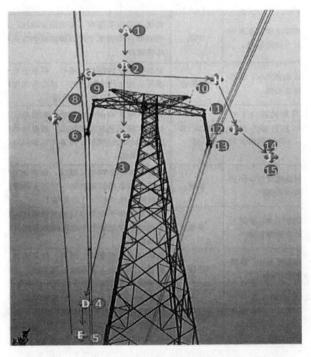

图 10.8　直流线路单回直线塔无人机巡检路径规划

直流线路单回直线塔无人机巡检拍摄规则见表10.6。

表 10.6　　　　　　　直流线路单回直线塔无人机巡检拍摄规则

无人机悬停区域	拍摄部位编号	拍摄部位	无人机拍摄位置	拍摄角度	拍摄质量要求
A	1	塔全貌	从杆塔远处，并高于杆塔，杆塔完全在影像画面里	俯视	塔全貌完整，能够清晰分辨塔材和杆塔角度，主体上下占比不低于全幅80%
B	2	塔头	从杆塔斜上方拍摄	俯视	能够完整看到杆塔塔头
C	3	塔身	杆塔斜上方，略低于塔头拍摄高度	平/俯视	能够看到除塔头及塔基部位的其他结构全貌
D	4	杆号牌	无人机镜头平视或俯视拍摄塔号牌	平/俯视	能清晰分辨杆号牌上线路双重名称
E	5	塔基	走廊正面或侧面面向塔基俯视拍摄	俯视	能够看清塔基附近地面情况
F	6	极Ⅰ绝缘子导线端挂点	面向金具锁紧销安装侧，拍摄金具整体	平/俯视	能够清晰分辨螺栓、螺母、锁紧销等小尺寸金具及防振锤。设备相互遮挡时，采取多角度拍摄。每张照片至少包含一片绝缘子
F	7	极Ⅰ绝缘子	正对绝缘子串，在其中心点以上位置拍摄	平视	需覆盖绝缘子整串，可拍多张照片，最终能够清晰分辨绝缘子片表面损痕和每片绝缘子连接情况
F	8	极Ⅰ绝缘子横担端挂点	与挂点高度平行，小角度斜侧方拍摄	平/俯视	能够清晰分辨螺栓、螺母、锁紧销等小尺寸金具。设备相互遮挡时，采取多角度拍摄。每张照片至少包含一片绝缘子
G	9	极Ⅰ地线挂点	高度与地线挂点平行或以不大于30°角度俯视，小角度斜侧方拍摄	平/俯/仰视	能够判断各类金具的组合安装状态，与地线接触位置铝包带安装状态，清晰分辨锁紧位置的螺母销级物件。设备相互遮挡时，采取多角度拍摄
H	10	极Ⅱ地线挂点	高度与地线挂点平行或以不大于30°角度俯视，小角度斜侧方拍摄	平/俯/仰视	能够判断各类金具的组合安装状态，与地线接触位置铝包带安装状态，清晰分辨锁紧位置的螺母销级物件。设备相互遮挡时采取多角度拍摄
I	11	极Ⅱ绝缘子横担端挂点	与挂点高度平行，小角度斜侧方拍摄	平/俯视	能够清晰分辨螺栓、螺母、锁紧销等小尺寸金具。设备相互遮挡时，采取多角度拍摄。每张照片至少包含一片绝缘子
I	12	极Ⅱ绝缘子	正对绝缘子串，在其中心点以上位置拍摄	平视	需覆盖绝缘子整串，可拍多张照片，最终能够清晰分辨绝缘子片表面损痕和每片绝缘子连接情况
I	13	极Ⅱ绝缘子导线端挂点	面向金具锁紧销安装侧，拍摄金具整体	平/俯视	能够清晰分辨螺栓、螺母、锁紧销等小尺寸金具及防振锤。设备相互遮挡时，采取多角度拍摄。每张照片至少包含一片绝缘子

续表

无人机悬停区域	拍摄部位编号	拍摄部位	无人机拍摄位置	拍摄角度	拍摄质量要求
J	14	小号侧通道	塔身侧方位置拍摄小号通道	平视	能够清晰完整看到杆塔的通道情况，如建筑物、树木、交叉、跨越的线路等
	15	大号侧通道	塔身侧方位置拍摄大号通道	平视	能够清晰完整看到杆塔的通道情况，如建筑物、树木、交叉、跨越的线路等

注：拍摄角度和拍摄图片张数以能够清晰展示所需细节为目标，根据实际作业环境可做适当调整。

（4）直流线路单回耐张塔。直流线路单回耐张塔无人机巡检路径规划如图 10.9 所示。

图 10.9　直流线路单回耐张塔无人机巡检路径规划

直流线路单回直线塔无人机巡检拍摄规则见表 10.7。

表 10.7　　　　　直流线路单回直线塔无人机巡检拍摄规则

无人机悬停区域	拍摄部位编号	拍摄部位	无人机拍摄位置	拍摄角度	拍摄质量要求
A	1	塔全貌	从杆塔远处，并高于杆塔，杆塔完全在影像画面里	俯视	塔全貌完整，能够清晰分辨塔材和杆塔角度，主体上下占比不低于全幅 80%
B	2	塔头	从杆塔斜上方拍摄	俯视	能够完整看到杆塔塔头

续表

无人机悬停区域	拍摄部位编号	拍摄部位	无人机拍摄位置	拍摄角度	拍摄质量要求
C	3	塔身	杆塔斜上方，略低于塔头拍摄高度	平/俯视	能够看到除塔头及塔基部位的其他结构全貌
D	4	杆号牌	无人机镜头平视或俯视拍摄塔号牌	平/俯视	能清晰分辨杆号牌上线路双重名称
E	5	塔基	走廊正面或侧面面向塔基俯视拍摄	俯视	能够看清塔基附近地面情况
F	6	极Ⅰ小号侧导线端挂点	面向金具锁紧销安装侧，拍摄金具整体	平/俯视	能够清晰分辨螺栓、螺母、锁紧销等小尺寸金具及防振锤。设备相互遮挡时，采取多角度拍摄。每张照片至少包含一片绝缘子
F	7	极Ⅰ小号侧绝缘子	正对绝缘子串，在其中心点以上位置拍摄	平视	需覆盖绝缘子整串，可拍多张照片，最终能够清晰分辨绝缘子片表面损痕和每片绝缘子连接情况
F	8	极Ⅰ小号侧横担端挂点	与挂点高度平行，小角度斜侧方拍摄	平/俯视	能够清晰分辨螺栓、螺母、锁紧销等小尺寸金具。设备相互遮挡时，采取多角度拍摄。每张照片至少包含一片绝缘子
G	9	极Ⅰ跳线串横担端挂点	与挂点高度平行，小角度斜侧方拍摄	平/俯视	能够清晰分辨螺栓、螺母、锁紧销等小尺寸金具。设备相互遮挡时，采取多角度拍摄。每张照片至少包含一片绝缘子
G	10	极Ⅰ跳线绝缘子	正对绝缘子串，在其中心点以上位置拍摄	平视	需覆盖绝缘子整串，可拍多张照片，最终能够清晰分辨绝缘子片表面损痕和每片绝缘子连接情况
G	11	极Ⅰ跳线串导线端挂点	面向金具锁紧销安装侧，拍摄金具整体	平/俯视	能够清晰分辨螺栓、螺母、锁紧销等小尺寸金具及防振锤。设备相互遮挡时，采取多角度拍摄。每张照片至少包含一片绝缘子
H	12	极Ⅰ大号侧横担端挂点	与挂点高度平行，小角度斜侧方拍摄	平/俯视	能够清晰分辨螺栓、螺母、锁紧销等小尺寸金具。设备相互遮挡时，采取多角度拍摄。每张照片至少包含一片绝缘子
H	13	极Ⅰ大号侧绝缘子	正对绝缘子串，在其中心点以上位置拍摄	平视	需覆盖绝缘子整串，可拍多张照片，最终能够清晰分辨绝缘子片表面损痕和每片绝缘子连接情况
H	14	极Ⅰ大号侧导线端挂点	面向金具锁紧销安装侧，拍摄金具整体	平/俯视	能够清晰分辨螺栓、螺母、锁紧销等小尺寸金具及防振锤。设备相互遮挡时，采取多角度拍摄。每张照片至少包含一片绝缘子

无人机悬停区域	拍摄部位编号	拍摄部位	无人机拍摄位置	拍摄角度	拍摄质量要求
I	15	极Ⅰ地线挂点	高度与地线挂点平行或以不大于30°角度俯视，小角度斜侧方拍摄	平/俯/仰视	能够判断各类金具的组合安装状态，与地线接触位置铝包带安装状态，清晰分辨锁紧位置的螺母销级物件。设备相互遮挡时，采取多角度拍摄
J	16	极Ⅱ地线挂点	高度与地线挂点平行或以不大于30。角度俯视，小角度斜侧方拍摄	平/俯/仰视	能够判断各类金具的组合安装状态，与地线接触位置铝包带安装状态，清晰分辨锁紧位置的螺母销级物件。设备相互遮挡时，采取多角度拍摄
K	17	极Ⅱ小号侧导线端挂点	面向金具锁紧销安装侧，拍摄金具整体	平/俯视	能够清晰分辨螺栓、螺母、锁紧销等小尺寸金具及防振锤。设备相互遮挡时，采取多角度拍摄。每张照片至少包含一片绝缘子
	18	极Ⅱ小号侧绝缘子	正对绝缘子串，在其中心点以上位置拍摄	平视	需覆盖绝缘子整串，可拍多张照片，最终能够清晰分辨绝缘子片表面损痕和每片绝缘子连接情况
	19	极Ⅱ小号侧横担端挂点	与挂点高度平行，小角度斜侧方拍摄	平/俯视	能够清晰分辨螺栓、螺母、锁紧销等小尺寸金具。设备相互遮挡时，采取多角度拍摄。每张照片至少包含一片绝缘子
L	20	极Ⅱ跳线串横担端挂点	与挂点高度平行，小角度斜侧方拍摄	平/俯视	能够清晰分辨螺栓、螺母、锁紧销等小尺寸金具。设备相互遮挡时，采取多角度拍摄。每张照片至少包含一片绝缘子
	21	极Ⅱ跳线绝缘子	正对绝缘子串，在其中心点以上位置拍摄	平视	需覆盖绝缘子整串，可拍多张照片，最终能够清晰分辨绝缘子片表面损痕和每片绝缘子连接情况
	22	极Ⅱ跳线串导线端挂点	面向金具锁紧销安装侧，拍摄金具整体	平/俯视	能够清晰分辨螺栓、螺母、锁紧销等小尺寸金具及防振锤。设备相互遮挡时，采取多角度拍摄。每张照片至少包含一片绝缘子
M	23	极Ⅱ大号侧横担端挂点	与挂点高度平行，小角度斜侧方拍摄	平/俯视	能够清晰分辨螺栓、螺母、锁紧销等小尺寸金具。设备相互遮挡时，采取多角度拍摄。每张照片至少包含一片绝缘子
	24	极Ⅱ大号侧绝缘子	正对绝缘子串，在其中心点以上位置拍摄	平视	需覆盖绝缘子整串，可拍多张照片，最终能够清晰分辨绝缘子片表面损痕和每片绝缘子连接情况

续表

无人机悬停区域	拍摄部位编号	拍摄部位	无人机拍摄位置	拍摄角度	拍摄质量要求
M	25	极Ⅱ大号侧导线端挂点	面向金具锁紧销安装侧，拍摄金具整体	平/俯视	能够清晰分辨螺栓、螺母、锁紧销等小尺寸金具及防振锤。设备相互遮挡时，采取多角度拍摄。每张照片至少包含一片绝缘子
N	26	小号侧通道	塔身侧方位置拍摄小号通道	平视	能够清晰完整看到杆塔的通道情况，如建筑物、树木、交叉、跨越的线路等
	27	大号侧通道	塔身侧方位置拍摄大号通道	平视	能够清晰完整看到杆塔的通道情况，如建筑物、树木、交叉、跨越的线路等

注：拍摄角度和拍摄图片张数以能够清晰展示所需细节为目标，根据实际作业环境可做适当调整。

（5）交流线路双回直线塔。交流线路双回直线塔无人机巡检路径规划如图10.10所示。

图 10.10　交流线路双回直线塔无人机巡检路径规划

交流线路双回直线塔无人机巡检拍摄规则见表10.8。

表 10.8　　　　　　　交流线路双回直线塔无人机巡检拍摄规则

无人机悬停区域	拍摄部位编号	拍摄部位	无人机拍摄位置	拍摄角度	拍摄质量要求
A	1	塔全貌	从杆塔远处，并高于杆塔，杆塔完全在影像画面里	俯视	塔全貌完整，能够清晰分辨塔材和杆塔角度，主体上下占比不低于全幅80%
B	2	塔头	从杆塔斜上方拍摄	俯视	能够完整看到杆塔塔头

无人机悬停区域	拍摄部位编号	拍摄部位	无人机拍摄位置	拍摄角度	拍摄质量要求
C	3	塔身	杆塔斜上方，略低于塔头拍摄高度	平/俯视	能够看到除塔头及塔基部位的其他结构全貌
D	4	杆号牌	无人机镜头平视或俯视拍摄塔号牌	平/俯视	能清晰分辨杆号牌上线路双重名称
E	5	塔基	走廊正面或侧面面向塔基俯视拍摄	俯视	能够看清塔基附近地面情况
F	6	左回下相导线端挂点	面向金具锁紧销安装侧，拍摄金具整体	平/俯视	能够清晰分辨螺栓、螺母、锁紧销等小尺寸金具及防振锤。设备相互遮挡时，采取多角度拍摄。每张照片至少包含一片绝缘子
	7	左回下相绝缘子	正对绝缘子串，在其中心点以上位置拍摄	平视	需覆盖绝缘子整串，可拍多张照片，最终能够清晰分辨绝缘子片表面损痕和每片绝缘子连接情况
	8	左回下相横担端挂点	与挂点高度平行，小角度斜侧方拍摄	平/俯视	能够清晰分辨螺栓、螺母、锁紧销等小尺寸金具。设备相互遮挡时，采取多角度拍摄。每张照片至少包含一片绝缘子
G	9	左回中相导线端挂点	面向金具锁紧销安装侧，拍摄金具整体	平/俯视	能够清晰分辨螺栓、螺母、锁紧销等小尺寸金具及防振锤。设备相互遮挡时，采取多角度拍摄。每张照片至少包含一片绝缘子
	10	左回中相绝缘子	正对绝缘子串，在其中心点以上位置拍摄	平视	需覆盖绝缘子整串，可拍多张照片，最终能够清晰分辨绝缘子片表面损痕和每片绝缘子连接情况
	11	左回中相横担端挂点	与挂点高度平行，小角度斜侧方拍摄	平/俯视	能够清晰分辨螺栓、螺母、锁紧销等小尺寸金具。设备相互遮挡时，采取多角度拍摄。每张照片至少包含一片绝缘子
H	12	左回上相导线端挂点	面向金具锁紧销安装侧，拍摄金具整体	平/俯视	能够清晰分辨螺栓、螺母、锁紧销等小尺寸金具及防振锤。设备相互遮挡时，采取多角度拍摄。每张照片至少包含一片绝缘子
	13	左回上相绝缘子	正对绝缘子串，在其中心点以上位置拍摄	平视	需覆盖绝缘子整串，可拍多张照片，最终能够清晰分辨绝缘子片表面损痕和每片绝缘子连接情况
	14	左回上相横担端挂点	与挂点高度平行，小角度斜侧方拍摄	平/俯视	能够清晰分辨螺栓、螺母、锁紧销等小尺寸金具。设备相互遮挡时，采取多角度拍摄。每张照片至少包含一片绝缘子

续表

无人机悬停区域	拍摄部位编号	拍摄部位	无人机拍摄位置	拍摄角度	拍摄质量要求
I	15	左回地线	高度与地线挂点平行或以不大于30°角度俯视，小角度斜侧方拍摄	平/俯/仰视	能够判断各类金具的组合安装状态，与地线接触位置铝包带安装状态，清晰分辨锁紧位置的螺母销级物件。设备相互遮挡时，采取多角度拍摄
J	16	右回地线	高度与地线挂点平行或以不大于30°角度俯视，小角度斜侧方拍摄	平/俯/仰视	能够判断各类金具的组合安装状态，与地线接触位置铝包带安装状态，清晰分辨锁紧位置的螺母销级物件。设备相互遮挡时，采取多角度拍摄
K	17	右回上相横担端挂点	与挂点高度平行，小角度斜侧方拍摄	平/俯视	能够清晰分辨螺栓、螺母、锁紧销等小尺寸金具。设备相互遮挡时，采取多角度拍摄。每张照片至少包含一片绝缘子
K	18	右回上相绝缘子	正对绝缘子串，在其中心点以上位置拍摄	平视	需覆盖绝缘子整串，可拍多张照片，最终能够清晰分辨绝缘子片表面损痕和每片绝缘子连接情况
K	19	右回上相导线端挂点	面向金具锁紧销安装侧，拍摄金具整体	平/俯视	能够清晰分辨螺栓、螺母、锁紧销等小尺寸金具及防振锤。设备相互遮挡时，采取多角度拍摄。每张照片至少包含一片绝缘子
L	20	右回中相横担端挂点	与挂点高度平行，小角度斜侧方拍摄	平/俯视	能够清晰分辨螺栓、螺母、锁紧销等小尺寸金具。设备相互遮挡时，采取多角度拍摄。每张照片至少包含一片绝缘子
L	21	右回中相绝缘子	正对绝缘子串，在其中心点以上位置拍摄	平视	需覆盖绝缘子整串，可拍多张照片，最终能够清晰分辨绝缘子片表面损痕和每片绝缘子连接情况
L	22	右回中相导线端挂点	面向金具锁紧销安装侧，拍摄金具整体	平/俯视	能够清晰分辨螺栓、螺母、锁紧销等小尺寸金具及防振锤。设备相互遮挡时，采取多角度拍摄。每张照片至少包含一片绝缘子
M	23	右回下相横担端挂点	与挂点高度平行，小角度斜侧方拍摄	平/俯视	能够清晰分辨螺栓、螺母、锁紧销等小尺寸金具。设备相互遮挡时，采取多角度拍摄。每张照片至少包含一片绝缘子
M	24	右回下相绝缘子	正对绝缘子串，在其中心点以上位置拍摄	平视	需覆盖绝缘子整串，可拍多张照片，最终能够清晰分辨绝缘子片表面损痕和每片绝缘子连接情况

续表

无人机悬停区域	拍摄部位编号	拍摄部位	无人机拍摄位置	拍摄角度	拍摄质量要求
M	25	右回下相导线端挂点	面向金具锁紧销安装侧，拍摄金具整体	平/俯视	能够清晰分辨螺栓、螺母、锁紧销等小尺寸金具及防振锤。设备相互遮挡时，采取多角度拍摄。每张照片至少包含一片绝缘子
N	26	小号侧通道	塔身侧方位置拍摄小号通道	平视	能够清晰完整看到杆塔的通道情况，如建筑物、树木、交叉、跨越的线路等
	27	大号侧通道	塔身侧方位置拍摄大号通道	平视	能够清晰完整看到杆塔的通道情况，如建筑物、树木、交叉、跨越的线路等

注： 拍摄角度和拍摄图片张数以能够清晰展示所需细节为目标，根据实际作业环境可做适当调整。

（6）交流线路双回耐张塔（直流双回耐张塔参照执行）。交流线路双回耐张塔无人机巡检路径规划如图 10.11 所示。

图 10.11　交流线路双回耐张塔无人机巡检路径规划

交流线路双回耐张塔无人机巡检拍摄规则见表 10.9。

表 10.9　　　　　　　　交流线路双回耐张塔无人机巡检拍摄规则

无人机悬停区域	拍摄部位编号	拍摄部位	无人机拍摄位置	拍摄角度	拍摄质量要求
A	1	塔全貌	从杆塔远处，并高于杆塔，杆塔完全在影像画面里	平/俯视	塔全貌完整，能够清晰分辨塔材和杆塔角度，主体上下占比不低于全幅80%
B	2	塔头	从杆塔斜上方拍摄	平/俯视	能够完整看到杆塔塔头
C	3	塔身	杆塔斜上方，略低于塔头拍摄高度	平/俯视	能够看到除塔头及塔基部位的其他结构全貌
D	4	杆号牌	无人机镜头平视或俯视拍摄塔号牌	平/俯视	能清晰分辨杆号牌上线路双重名称
E	5	塔基	走廊正面或侧面面向塔基俯视拍摄	俯视	能够看清塔基附近地面情况，拉线是否连接牢靠
F	6	左回下相小号侧绝缘子导线端挂点	面向金具锁紧销安装侧，拍摄金具整体	平/俯视	能够清晰分辨螺栓、螺母、锁紧销等小尺寸金具及防振锤。设备相互遮挡时，采取多角度拍摄。每张照片至少包含一片绝缘子
F	7	左回下相小号侧绝缘子	正对绝缘子串，在其中心点以上位置拍摄	平视	需覆盖绝缘子整串，可拍多张照片，最终能够清晰分辨绝缘子片表面损痕和每片绝缘子连接情况
F	8	左回下相小号侧绝缘子横担端挂点	挂点高度平行，小角度斜侧方拍摄	平/俯视	能够清晰分辨螺栓、螺母、锁紧销等小尺寸金具。设备相互遮挡时，采取多角度拍摄。每张照片至少包含一片绝缘子
F	9	左回下相大号侧绝缘子横担端挂点	与挂点高度平行，小角度斜侧方拍摄	平/俯视	能够清晰分辨螺栓、螺母、锁紧销等小尺寸金具。设备相互遮挡时，采取多角度拍摄。每张照片至少包含一片绝缘子
F	10	左回下相大号侧绝缘子	正对绝缘子串，在其中心点以上位置拍摄	平视	需覆盖绝缘子整串，可拍多张照片，最终能够清晰分辨绝缘子片表面损痕和每片绝缘子连接情况
F	11	左回下相大号侧绝缘子导线端挂点	与挂点高度平行，小角度斜侧方拍摄	平/俯视	能够清晰分辨螺栓、螺母、锁紧销等小尺寸金具及防振锤。设备相互遮挡时，采取多角度拍摄。每张照片至少包含一片绝缘子
G	12	左回中相小号侧绝缘子导线端挂点	面向金具锁紧销安装侧，拍摄金具整体	平/俯视	能够清晰分辨螺栓、螺母、锁紧销等小尺寸金具及防振锤。设备相互遮挡时，采取多角度拍摄。每张照片至少包含一片绝缘子
G	13	左回中相小号侧绝缘子	正对绝缘子串，在其中心点以上位置拍摄	平视	需覆盖绝缘子整串，可拍多张照片，最终能够清晰分辨绝缘子片表面损痕和每片绝缘子连接情况

无人机悬停区域	拍摄部位编号	拍摄部位	无人机拍摄位置	拍摄角度	拍摄质量要求
G	14	左回中相小号侧绝缘子横担端挂点	与挂点高度平行，小角度斜侧方拍摄	平/俯视	能够清晰分辨螺栓、螺母、锁紧销等小尺寸金具。设备相互遮挡时，采取多角度拍摄。每张照片至少包含一片绝缘子
	15	左回中相大号侧绝缘子横担端挂点	与挂点高度平行，小角度斜侧方拍摄	平/俯视	能够清晰分辨螺栓、螺母、锁紧销等小尺寸金具。设备相互遮挡时，采取多角度拍摄。每张照片至少包含一片绝缘子
	16	左回中相大号侧绝缘子	正对绝缘子串，在其中心点以上位置拍摄	平视	需覆盖绝缘子整串，可拍多张照片，最终能够清晰分辨绝缘子片表面损痕和每片绝缘子连接情况
	17	左回中相大号侧绝缘子导线端挂点	与挂点高度平行，小角度斜侧方拍摄	平/俯视	能够清晰分辨螺栓、螺母、锁紧销等小尺寸金具及防振锤。设备相互遮挡时，采取多角度拍摄。每张照片至少包含一片绝缘子
H	18	左回上相小号缘子导线端挂点侧绝	面向金具锁紧销安装侧，拍摄金具整体	平/俯视	能够清晰分辨螺栓、螺母、锁紧销等小尺寸金具及防振锤。设备相互遮挡时，采取多角度拍摄。每张照片至少包含一片绝缘子
	19	左回上相小号侧绝缘子	正对绝缘子串，在其中心点以上位置拍摄	平视	需覆盖绝缘子整串，可拍多张照片，最终能够清晰分辨绝缘子片表面损痕和每片绝缘子连接情况
	20	左回上相小号侧绝缘子横担端挂点	与挂点高度平行，小角度斜侧方拍摄	平/俯视	能够清晰分辨螺栓、螺母、锁紧销等小尺寸金具。设备相互遮挡时，采取多角度拍摄。每张照片至少包含一片绝缘子
	21	左回上相大号侧绝缘子横担端挂点	与挂点高度平行，小角度斜侧方拍摄	平/俯视	能够清晰分辨螺栓、螺母、锁紧销等小尺寸金具。设备相互遮挡时，采取多角度拍摄。每张照片至少包含一片绝缘子
	22	左回上相大号侧绝缘子	正对绝缘子串，在其中心点以上位置拍摄	平视	需覆盖绝缘子整串，可拍多张照片，最终能够清晰分辨绝缘子片表面损痕和每片绝缘子连接情况
	23	左回上相大号侧绝缘子导线端挂点	与挂点高度平行，小角度斜侧方拍摄	平/俯视	能够清晰分辨螺栓、螺母、锁紧销等小尺寸金具及防振锤。设备相互遮挡时，采取多角度拍摄。每张照片至少包含一片绝缘子

无人机悬停区域	拍摄部位编号	拍摄部位	无人机拍摄位置	拍摄角度	拍摄质量要求
I	24	左回地线挂点	高度与地线挂点平行或以不大于30°角度俯视，小角度斜侧方拍摄	小号侧平视/大号侧平视	能够判断各类金具的组合安装状态，与地线接触位置铝包带安装状态，清晰分辨锁紧位置的螺母销级物件。设备相互遮挡时，采取多角度拍摄
J	25	右回地线挂点	高度与地线挂点平行或以不大于30°角度俯视，小角度斜侧方拍摄	小号侧平视/大号侧平视	能够判断各类金具的组合安装状态，与地线接触位置铝包带安装状态，清晰分辨锁紧位置的螺母销级物件。设备相互遮挡时，采取多角度拍摄
K	26	右回上相小号侧绝缘子导线端挂点	面向金具锁销安装侧，拍摄金具整体	平/俯视	能够清晰分辨螺栓、螺母、锁紧销等小尺寸金具及防振锤。设备相互遮挡时，采取多角度拍摄。每张照片至少包含一片绝缘子
	27	右回上相小号侧绝缘子	正对绝缘子串，在其中心点以上位置拍摄	平视	需覆盖绝缘子整串，可拍多张照片，最终能够清晰分辨绝缘子片表面损痕和每片绝缘子连接情况
	28	右回上相小号侧绝缘子横担端挂点	与挂点高度平行，小角度斜侧方拍摄	平/俯视	能够清晰分辨螺栓、螺母、锁紧销等小尺寸金具。设备相互遮挡时，采取多角度拍摄。每张照片至少包含一片绝缘子
	29	右回上相跳线串横担端挂点	杆塔右回上相跳线绝缘子外侧适当距离处	平/俯视	采取平拍方式针对销钉穿向，拍摄下挂点连接金具；采取俯拍方式拍摄挂点上方螺栓及销钉情况，金具部分应占照片50%空间以上
	30	右回上相跳线绝缘子	杆塔右回上相跳线绝缘子外侧适当距离处	平视	拍摄出绝缘子的全貌，应能够清晰识别每一片伞裙
	31	右回上相跳线串导线端挂点	杆塔右回上相跳线绝缘子外侧适当距离处	小号侧俯视/大号侧俯视	分别位于导线端金具的小号侧及大号侧拍摄2张照片，每张照片应包括从绝缘子末端碗头至重锤片的全景，且金具部分应占照片50%空间以上
	32	右回上相大号侧绝缘子横担端挂点	与挂点高度平行，小角度斜侧方拍摄	平/俯视	能够清晰分辨螺栓、螺母、锁紧销等小尺寸金具。设备相互遮挡时，采取多角度拍摄。每张照片至少包含一片绝缘子
	33	右回上相大号侧绝缘子	正对绝缘子串，在其中心点以上位置拍摄	平视	需覆盖绝缘子整串，可拍多张照片，最终能够清晰分辨绝缘子片表面损痕和每片绝缘子连接情况

无人机悬停区域	拍摄部位编号	拍摄部位	无人机拍摄位置	拍摄角度	拍摄质量要求
K	34	右回上相大号侧绝缘子导线，端挂点	与挂点高度平行，小角度斜侧方拍摄	平/俯视	能够清晰分辨螺栓、螺母、锁紧销等小尺寸金具及防振锤。设备相互遮挡时，采取多角度拍摄。每张照片至少包含一片绝缘子
L	35	右回中相小号侧绝缘子导线端挂点	面向金具锁紧销安装侧，拍摄金具整体	平/俯视	能够清晰分辨螺栓、螺母、锁紧销等小尺寸金具及防振锤。设备相互遮挡时，采取多角度拍摄。每张照片至少包含一片绝缘子
	36	右回中相小号侧绝缘子	正对绝缘子串，在其中心点以上位置拍摄	平视	需覆盖绝缘子整串，可拍多张照片，最终能够清晰分辨绝缘子片表面损痕和每片绝缘子连接情况
	37	右回中相小号侧绝缘子横担端挂点	与挂点高度平行，小角度斜侧方拍摄	平/俯视	能够清晰分辨螺栓、螺母、锁紧销等小尺寸金具。设备相互遮挡时，采取多角度拍摄。每张照片至少包含一片绝缘子
	38	右回中相跳线串横担端挂点	杆塔右回中相跳线绝缘子外侧适当距离处	平/俯视	采取平拍方式针对销钉穿向，拍摄下挂点连接金具；采取俯拍方式拍摄挂点上方螺栓及销钉情况，金具部分应占照片50%空间以上
	39	右回中相跳线绝缘子	杆塔右回中相跳线绝缘子外侧适当距离处	平视	拍摄出绝缘子的全貌，应能够清晰识别每一片伞裙
	40	右回中相跳线串导线端挂点	杆塔右回中相跳线绝缘子外侧适当距离处	小号侧俯视/大号侧俯视	分别位于导线端金具的小号侧及大号侧拍摄2张照片，每张照片应包括从绝缘子末端碗头至重锤片的全景，且金具部分应占照片50%空间以上
	41	右回中相大号侧绝缘子横担端挂点	与挂点高度平行，小角度斜侧方拍摄	平/俯视	能够清晰分辨螺栓、螺母、锁紧销等小尺寸金具。设备相互遮挡时，采取多角度拍摄。每张照片至少包含一片绝缘子
	42	右回中相大号侧绝缘子	正对绝缘子串，在其中心点以上位置拍摄	平视	需覆盖绝缘子整串，可拍多张照片，最终能够清晰分辨绝缘子片表面损痕和每片绝缘子连接情况
	43	右回中相大号侧绝缘子导线端挂点	与挂点高度平行，小角度斜侧方拍摄	平/俯视	能够清晰分辨螺栓、螺母、锁紧销等小尺寸金具及防振锤。设备相互遮挡时，采取多角度拍摄。每张照片至少包含一片绝缘子

续表

无人机悬停区域	拍摄部位编号	拍摄部位	无人机拍摄位置	拍摄角度	拍摄质量要求
M	44	右回下相小号侧绝缘子导线端挂点	面向金具锁紧销安装侧，拍摄金具整体	平/俯视	能够清晰分辨螺栓、螺母、锁紧销等小尺寸金具及防振锤。设备相互遮挡时，采取多角度拍摄。每张照片至少包含一片绝缘子
	45	右回下小号侧绝缘子	正对绝缘子串，在其中心点以上位置拍摄	平视	需覆盖绝缘子整串，可拍多张照片，最终能够清晰分辨绝缘子片表面损痕和每片绝缘子连接情况
	46	右回下相小号侧绝缘子横担端挂点	与挂点高度平行，小角度斜侧方拍摄	平/俯视	能够清晰分辨螺栓、螺母、锁紧销等小尺寸金具。设备相互遮挡时，采取多角度拍摄。每张照片至少包含一片绝缘子
	47	右回下相跳线串横担端挂点	杆塔右回下相跳线绝缘子外侧适当距离处	平/俯视	采取平拍方式针对销钉穿向，拍摄下挂点连接金具；采取俯拍方式拍摄挂点上方螺栓及销钉情况，金具部分应占照片50%空间以上
	48	右回下相跳线绝缘子	杆塔右回下相跳线绝缘子外侧适当距离处	平视	拍摄出绝缘子的全貌，应能够清晰识别每一片伞裙
	49	右回下相跳线串导线端挂点	杆塔右回下相跳线绝缘子外侧适当距离处	小号侧俯视/大号侧俯视	分别位于导线端金具的小号侧及大号侧拍摄2张照片，每张照片应包括从绝缘子末端碗头至重锤片的全景，且金具部分应占照片50%空间以上
	50	右回下相大号侧绝缘子横担端挂点	与挂点高度平行，小角度斜侧方拍摄	平/俯视	能够清晰分辨螺栓、螺母、锁紧销等小尺寸金具。设备相互遮挡时，采取多角度拍摄。每张照片至少包含一片绝缘子
	51	右回下相大号侧绝缘子	正对绝缘子串，在其中心点以上位置拍摄	平视	需覆盖绝缘子整串，可拍多张照片，最终能够清晰分辨绝缘子片表面损痕和每片绝缘子连接情况
	52	右回下相大号侧绝缘子导线端挂点	与挂点高度平行，小角度斜侧方拍摄	平/俯视	能够清晰分辨螺栓、螺母、锁紧销等小尺寸金具及防振锤。设备相互遮挡时，采取多角度拍摄。每张照片至少包含一片绝缘子
N	53	小号侧通道	塔身侧方位置先小号通道，后大号通道	面朝小号侧顺线路方向	能够清晰完整看到杆塔的通道情况，如建筑物、树木、交叉跨越的线路等
O	54	大号侧通道	塔身侧方位置先小号通道，后大号通道	面朝大号侧顺线路方向	能够清晰完整看到杆塔的通道情况，如建筑物、树木、交叉跨越的线路等

注：拍摄角度和拍摄图片张数以能够清晰展示所需细节为目标，根据实际作业环境可做适当调整。

（7）直流线路双回直线塔。直流线路双回直线塔无人机巡检路径规划如图10.12所示。

图 10.12 直流线路双回直线塔无人机巡检路径规划

直流线路双回直线塔无人机巡检拍摄规则见表10.10。

表 10.10   直流线路双回直线塔无人机巡检拍摄规则

无人机悬停区域	拍摄部位编号	拍摄部位	无人机拍摄位置	拍摄角度	拍摄质量要求
A	1	塔全貌	从杆塔远处，并高于杆塔，杆塔完全在影像画面里	俯视	塔全貌完整，能够清晰分辨塔相和杆塔角度，主体上下占比不低于全幅80%
B	2	塔头	从杆塔斜上方拍摄	俯视	能够完整看到杆塔塔头
C	3	塔身	杆塔斜上方，略低于塔头拍摄高度	平/俯视	能够清晰完整看到杆塔下横担至杆号牌平面之间的塔材结构
D	4	杆号牌	无人机镜头平视或俯视拍摄塔号牌	平/俯视	能清晰分辨杆号牌上线路双重名称

续表

无人机悬停区域	拍摄部位编号	拍摄部位	无人机拍摄位置	拍摄角度	拍摄质量要求
E	5	塔基	走廊正面或侧面面向塔基俯视拍摄	俯视	能够看清塔基附近地面情况
F	6	左回极Ⅰ/Ⅱ横担端左挂点	线路外侧杆塔下横担偏下位置正对目标拍摄	仰视	能够清晰分辨螺栓、螺母、销针、锁紧销等小尺寸金具。设备相互遮挡时，采取多角度拍摄
F	7	左回极Ⅰ/Ⅱ左绝缘子串	相应导线上方适当距离拍摄	仰视	需覆盖绝缘子整串，可拍多张照片，最终能够清晰分辨绝缘子表面损痕情况
F	8	左回极Ⅰ/Ⅱ导线端下挂点	相应导线上方适当距离拍摄	俯视	能够清晰分辨螺栓、螺母、锁紧销等小尺寸金具及防振锤。设备相互遮挡时，采取多角度拍摄
F	9	左回极Ⅰ/Ⅱ右绝缘子串	相应导线上方适当距离拍摄	仰视	需覆盖绝缘子整串，可拍多张照片，最终能够清晰分辨绝缘子表面损痕情况
F	10	左回极Ⅰ/Ⅱ横担端右挂点	在本拍摄目标的线路大号侧方向适当距离微仰视	仰视	能够清晰分辨螺栓、螺母、销针、锁紧销等小尺寸金具。设备相互遮挡时，采取多角度拍摄
G	11	左回极Ⅱ/Ⅰ横担端右挂点	在本拍摄目标的线路大号侧方向适当距离微仰视	仰视	能够清晰分辨螺栓、螺母、销针、锁紧销等小尺寸金具。设备相互遮挡时，采取多角度拍摄
G	12	左回极Ⅱ/Ⅰ右绝缘子串	相应导线上方适当距离拍摄	仰视	需覆盖绝缘子整串，可拍多张照片，最终能够清晰分辨绝缘子表面损痕情况
G	13	左回极Ⅱ/Ⅰ导线端下挂点	相应导线上方适当距离拍摄	俯视	能够清晰分辨螺栓、螺母、锁紧销等小尺寸金具及防振锤。设备相互遮挡时，采取多角度拍摄
G	14	左回极Ⅱ/Ⅰ左绝缘子串	相应导线上方适当距离拍摄	仰视	需覆盖绝缘子整串，可拍多张照片，终能够清晰分辨绝缘子表面损痕情况
G	15	左回极Ⅱ/Ⅰ横担端左挂点	线路外侧杆塔上横担偏下位置正对目标拍摄	仰视	能够清晰分辨螺栓、螺母、销针、锁紧销等小尺寸金具。设备相互遮挡时，采取多角度拍摄
H	16	左侧地线（光缆）	线路外侧杆塔羊角偏下位置正对目标拍摄	平拍	能够判断各类金具的组合安装状态，与地线接触位置铝包带安装状态，清晰分辨螺栓、螺母、销针等小尺寸金具及防振锤。设备相互遮挡时，采取多角度拍摄

无人机悬停区域	拍摄部位编号	拍摄部位	无人机拍摄位置	拍摄角度	拍摄质量要求
I	17	右侧地线（光缆）	线路外侧杆塔羊角偏下位置正对目标拍摄	平拍	能够判断各类金具的组合安装状态，与地线接触位置铝包带安装状态，清晰分辨螺栓、螺母、销针等小尺寸金具及防振锤。设备相互遮挡时，采取多角度拍摄
J	18	右回极Ⅰ/Ⅱ横担端右挂点	线路外侧杆塔上横担偏F位置正对目标拍摄	仰视	能够清晰分辨螺栓、螺母、销针、锁紧销等小尺寸金具。设备相互遮挡时，采取多角度拍摄
	19	右回极Ⅰ/Ⅱ右绝缘子串	相应导线上方适当距离拍摄	仰视	需覆盖绝缘子整串，可拍多张照片，最终能够清晰分辨绝缘子表面损痕情况
	20	右回极Ⅰ/Ⅱ导线端下挂点	相应导线上方适当距离拍摄	俯视	能够清晰分辨螺栓、螺母、锁紧销等小尺寸金具及防振锤。设备相互遮挡时，采取多角度拍摄
	21	右回极Ⅰ/Ⅱ左绝缘子串	相应导线上方适当距离拍摄	仰视	需覆盖绝缘子整串，可拍多张照片，最终能够清晰分辨绝缘子表面损痕情况
	22	右回极Ⅰ/Ⅱ横担端左挂点	线路外侧杆塔上横担偏F位置正对目标拍摄	仰视	能够清晰分辨螺栓、螺母、销针、锁紧销等小尺寸金具。设备相互遮挡时，采取多角度拍摄
K	23	右回极Ⅱ/Ⅰ横担端左挂点	线路外侧杆塔上横担偏下位置正对目标拍摄	仰视	能够清晰分辨螺栓、螺母、销针、锁紧销等小尺寸金具。设备相互遮挡时，采取多角度拍摄
	24	左回极Ⅱ/Ⅰ左绝缘子串	相应导线上方适当距离拍摄	仰视	需覆盖绝缘子整串，可拍多张照片，终能够清晰分辨绝缘子表面损痕情况
	25	右回极Ⅱ/Ⅰ导线端下挂点	相应导线上方适当距离拍摄	俯视	能够清晰分辨螺栓、螺母、锁紧销等小尺寸金具及防振锤。设备相互遮挡时，采取多角度拍摄
	26	右回极Ⅱ/Ⅰ右绝缘子串	相应导线上方适当距离拍摄	仰视	需覆盖绝缘子整串，可拍多张照片，最终能够清晰分辨绝缘子表面损痕情况
	27	右回极Ⅱ/Ⅰ横担端右挂点	线路外侧杆塔上横担位置正对目标拍摄	仰视	能够清晰分辨螺栓、螺母、销针、锁紧销等小尺寸金具。设备相互遮挡时，采取多角度拍摄
L	28	小号侧通道	塔身侧方位置拍摄小号通道	平视	能够清晰完整看到杆塔的通道情况，如建筑物、树木、交叉、跨越的线路等
	29	大号侧通道	塔身侧方位置拍摄大号通道	平视	能够清晰完整看到杆塔的通道情况，如建筑物、树木、交叉、跨越的线路等

10.2.6 图像及视频采集标准

多旋翼无人机开展本体精细化巡检时，其图像采集内容包括杆塔及基础各部位、导地线、附属设施、大小号侧通道等；采集的图像应清晰，可准确辨识销钉级缺陷，拍摄角度合理。拍摄要求见表 10.11。

表 10.11 拍 摄 要 求

序号	采集部位			拍摄要求	应能反映的缺陷内容
1	塔（杆）标识标牌			拍摄杆塔左右标识标牌（可多块在同一张照片，也可单独拍摄）	标识标牌缺失、损坏、字迹或颜色不清、严重锈蚀等
2	基面及塔腿			从 A-B、B-C、C-D、D-A 四个面分别拍摄基面及塔腿全貌	回填土下沉或缺土、水淹、冻胀、堆积杂物；基础破损酥松、裂纹、露筋、下沉、上拔、保护帽破损；接地引下线断裂、松脱、严重锈蚀外露、雷电烧痕；防洪、排水、基础保护设施坍塌、淤堵、破损等
3	塔头			从线路大、小号侧分别拍摄塔头全貌	塔材及地线支架明显变形和受损、塔材缺失、严重锈蚀导地线掉串掉线、悬挂异物等
4	塔身			整体或分段拍摄 A-B、B-C、C-D、D-A 四个面全貌（不同面可分别拍摄，也可多面拍摄一张照片）	塔材明显变形、受损和缺失；严重锈蚀悬挂异物等
5	全塔			从大号、小号侧分别拍摄杆塔全貌	主材明显变形、杆塔倾斜悬挂异物、导地线掉串掉线等
6	每串绝缘子串	绝缘子串导线端	耐张串	近似垂直导线方向上、下、左、右分别拍摄；每张照片均应包括所有线夹、金具螺栓，且每串不少于 2 片绝缘子	导地线从线夹抽出；线夹断裂裂纹、磨损；螺栓及螺帽松动、缺失；连接板、连接环调整板损伤、裂纹；销钉脱落或严重锈蚀，连接点塔材变形；绝缘子弹簧销缺失、钢帽裂纹、断裂，钢脚严重锈蚀或破损等
			悬垂串	近似垂直导线方向上、下、左、右分别拍摄；每张照片均应包括所有线夹、金具螺栓，且每串不少于 2 片绝缘子	导线滑移、线夹断裂、裂纹磨损；螺栓及螺帽松动、缺失；连接板、连接环调整板损伤、裂纹；销钉脱落或严重锈蚀，连接点塔材变形；绝缘子弹簧销缺失、钢帽裂纹、断裂，钢脚严重锈蚀或破损等
		绝缘子串挂点	耐张串	近似垂直导线方向上、下、左、右分别拍摄；每张照片均应包括所有线夹、金具螺栓，且每串不少于 2 片绝缘子	螺栓及螺帽松动，缺失；连接板、连接环调整板损伤、裂纹；销钉脱落或严重锈蚀，连接点塔材变形；绝缘子弹簧销缺失、钢帽裂纹、断裂，钢脚严重锈蚀或破损等

续表

序号	采集部位		拍摄要求	应能反映的缺陷内容
6	每串绝缘子串	绝缘子串挂点 悬垂串	近似垂直导线方向上、下、左、右分别拍摄；每张照片均应包括所有线夹、金具螺栓，且每串不少于 2 片绝缘子	螺栓及螺帽松动，缺失；连接板、连接环调整板损伤、裂纹；销钉脱落或严重锈蚀，连接点塔材变形；绝缘子弹簧销缺失，钢帽裂纹、断裂，钢脚严重锈蚀或破损等
		耐张串	近似垂直导线方向上、下、左、右分别拍摄；每张照片均应包括整个绝缘子串	伞裙破损、重污秽、有放电痕迹；弹簧销缺损；钢帽裂纹、断裂；钢脚严重锈蚀或破损；绝缘子串顺线路方向倾斜角过大；绝缘子自爆等
		悬垂串	近似垂直导线方向左、右分别拍摄；每张照片均应包括整个绝缘子串	伞裙破损、重污秽、有放电痕迹；弹簧销缺损；钢帽裂纹、断裂；钢脚严重锈蚀或破损；绝缘子串顺线路方向倾斜角过大；绝缘子自爆等
7	每串地线或光纤金具串	耐张串	近似垂直地线方向内、外分别拍摄；拍摄内容应包括整个金具串及连接的地线、塔材	地线从线夹抽出；线夹断裂、裂纹磨损；螺栓及螺帽松动，缺失；连接板、连接环调整板损伤、裂纹；销钉脱落或严重锈蚀，连接点塔材变形
		直线串	近似垂直地线方向内、外分别拍摄；拍摄内容应包括整个金具串及连接的地线、塔材	地线滑移，线夹断裂、裂纹磨损；螺栓及螺帽松动，缺失；连接板、连接环调整板损伤、裂纹；销钉脱落或严重锈蚀，连接点塔材变形等
8	每根引线流		近似垂直地线方向内、外分别拍摄；每个方向可多张拍摄或只拍 1 张；每个方向拍摄的内容汇总后应包括引流线两端线夹及之间的所有导线	引流线松股、散股、断股、表层受损、断线、放电烧伤分裂导线扭绞，间隔棒松脱、变形或离位等
9	每处防振锤		近似垂直地线方向内、外分别拍摄；每个方向可多张拍摄或只拍 1 张；每个方向拍摄的内容汇总后应包括所有防振锤	防振锤跑位、脱落、严重锈蚀、阻尼线变形，烧伤等
10	每相导线、地线 OPGW		至少从两个方向拍摄分段拍摄，每相拍摄内容汇总后应包括整根导线（地线、OPGW）及所有间隔棒	散股、断股、损伤、断线、放电烧伤、悬挂漂浮物、严重锈蚀；分裂导线扭绞、覆冰；间隔棒松脱、变形或离位等

续表

序号	采集部位	拍摄要求	应能反映的缺陷内容
11	每个附属设施	附属设施包括各种防雷、防鸟、在线监测装置；每个附属设施至少从两个方向拍摄全貌	防雷设置破损、变形、引线松脱，螺栓松脱，销钉脱落或严重锈蚀，放电间隙变化、烧伤、计数器动作情况等。防鸟装置缺失、破损、变形、螺栓松脱销钉脱落或严重锈蚀等；在线监测装置外观损坏、引线松脱、螺栓松脱、销钉脱落或严重锈蚀等
12	大小号侧通道	本基杆塔下相导线侧面分别拍摄大、小号侧顺线路方向分别至下一基杆塔的通道整体情况	通道内建（构筑物、鱼塘、水库、农田、树竹生长、施工作业情况；周边及跨越的电力及通信线路、道路、铁路、索道、管道情况；地质情况等）

注：若一张照片上包含了多个采集对象，且拍摄质量满足辨识要求，可不再对每个对象分别拍摄。

10.2.7 航线规划

下载一张某条线路某个区段的地理图，在上面绘制起降点、巡检航线以及备注特殊点（如高速公路、高铁、通航河流、110kV 及以上等重要交跨、房屋等）。

已经实际飞行的航线应及时存档，并标注特殊区段信息（线路施工、工程建设及其他影响飞行安全的区段），建立巡检作业航线库。航线库应根据作业实际情况及时更新。

航线规划步骤如下：

第一步，通过导入任务段杆塔的 GPS 数据信息，生成基本任务点，包括原路返航的航点。

第二步，添加起降航线，根据飞行器自身性能和起降场实际环境的不同，有针对地绘制起降航线，旋爬升降落或者是人工绘制四边航线，同时应注意设定的飞行器转弯半径。

第三步，在基本任务点的头尾都需增加一个过渡点，它必须在相邻两个任务点的延长线上，目的是使飞行器能够顺利地从头尾两个任务点的上方飞过，避免因飞行器预转弯而造成了这两个任务点的遗漏。

第四步，在最后一个基本任务点和返航航点之间添加个四边转向航线。

第五步，航线规划完成后，分别点击"查看飞行计划"与"离线高程预览"仔细核对各航点设置是否正确。

10.2.8 航前检查

（1）应确认当地气象条件是否满足所用无人机巡检系统起飞、飞行和降落的技术指标要求；掌握航线所经地区气象条件，判断是否对无人机巡检系统的安全飞行构成威胁。若不满足要求或存在较大安全风险，工作负责人可根据情况间断工作、临时中断工作或终结本次工作。

（2）应检查起飞和降落点周围环境，确认满足所用无人机巡检系统的技术指标要求。

（3）每次放飞前，应对无人机巡检系统的动力系统、导航定位系统、飞控系统、通信链路、任务系统等进行检查。当发现任一系统出现不适航状态，应认真排查原因、修复，在确保安全可靠后方可放飞。

（4）每次放飞前，应进行无人机巡检系统的自检。若自检结果中有告警或故障信息，应认真排查原因、修复，在确保安全可靠后方可放飞。

10.2.9　航巡监控

（1）各型无人机巡检系统的飞行高度、速度等应满足该机型技术指标要求，且满足巡检质量要求。

（2）无人机巡检系统放飞后，宜在起飞点附近进行悬停或盘旋飞行，作业人员确认系统工作正常后方可继续执行巡检任务。否则，应及时降落，排查原因、修复，在确保安全可靠后方可再次放飞。

（3）程控手应始终注意观察无人机巡检系统发动机或电机转速、电池电压、航向、飞行姿态等遥测参数，判断系统工作是否正常。如有异常，应及时判断原因，采取应对措施。

（4）操控手应始终注意观察无人机巡检系统飞行姿态，发动机或电机运转声音等信息，判断系统工作是否正常。如有异常，应及时判断原因，采取应对措施。

（5）采用自主飞行模式时，操控手应始终掌控遥控手柄，且处于备用状态，注意按程控手指令进行操作，操作完毕后向程控手汇报操作结果。在目视可及范围内，操控手应密切观察无人机巡检系统飞行姿态及周围环境变化，突发情况下，操控手可通过遥控柄立即接管控制无人机巡检系统的飞行，并向程控手汇报。

（6）采用增稳或手动飞行模式时，程控手应及时向操控手通报无人机巡检系统发动机或电机转速、电池电压、航迹、飞行姿态、速度及高度等遥测信息。当无人直升机巡检系统飞行中出现链路中断故障，巡检系统可原地悬停等候 1～5min，待链路恢复正常后继续执行巡检任务。若链路仍未恢复正常，可采取沿原飞行轨迹返航或升高至安全高度后返航的安全策略。

（7）无人机巡检系统飞行时，程控手应密切观察无人机巡检系统飞行航迹是否符合预设航线。当飞行航迹偏离预设航线时，应立即采取措施控制无人机巡检系统按预设航线飞行，并再次确认无人机巡检系统飞行状态正常可控。否则，应立即采取措施控制无人机巡检系统返航或就近降落，待查明原因，排除故障并确认安全可靠后，方可重新放飞执行巡检作业。

（8）各相关作业人员之间应保持信息畅通。

10.2.10　航后检查

（1）当天巡检作业结束后，应按所用无人机巡检系统要求进行检查和维护工作，对外观及关键零部件进行检查。

（2）当天巡检作业结束后，应清理现场，核对设备和工器具清单，确认现场无遗漏。

10-4
精细化巡
检题库

10.3　通　道　巡　检

10.3.1　技术与应用

1. 可见光照片拍摄

采用可见光对线路通道等影响线路周边运行的环境开展巡检任务，在获取高清图像后，可以获知线路通道环境状态信息、线路设备定位信息，再通过专业图像后期处理对图像进行拼接，可对其进行标注，做进一步分析确认。

2. 倾斜摄影（多角度照相测距）技术

无人机多角度影像三维重建技术是计算机图形及遥感领域近年发展起来的一项新兴技术，通过无人机飞行平台搭载单相机或多相机，在空中多个角度获取通道走廊高分辨率影像，由三维处理软件对通道完整准确的信息进行处理可自动生成通道走廊场景三维模型。快速高效的作业流程及逼真的场景还原效果，使多角度影像技术在通道巡检领域具有广阔的应用前景。

3. 激光扫描三维成像技术

在小范围、时效性要求较高的通道巡检工作中，可使用搭载小型激光雷达的小型消费级旋翼无人机，进行通道巡检作业。虽然其测量距离有限，仅有 20～30m，但其可通过激光雷达实现导航、避碰、测距等多重功能，能获得带电体安全领域范围内的各类危险点空间距离信息，以其信息采集作业和数据处理过程迅速，应用成本低的优势特点，更适合于在基层班组配置。

10.3.2　固定翼无人机线路通道巡检要求及范围

无人机通道巡检里程长，照片拍摄连续性要求高，固定翼无人机具备飞行时间长、飞行速度快等特点，相比旋翼无人机，使用固定翼无人机进行通道巡检更具有经济性和时效性。

开展通道巡检，固定翼无人机进行架空线路通道、周边环境、沿线交跨、施工作业等情况拍摄高清航片和采集线路数据，及时发现和掌握线路通道环境的动态变化情况。在重点线路、运行情况不佳的老旧线路、缺陷频发线路、易受外力破坏区线路、树竹易长区线路、偷盗多发区线路、采动影响线路、易建房区线路应加强巡检力度，或建立固定翼无人机常态化巡检机制。固定翼无人机架空线路通道巡检内容见表 10.12。

表 10.12　　　　　　　固定翼无人机架空线路通道巡检内容

巡检对象	巡　检　内　容
建（构）筑物	有无违章建筑，导线与建（构）筑物安全距离不足等
树木（竹林）	树木（竹林）与导线安全距离是否充足等
施工作业	线路下方或附近有无危及线路安全的施工作业等
火灾	路附近有无烟火现象、有无易燃易爆物堆积等
交叉跨越	有无新建或改建电力、通信线路、道路、铁路、索道、管道等

10-5
通道巡检
技术与应用

续表

巡检对象	巡检内容
防洪、排水、基础保护设施	有无坍塌、淤堵、破损等
自然灾害	有无地震、洪水、泥石流、山体滑坡等引起通道环境变化
道路桥梁	巡线道、桥梁有无损坏等
污染区	是否出现新的污染源或污染加重等
采动影响区	有无裂纹、塌陷等情况

10.3.3　通道树障测距

目前，输电线路通道树障测距可采用激光扫描和可见光两种方法。

激光扫描树障测距是通过无人机搭载激光雷达对线路通道进行三维建模（图 10.13），并对电力导线和植被进行不同颜色的渲染，明确导线和线下树木的绝对坐标，从而获取线路和树木之间的精确距离。

图 10.13　输电线路通道激光三维建模

目前，激光树障测距测量精度高，高程误差仅为 ±10cm，且后续数据处理速度快，但经济成本较高，在经济欠发达的地区推广较难。可见光树障测距成本低廉，但数据处理耗时多，且测量精度较低，不利于树障隐患的及时发现和管控。两种方法对比情况见表 10.13。

表 10.13　　　　　　　两 种 方 法 对 比 情 况

测距方法	设备成本	测试精度	人工操作	数据处理
激光	高	高	复杂	耗时短
可见光	低	低	简单	耗时长

随着无人机技术的不断发展和推广，激光树障测距的优势会越来越突出，将越来越得到电力公司的青睐。

10.3.4　通道巡检的优点

传统人工巡检方式安全风险大，人员规模难以满足设备持续增长需求。输电线路所处地形千差万异沟壑密布。人工巡视面临的环境，有的一马平川，有的横跨高山峻岭，有的丘陵多变，有的危险系数较高、巡视质量差，人工巡视、登塔检查死角多，资料留存度低，不方便设备管理。另外，线路特殊巡视夜间交叉和诊断性巡视监察性巡视以及线路检测大修技改等工作与线路每月一次的巡视工作有冲突，导致线路巡视周期延长，而采用无人机通道巡检可以很好地解决以上问题。

10－6
通道巡检
题库

第11章 基于杆塔数字化台账快速建模的无人机自主巡检作业技术（VBA）

11-1
基于杆塔
数字化台
账快速建
模的无人
机自主巡
检作业技
术（VBA）

本章介绍了全自主无人机电力精细化巡检技术，该技术可根据不同电压等级、不同塔型，科学地规划巡视路径、拍摄位置、角度和安全点，进而控制无人机进行拍照和录制，为运行管理提供图片清晰、位置描述准确的影像资料，提高了工作效率和质量，减轻了工作负担，使巡检工作更加科学全面。

11-2
现场采集
界面

11.1 软件安装与资料标准化

11.1.1 电脑端软件安装及资料标准化

（1）解压"无人机综合应用系统.rar"于电脑任意位置。电脑端软件安装效果如图11.1所示。

图 11.1 电脑端软件安装效果图

（2）卸载 Microsoft Office 及 WPS 系列办公软件，安装 Microsoft Office 2003。

（3）为方便全自主无人机电力精细化巡检技术资料的使用和管理，将其归纳、整理为电脑端和移动端文件夹，如图11.2和图11.3所示。

11.1.2 移动端软件安装

（1）安装最新版辽宁_M4.13.1.apk，首次使用需登录大疆账号。

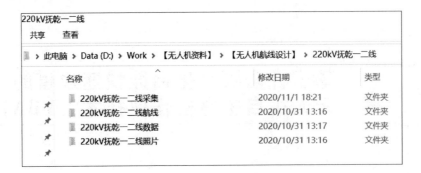

图 11.2　电脑端文件夹

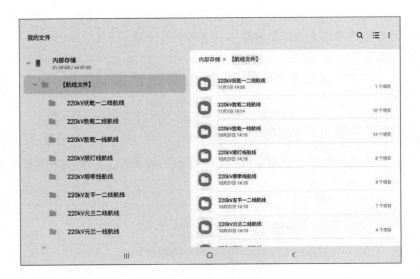

图 11.3　移动端文件夹

（2）安装最新版 DJI Pilot. apk。

（3）安装最新版 WPS Office. apk。

11.2　无人机的选取与参数设定

（1）选择：精细巡视、机场与杆塔 WGS—84 坐标采集、人工示教、杆塔参数测量时必须选取带有网络 RTK 功能的无人机。通道巡视等对精度要求不高的模式可以采用普通无人机，优先使用带有网络 RTK 功能的无人机。

（2）检查：无人机固件为最新、指南针无异常、遥控器处于 P 档位。

（3）设置：照片格式设置为最大尺寸，比例为 3∶2，类型选 JPG。

（4）设置：云台模式为跟随模式，云台俯仰限位扩展关闭，云台俯仰缓启/停＝0。

11.3 机场及杆塔 WGS—84 坐标的采集与提取

11－3
中心点照
片 GPS
提取

1. 机场的选择与记录

（1）无人机的机场在地表面（不可起飞），要选择网络信号良好的地方。

（2）机场周围应无遮挡，远离人口密集区，避开重要建筑物、特殊区域，保证无人机安全起降。

（3）宜选择能看见飞行起始杆塔的位置。

（4）选择机场，6～10 基杆塔 1 个，两机场相距 5km 以内，条件允许时尽量多选机场。

（5）机场需距离杆塔 30m 以上。

（6）打开移动端软件，启用 RTK，切换至测量状态，输入机场名称及编号，按下"机场坐标"按钮，机场自动记录完成，同时自动拍摄 1 张照片留用。文件格式为 xls，保存在移动端"内部储存/Android/data/com. dji. sdk. sample/cache/机场坐标文件"中，拍摄的 1 张照片保存在无人机 TF 卡中。

机场采集界面及机场坐标文件位置，如图 11.4 和图 11.5 所示。

图 11.4　机场采集界面

2. 杆塔 WGS—84 坐标的采集与提取

（1）打开移动端软件，启用 RTK，切换至测量状态。

（2）启动无人机，爬升到安全飞行高度后，向待采集杆塔飞行。

（3）在屏幕上输入线路名称及杆号，选择架设方式。

（4）操控无人机在杆塔顶部中心点上方 5～9m 处悬停，云台调至 90°，点击"中心坐标"按钮，记录杆塔中心坐标，同时自动拍摄 1 张照片留用。杆塔中心坐标采集，如图 11.6 所示。

（5）操控无人机在杆塔左（右）侧与塔头平行，距横担端点 5～10m 处悬停，云台调至 0°，点击"测量 H"按钮，点击"HE"按钮，记录杆塔高度，同时自动拍摄 1 张照片留用。杆塔高度采集如图 11.7 所示。

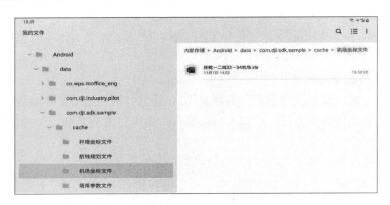

图 11.5　机场坐标文件位置

图 11.6　杆塔中心坐标采集

图 11.7　杆塔高度采集

（6）点击"保存数据"按钮，即可生成包含杆塔 WGS—84 坐标的数据表，格式为 xls，保存在移动端"内部储存/Android/data/com.dji.sdk.sample/cache/杆塔坐标文件"中，拍摄的 2 张照片保存在无人机 TF 卡中。生成杆塔 WGS—84 坐标文件，如图 11.8 和图 11.9 所示。

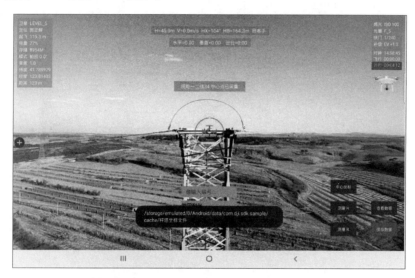

图 11.8　生成杆塔 WGS—84 坐标文件

图 11.9　杆塔坐标文件位置

11.4　内业——全自主精细化飞行巡检航线制作

11.4.1　机场及杆塔数据汇总（方法一）

（1）机场及杆塔照片归纳、整理，如图 11.10～图 11.12 所示。

图 11.10　杆塔正上方照片

图 11.11　杆塔左侧照片

图 11.12　机场照片

　　将整条线路采集到的照片分类储存到"中心点照片""机场、侧方位照片"文件夹中，确保中心点文件夹中起始杆塔文件名为最小号 DJI_0000.JPG，其余原始照片不可修改文件名。照片储存位置，如图 11.13～图 11.15 所示。

图 11.13　照片储存位置

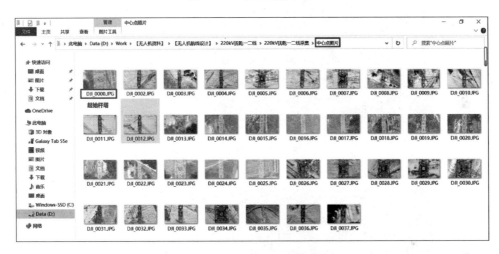

图 11.14　中心点照片储存位置

图 11.15　机场、侧方位照片储存位置

（2）对采集的照片提取 GPS 信息。使用无人机综合应用系统软件，鼠标左键将图片文件夹拖入软件对话框，回车提取。提取结果在原文件夹内，自动命名为"GPS 信息.xls"。首先提取中心点照片"GPS 信息.xls"，然后提取全部照片"GPS 信息.xls"。在提取后原文件夹内的照片不得改动，文件夹不得移动其他位置。照片提取 GPS 信息如图 11.16 和图 11.17 所示。

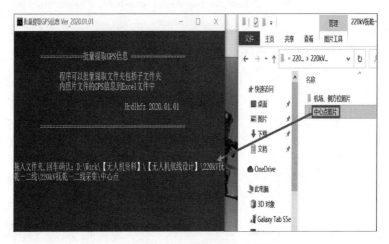

图 11.16　中心点照片 GPS 提取

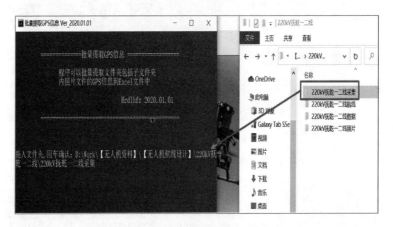

图 11.17　全部照片 GPS 提取

（3）提取标准坐标。将提取的 GPS 坐标使用无人机综合应用系统软件进行下一步提取，步骤如下：

1）点击"坐标管理"按钮后，点击"导入照片"按钮，将提取的中心点照片文件夹里的"GPS 信息.xls"导入，操作界面如图 11.18～图 11.20 所示。

2）导入后点击"线路自动编号"按钮，如图 11.21 所示。

3）点击"自动编号"按钮后，系统将自动根据坐标采集照片信息对照片进行自动编号，并以 Excel 表格形式存储在"无人机综合应用系统——中心坐标"文件夹中，将杆塔全高及杆塔型号等信息录入中心坐标中保存即可，如图 11.22 所示。

图 11.18　坐标管理

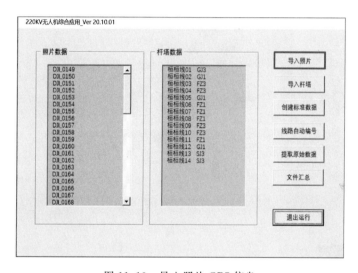

图 11.19　导入照片 GPS 信息

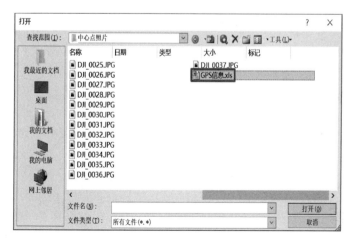

图 11.20　导入中心点照片 GPS 信息

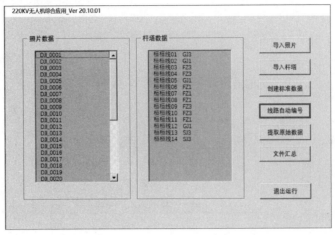

（a）编号1

（b）编号2

图 11.21　线路自动编号

图 11.22　生成中心坐标

4）再次使用无人机综合应用系统软件，点击"导入照片"按钮，将提取的全部照片文件夹里的"GPS信息.xls"导入。点击"导入杆塔"按钮即导入上一步完成的中心坐标。点击"创建标准数据"按钮，系统将自动将照片信息匹配到相应杆塔上，并以 Excel 表格形式存储在"无人机综合应用系统——标准坐标"文件夹中。将子表格"杆塔坐标"里的内容粘贴到"SJ01_杆塔模板_2020.xls"中，将子表格"增补机场"里的内容粘贴到"SJ02_机场模板_2020.xls"中。将整理好的文件存储到"××kV××线数据"文件夹中。操作步骤截图，如图 11.23～图 11.29 所示。

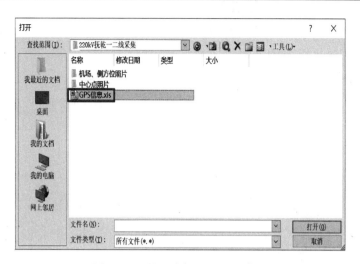

图 11.23 导入全部照片 GPS 信息

图 11.24 导入杆塔中心坐标

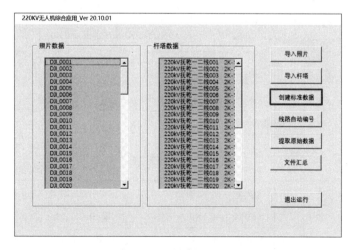

图 11.25 创建标准数据

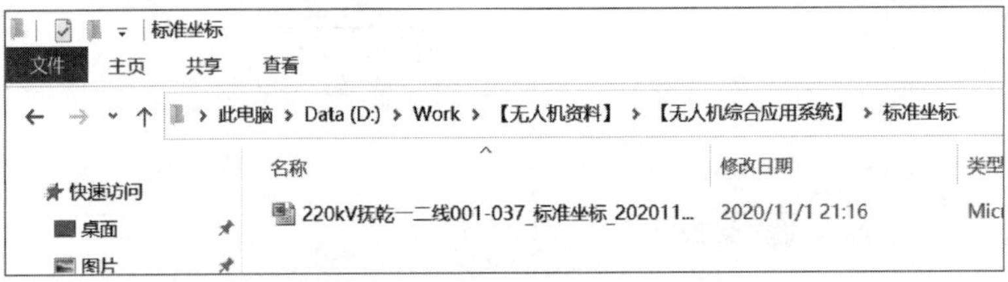

图 11.26　生成标准坐标

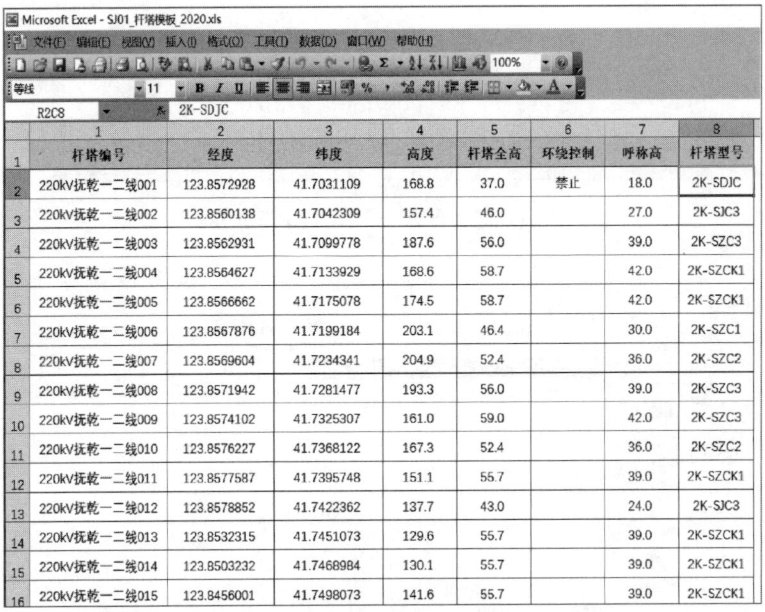

Microsoft Excel - SJ01_杆塔模板_2020.xls

R2C8　2K-SDJC

	1	2	3	4	5	6	7	8
1	杆塔编号	经度	纬度	高度	杆塔全高	环绕控制	呼称高	杆塔型号
2	220kV抚乾一二线001	123.8572928	41.7031109	168.8	37.0	禁止	18.0	2K-SDJC
3	220kV抚乾一二线002	123.8560138	41.7042309	157.4	46.0		27.0	2K-SJC3
4	220kV抚乾一二线003	123.8562931	41.7099778	187.6	56.0		39.0	2K-SZC3
5	220kV抚乾一二线004	123.8564627	41.7133929	168.6	58.7		42.0	2K-SZCK1
6	220kV抚乾一二线005	123.8566662	41.7175078	174.5	58.7		42.0	2K-SZCK1
7	220kV抚乾一二线006	123.8567876	41.7199184	203.1	46.4		30.0	2K-SZC1
8	220kV抚乾一二线007	123.8569604	41.7234341	204.9	52.4		36.0	2K-SZC2
9	220kV抚乾一二线008	123.8571942	41.7281477	193.3	56.0		39.0	2K-SZC3
10	220kV抚乾一二线009	123.8574102	41.7325307	161.0	59.0		42.0	2K-SZC3
11	220kV抚乾一二线010	123.8576227	41.7368122	167.3	52.4		36.0	2K-SZC2
12	220kV抚乾一二线011	123.8577587	41.7395748	151.1	55.7		39.0	2K-SZCK1
13	220kV抚乾一二线012	123.8578852	41.7422362	137.7	43.0		24.0	2K-SJC3
14	220kV抚乾一二线013	123.8532315	41.7451073	129.6	55.7		39.0	2K-SZCK1
15	220kV抚乾一二线014	123.8503232	41.7468984	130.1	55.7		39.0	2K-SZCK1
16	220kV抚乾一二线015	123.8456001	41.7498073	141.6	55.7		39.0	2K-SZCK1

图 11.27　标准坐标子表格杆塔坐标粘贴到杆塔模板中

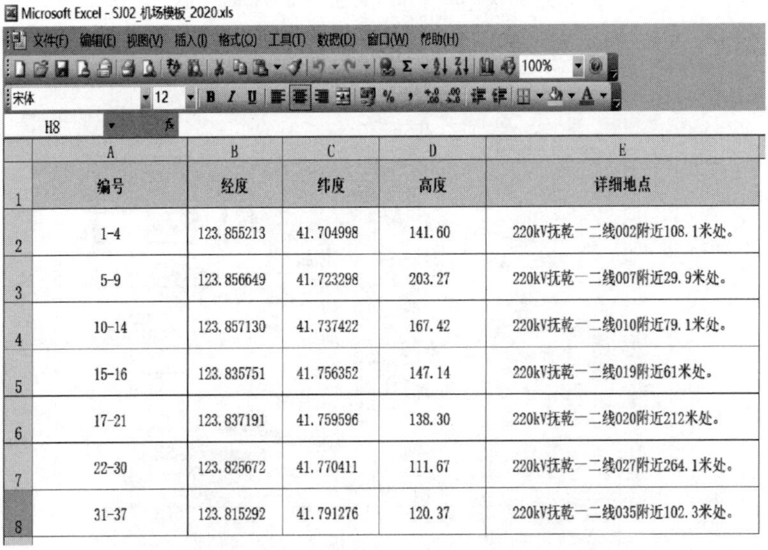

Microsoft Excel - SJ02_机场模板_2020.xls

H8

	A	B	C	D	E
1	编号	经度	纬度	高度	详细地点
2	1-4	123.855213	41.704998	141.60	220kV抚乾一二线002附近108.1米处。
3	5-9	123.856649	41.723298	203.27	220kV抚乾一二线007附近29.9米处。
4	10-14	123.857130	41.737422	167.42	220kV抚乾一二线010附近79.1米处。
5	15-16	123.835751	41.756352	147.14	220kV抚乾一二线019附近61米处。
6	17-21	123.837191	41.759596	138.30	220kV抚乾一二线020附近212米处。
7	22-30	123.825672	41.770411	111.67	220kV抚乾一二线027附近264.1米处。
8	31-37	123.815292	41.791276	120.37	220kV抚乾一二线035附近102.3米处。

图 11.28　标准坐标子表格增补机场粘贴到机场模板中

图 11.29　文件存放位置

11.4.2　机场及杆塔数据汇总（方法二）

该功能需经专门培训后的专业人员使用。

1. 汇总机场数据

将整条线路的机场坐标数据存放至同一个文件夹，打开电脑端无人机综合应用系统，点击"坐标管理"按钮，点击"文件汇总"按钮，选择任意一个文件，即可将文件夹下的所有机场坐标数据全部汇总。杆塔坐标数据汇总方法同上，汇总后的机场数据存放至"SJ02_机场模板_2020.xls"中，杆塔数据存放至"SJ01_杆塔模板_2020.xls"。操作步骤截图，如图 11.30～图 11.34 所示。

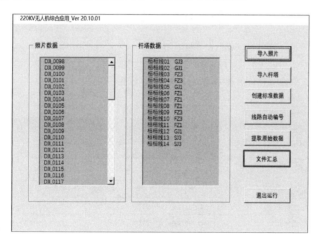

图 11.30　文件汇总

图 11.31　机场坐标文件汇总

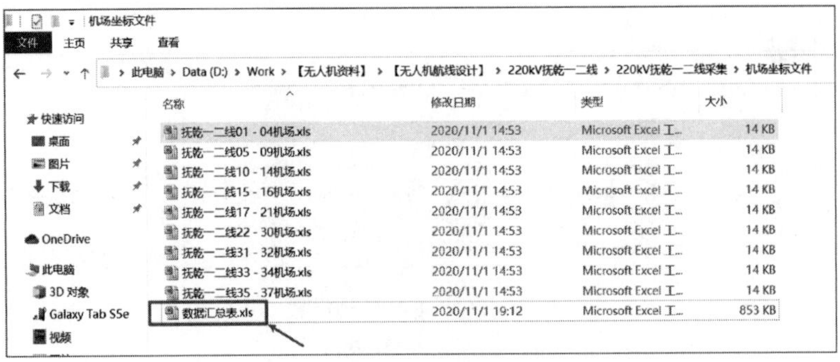

图 11.32　自动生成数据汇总表

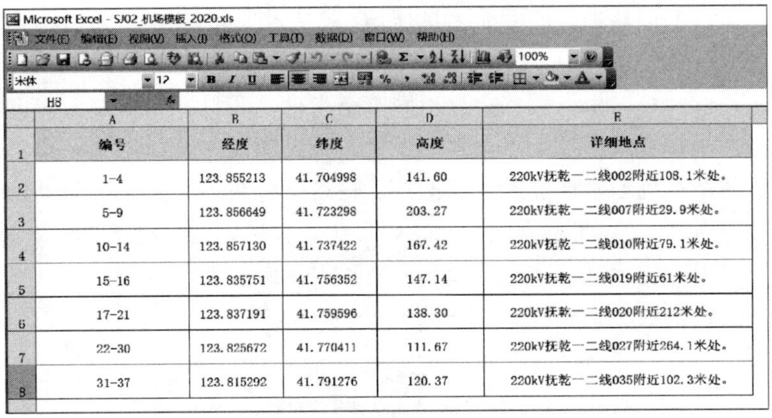

编号	经度	纬度	高度	详细地点
1-4	123.855213	41.704998	141.60	220kV抚乾一二线002附近108.1米处。
5-9	123.856649	41.723298	203.27	220kV抚乾一二线007附近29.9米处。
10-14	123.857130	41.737422	167.42	220kV抚乾一二线010附近79.1米处。
15-16	123.835751	41.756352	147.14	220kV抚乾一二线019附近61米处。
17-21	123.837191	41.759596	138.30	220kV抚乾一二线020附近212米处。
22-30	123.825672	41.770411	111.67	220kV抚乾一二线027附近264.1米处。
31-37	123.815292	41.791276	120.37	220kV抚乾一二线035附近102.3米处。

图 11.33　数据汇总表里的内容粘贴到机场模板中

杆塔编号	经度	纬度	高度	杆塔全高	环绕控制	呼称高	杆塔型号
220kV抚乾一二线001	123.8572928	41.7031109	168.8	37.0	禁止	18.0	2K-SDJC
220kV抚乾一二线002	123.8560138	41.7042309	157.4	46.0		27.0	2K-SJC3
220kV抚乾一二线003	123.8562931	41.7099778	187.6	56.0		39.0	2K-SZC3
220kV抚乾一二线004	123.8564627	41.7133929	168.6	58.7		42.0	2K-SZCK1
220kV抚乾一二线005	123.8566662	41.7175078	174.5	58.7		42.0	2K-SZCK1
220kV抚乾一二线006	123.8567876	41.7199184	203.1	46.4		30.0	2K-SZC1
220kV抚乾一二线007	123.8569604	41.7234341	204.9	52.4		36.0	2K-SZC2
220kV抚乾一二线008	123.8571942	41.7281477	193.3	56.0		39.0	2K-SZC3
220kV抚乾一二线009	123.8574102	41.7325307	161.0	59.0		42.0	2K-SZC3
220kV抚乾一二线010	123.8576227	41.7368122	167.3	52.4		36.0	2K-SZC2
220kV抚乾一二线011	123.8577587	41.7395748	151.1	55.7		39.0	2K-SZCK1
220kV抚乾一二线012	123.8578852	41.7422362	137.7	43.0		24.0	2K-SJC3
220kV抚乾一二线013	123.8532315	41.7451073	129.6	55.7		39.0	2K-SZCK1
220kV抚乾一二线014	123.8503232	41.7468984	130.1	55.7		39.0	2K-SZCK1

图 11.34　数据汇总表里的内容粘贴到杆塔模板中

2. 文件储存

文件储存，将整理好的文件存储到"××kV××线数据"文件夹中，机场及杆塔文件储存位置如图 11.35 所示。

图 11.35 机场及杆塔文件储存位置

3. 塔库信息录入

（1）更新塔库，对应杆塔型号以及架设方式，填写至"SJ03_塔库模板_2020.xls"中。

序号	杆塔型号	架设方式	中线 HB	上线 HA	架空 HE	下线 RC	中线 RB	上线 RA	架空 RE	最大 Rmax	
XH001	2K-SDJC	双回耐张	6.3	13	19	7	8	7	8	8.0	导入杆塔数据
XH002	2K-SDJC	双回耐张	6.3	13	19	7	8	7	8	8.0	增补塔库型号
XH003	2K-SJC1	双回耐张	6.3	13	19	5.8	6.8	4.8	6.8	6.8	
XH004	2K-SJC2	双回耐张	6.3	13	19	6.3	7.3	5.3	7.3	7.3	
XH005	2K-SJC3	双回耐张	6.3	13	19	6.6	7.56	5.6	7.6	7.6	
XH006	2K-SJC3	双回耐张	6.3	13	19	6.6	7.56	5.6	7.6	7.6	
XH007	2K-SJC3	双回耐张	6.3	13	19	6.6	7.56	5.6	7.6	7.6	
XH008	2K-SJC3	双回耐张	6.3	13	19	6.6	7.56	5.6	7.6	7.6	
XH009	2K-SJC3	双回耐张	6.3	13	19	6.6	7.56	5.6	7.6	7.6	
XH010	2K-SJC4	双回耐张	6.3	13	19	7	8	6	8	8	
XH011	2K-SJC4	双回耐张	6.3	13	19	7	8	6	8	8.0	
XH012	2K-SJC4	双回耐张	6.3	13	19	7	8	6	8	8.0	
XH013	2K-SZC1	双回直线	6.3	13	16.4	4.8	5.4	4.8	5.8	5.8	

图 11.36 录入塔库

HB—下横担至中横担垂直距离；HA—下横担至上横担垂直距离；HE—下横担至架空地线垂直距离；
RC—中心点至下横担头水平距离；RB—中心点至中横担头水平距离；RA—中心点至上横担头距离；
RE—中心点至架空地线横担头水平距离；Rmax—系统自动算出

若塔型为三角形排列时，则最高挂点横担数据填入中横担数据中，上横担不填数据，其他数据正常。

（2）文件储存，将整理好的文件存储到"××kV××线数据"文件夹中，塔库模板存放位置如图 11.37 所示。

图 11.37　塔库模板存放位置

4. 航线设计

依据采集的杆塔坐标与机场合理设计航线，使用软件做全自主巡检航线步骤如下：

（1）更新机场。打开无人机综合应用系统软件，点击"更新机场"按钮，将机场文件导入程序内，步骤如图 11.38 和图 11.39 所示。

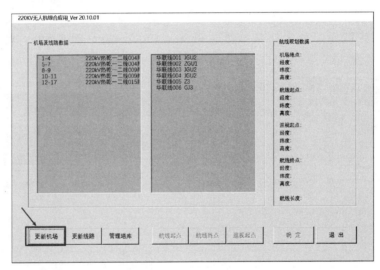

图 11.38　更新机场

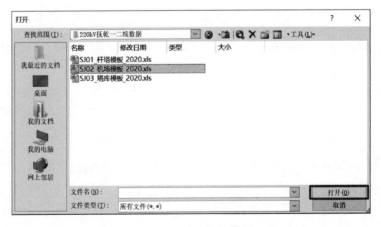

图 11.39　导入机场数据

（2）更新线路。点击"更新线路"按钮，将杆塔文件导入程序内，步骤如图11.40和图11.41所示。

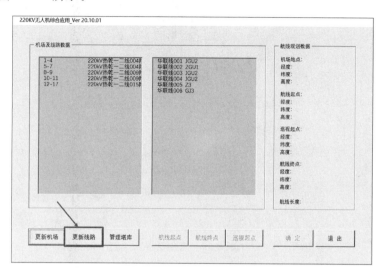

图 11.40　更新线路

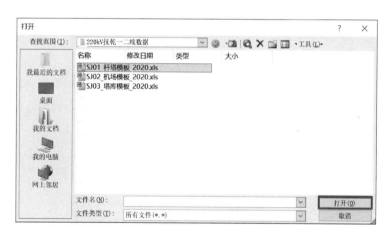

图 11.41　导入线路数据

（3）管理塔库。点击"管理塔库"按钮，将塔库文件导入程序内，步骤如图11.42和图11.43所示。

（4）航线编辑。依次设计所需航线，航线起点终点为无人机自动巡检的起点和终点，巡视起点则为精细化巡视的起点。随后点击"确定"按钮，弹出对话框，根据需要选择所对应的巡检模式，点击"航线编辑"按钮，弹出航线数据，随后点击"生成航线"按钮，生成所需航线，步骤如图11.44和图11.45所示。

1）航线参数介绍。

a. 飞行速度：无人机自主飞行的速度，推荐值为10m/s。

b. 通道变焦：无人机在航点间飞行时的镜头变焦倍数，镜头无变焦功能时，自动按正常焦距工作。

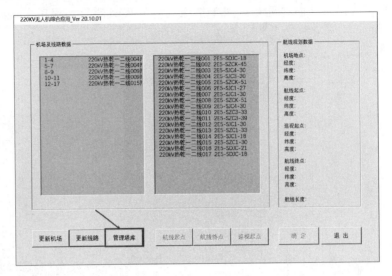

图 11.42　管理塔库

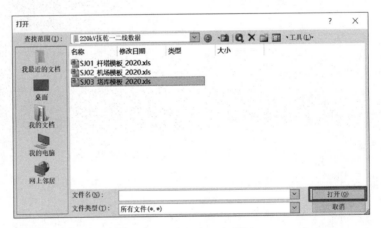

图 11.43　导入塔库数据

c. 通道云台：无人机在航点间飞行时的云台角度，综合考虑视野和逆光等因素，推荐值为 $35°\pm10°$。

d. 机头模式：自动＝1，用户指定＝0，无须设置，程序自动给定。

e. 飞控模式：①起飞点任意，降落时自动回起飞点降落；②起飞点控制在航线降落点的 15m 以内，否则无法起飞，降落时自动回起飞点降落；③将飞机准确放在控制点上，飞机根据当前的坐标误差自动调整各个航点坐标，提高定位经度，此模式专业性较强，一般不建议使用；④无人机按航线指定的降落点降落，适用远方降落方式，使用时要充分考虑降落地点的环境。

f. 工作模式：选择飞行过程中全程录像还是录像拍照综合模式，指定云台变换工作次数。

g. 飞行任务：共 5 种模式，常规 3P 和 4P 适用于一般性巡视，双侧逐相和精细巡视适用于特殊巡视，通道巡视适用于对线路通道的多频次快速巡视。

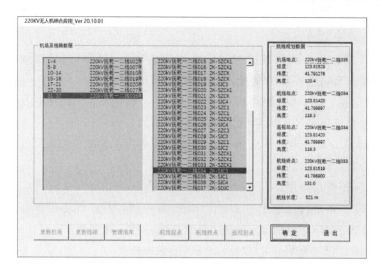

图 11.44　航线编辑

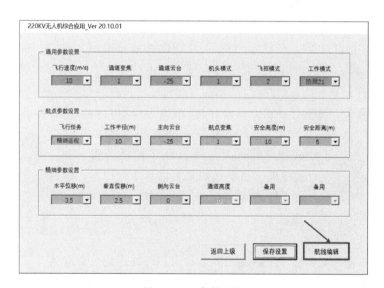

图 11.45　参数选择

h. 工作半径：无人机在杆塔大号和小号侧录像拍照时，距离杆塔中心点的距离。根据视场角和横担长度设定，推荐值 10～15m。

i. 主向云台：无人机在杆塔大号和小号侧录像拍照时的云台角度。初始值设置主要考虑通道拍照视野和效果，塔头和全景拍照云台由程序自动优化设置。

j. 航点变焦：镜头在每个航点录像拍照时的变焦倍数。镜头无变焦功能时，自动按正常焦距工作。

k. 安全高度：无人机飞行高度的安全裕量。试飞时建议采用 15～20m，正常飞行时建议采用 5～15m。

l. 安全距离：无人机飞行时的水平安全距离。设置时要综合考虑杆塔的坐标误差和无人机的定位误差。

m. 水平位移：无人机精细巡视时，由横担头中心点移动到导线线夹的水平距离，即耐张绝缘子串的全长。

n. 垂直位移：无人机精细巡视时，由横担头中心点移动到导线线夹的垂直距离，即直线和引流绝缘子串的全长。

o. 侧向云台：无人机双侧逐相和精细巡视时，在杆塔左右两侧拍照时的云台角度。综合考虑视场角和逆光因素设置。

p. 高差调整：耐张绝缘子横担挂点与导线线夹两点的高度差。用于调整无人机高度，保证拍照位置正确。

2）飞行任务模式介绍。

a. 常规 3P：每基杆塔正上方云台−90°拍摄一张照片；大小号侧各拍摄 3 张照片，云台角度为−25°、−45°、−65°，双回杆塔共计 7 张照片。

b. 常规 4P：每基杆塔正上方云台−90°拍摄一张照片；大小号侧各拍摄 3 张照片，云台角度为−25°、−45°、−65°；在面向杆塔号增加方向左、右侧各拍摄 1 张照片，双回杆塔共计 9 张照片。

c. 双侧逐相：每基杆塔正上方云台−90°拍摄一张照片；大小号侧各拍摄三张照片，云台角度为−25°、−45°、−65°；在面向杆塔号增加方向左、右侧拍摄架空线、上线、中线、下线横担照片，云台角度可自由设置 0°、−5°、−10°，双回杆塔共计 15 张照片。

d. 精细巡视：每基杆塔正上方云台 90°拍摄 1 张照片；大小号侧各拍摄 3 张照片，云台角度为−25°、−45°、−65°；在面向杆塔号增加方向左、右侧拍摄架空线、上线、中线、下线横担照片，架空线云台 0°拍摄 1 张，上、中、下线横担挂点、小号侧线夹、大号侧线夹、吊串（如果有）各 1 张照片，云台角度可自由设置 0°、−5°、−10°，双回直线杆塔共计 21 张照片，双回耐张杆塔 27 张或 30 张照片。

e. 通道巡视：两基塔以上飞行，云台可自由设置−15°、−25°，录制输电通道 4K 视频。

f. 远方降落：无人机可由指定起降点起飞，飞往指定位置降落。

设定完参数并保存后，即可生成航线。航线数据如图 11.46 所示。

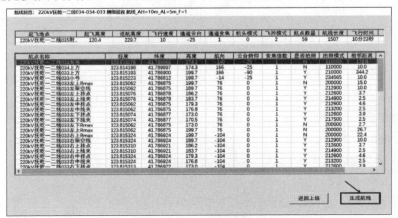

图 11.46　航线数据

（5）文件储存。航线文件自动在"无人机综合应用系统——航线文件"文件夹内，如图 11.47 所示。将航线文件复制到"××kV××线——××kV××线航线"文件夹内，如图 11.48 所示。

图 11.47　生成的航线位置

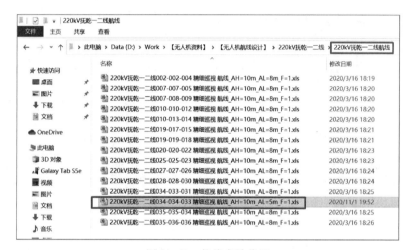

图 11.48　航线存放位置

11.5　外业——全自主精细化飞行巡检作业

1. 航线准备

将航线文件储存在事先建立好的文件夹下，如图 11.49 所示。

图 11.49　移动端航线存放位置

2. 自主飞行

（1）使用前保证移动端连接至网络。

（2）打开"辽宁_M4.13.1"软件，主界面点击"RTK 设置"，点击"启用RTK"。

（3）RTK 连接成功后，无人机点亮时即可自动进入自主飞行界面。操作界面如图 11.50～图 11.52 所示。

图 11.50　移动端主界面

图 11.51　RTK 设置

图 11.52　自主飞行界面

（4）点击"打开航线"按钮，使用 WPS Office 导入航线，如图 11.53 所示。

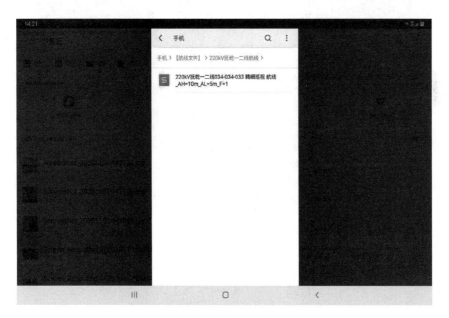

图 11.53　导入航线

（5）点击"上传任务"按钮，如图 11.54 所示。

（6）当屏幕出现"任务上传成功，可以飞行"时，点击"起飞"按钮即可开始自主巡检任务，如图 11.55 所示。

图 11.54　上传飞行任务

图 11.55　启动飞行任务

11.6　内业——巡检照片的智能重命名

1. 提取巡检影像 GPS 信息

将每次巡检结束后拍摄的照片保存至"××kV××线——××kV××线照片"中，打开无人机综合应用系统，点击"GPS 信息"按钮，将整个文件夹拖拽至弹出的窗口中，点击"回车"，提取完毕后自动生成"GPS 信息.xls"文件，窗口自动关闭。操作步骤，如图 11.56～图 11.58 所示。

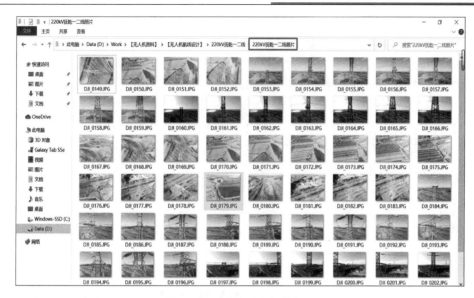

图 11.56　原始照片存放位置

图 11.57　提取 GPS 信息

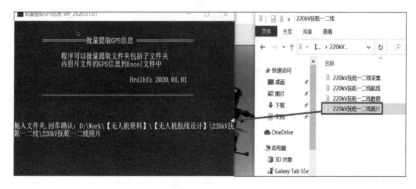

图 11.58　提取无人机巡视照片的 GPS 信息

2. 巡检影像智能重命名

　　打开无人机综合应用系统，点击"照片管理"按钮，点击"运行程序"按钮，点击"管理塔库"按钮，在跳出的窗口中找到"××kV××线数据"文件夹下的"SJ03_塔库模板_2020.xls"，点击"打开"按钮；点击"导入杆塔"按钮，在跳出的窗口中找到"××kV××线数据"文件夹下的"SJ01_杆塔模板_2020.xls"，点击"打开"按钮；点击"导入照片"按钮，在跳出的窗口中找到"××kV××线照片"文件夹下的"GPS 信息.xls"，点击"打开"按钮。点击"名称编辑"按钮，巡检影像将按照杆塔号、位置智能自动重命名。操作步骤，如图 11.59～图 11.63 所示。

图 11.59　未命名的原始照片

图 11.60　照片管理

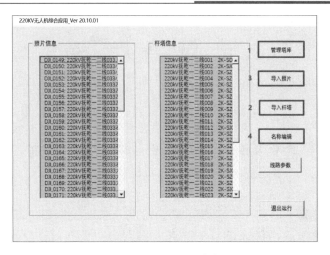

图 11.61 照片重命名

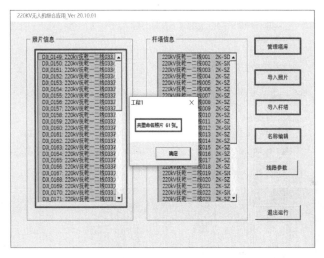

图 11.62 照片智能重命名完毕

图 11.63 智能重命名后的巡检照片

11.7　外业——人工示教

1. 机场采集

（1）无人机开启后，打开移动端软件，启用 RTK，切换至航线规划状态。

（2）输入航线名称及编号，点击"机场采集"按钮，程序自动记录机场信息。

2. 航点设定

操控无人机起飞，程序自动显示隐藏的航点按钮，根据需求设定路径航点、单拍航点、复拍航点，每选择一个航点后需点击"保存航点"按钮，每两航点距离需大于 0.6m，所有航点设定完毕，点击"生成航线"按钮，航线文件格式为 xls，保存在移动端"内部储存/Android/data/com. dji. sdk. sample/cache/航线规划文件"中，自动拍摄的照片保存在无人机 TF 卡中。该航线可直接用于自主飞行。

（1）路径航点。该点为安全点，左侧拍摄完毕后在左侧上方设定一个路径航点，在右侧上方设定一个路径航点，无人机在这两个点位飞行确保安全，路径航点不拍照。

（2）单拍航点。无人机在该点拍 1 张照片，程序自动记录航向及云台角度。

（3）复拍航点。无人机在该点连续拍 3 张照片，程序自动记录航向及云台角度。

操作步骤，如图 11.64～图 11.68 所示。

图 11.64　航线规划界面

图 11.65 机场采集

图 11.66 航点确认保存

图 11.67　智能提示：两点间需大于 0.6m

图 11.68　航线规划文件存放位置

11.8 外业——杆塔参数测量

此方法适用于杆塔图纸缺失的特殊情况。

（1）无人机开启后，打开移动端软件，启用 RTK，切换至测量状态。

（2）操控无人机在杆塔顶部中心点上方 4～9m 处悬停，输入线路名称杆号及架设方式，云台调至 90°，点击"中心坐标"按钮，记录杆塔中心坐标。

（3）飞至杆塔侧面，点击"测量 H"按钮（测量各横担的高度），云台自动调整至 0°，由下至上，飞至下横担平齐，点击"hc"按钮，飞至中横担平齐，点击"HB"按钮，飞至上横担平齐，点击"HA"按钮，飞至架空线平齐，点击"HE"按钮，记录各横担高度。

（4）点击"测量 R"按钮（测量各横担的半径），云台自动调整至 45°，由上至下，飞至架空线，操纵无人机镜头中心对准架空线横担头中点，点击"RE"按钮，飞至上横担，镜头中心对准上横担头中点，点击"RA"按钮，飞至中横担，镜头中心对准中横担头中点，点击"RB"按钮，飞至下横担，镜头中心对准下横担头中点，点击"RC"按钮，记录各横担半径。

（5）测量完毕，点击"查看数据"按钮，检查数据无误后，点击"保存数据"按钮，塔库数据格式为 xls，保存在移动端"内部储存/Android/data/com.dji.sdk.sample/cache/塔库参数文件"中。操作步骤如图 11.69～图 11.72 所示。

图 11.69 杆塔参数测量界面

图 11.70　中心坐标采集

图 11.71　测量各个横担高度

图 11.72　测量各个横担半径

11-5
基于杆塔
数字化台
账快速建
模的无人
机自主巡
检作业技
术（VBA）
题库

第 3 篇 思 考 题

1. 每次放飞前，应对无人机巡检进行哪些检查？

2. 对于多旋翼无人机巡检路径规划的建议是什么？

3. 杆塔精细化巡检主要包括哪几种方式？应用较多的是哪种？

4. 无人直升机巡检系统按要求应做到哪几点？

5. 中型无人直升机应定期启动，检查发动机工况，如有异常应及时作出哪些处理？

6. 巡检作业区域出现雷雨、大风等突变天气或空域许可情况发生变化时，应采取什么措施？

7. 通道巡检为了及时发现和掌握线路通道环境的动态变化，要对什么进行检查？

8. 人机自主巡检按照不同的技术路线具体可分为哪几种？

9. 简述激光三维建模航线规划的优点。

10. 目前，输电线路通道树障测距可采用哪几种方式？

11. 无人机巡检发展中的制约因素是什么？

12. 线路通道巡检对象包括哪些？

13. 目前常用的通道巡检技术方式主要包括哪些？

14. 采用可见光对线路通道等影响线路周边运行的环境开展巡检任务，在获取高清图像后，可以获知哪些信息？

15. 简述搭载小型激光雷达的小型消费级旋翼无人机在进行通道巡检作业时的特点及优点。

16. 采用无人机通道巡检解决了人工巡视面临的什么困难？

第4篇　无人机巡检数据处理与分析

目前很多企事业单位都启用了无人机进行巡查，但目前绝大多数单位在巡查后数据处理方面都依靠人工进行整理，面对成百上千的照片视频数据，往往费时费力且容易出错。在无人机巡检架空输电线路中，有时也存在这一问题。

本篇着重介绍无人机巡检数据处理与分析。在第12章中对可见光数据的处理做了详细描述，介绍了无人机搭载的各类可见光设备，利用自身独特的空中检测角度优势，及时发现设备缺陷和潜在隐患，克服了传统人工巡视工作中塔位难以到达、攀塔风险高、效率低等问题。在第13章中介绍了红外数据处理技术，列举了红外热成像技术的原理以及红外热成像技术的一些特点，并且介绍了红外热成像技术突出的优势。第14章为激光点云数据处理的介绍，分别对激光点云数据处理基本原理、三维浏览、空间距离测量等部分做了详细说明；特别提出了三维激光点云建模方法，并对激光点云技术进行了拓展，分别从点云与影像联合测图进展、集成检校与数据配准技术、高质量滤波与分类技术、精细建模与矢量测图技术等方面进行详细叙述。在第15章中介绍了倾斜摄影数据的处理，设计了一种基于倾斜摄影技术的无人机电力巡检系统。接下来在第16章中介绍了常见缺陷和隐患的识别，首先介绍了输电线路的主要组成成分，然后对故障巡视方法以及架空输电线路检测做了详细描述。最后在第17章中对缺陷与隐患原因进行了分析，列举了一些包括雷击跳闸、线路覆冰等原因导致的故障，并且分析了相关故障造成的后果，给出了相应的故障处理方式。

第*12*章 可见光数据处理

12-1
可见光数
据处理

以无人机搭载各类可见光设备，利用自身独特的空中检测角度优势，可近距离、多角度拍摄输电线路设备图像视频等图像数据，及时发现设备缺陷和潜在隐患，克服了传统人工巡视工作中塔位难以到达、风险高、效率低等问题。

对获取的电力设备的可见光巡检图片或视频，应及时处理并分类存档。巡检工作完成后，作业员应及时导出巡检数据，对巡检数据批量添加电压等级、线路名、杆塔号信息，使巡检数据与杆塔相对应；宜添加巡检时间、巡检人、审核人等信息，用于巡检数据规范管理；宜采用专用软件对巡检数据进行适当处理，查找缺陷并添加标记，对线路设备缺陷信息进行规范化的分类分级记录，并生成检测报告，对巡检工作全过程信息数据进行分类存储管理，便于后续查询检索。

12.1 可见光影像标注规范

（1）程序添加数据标签。在输电线路巡检作业过程中，无人机设备拍摄的巡检图像和后期添加的信息标签文件宜采用专业数据库管理，存储时应保证命名的唯一性。

（2）手动重命名。若不具备巡检图像数据库管理软件，作业员应从无人机存储卡中导出图片或视频，选择当次任务数据，批量添加电压等级、线路名等信息，并备注当次任务的巡检时间、巡检人信息。

12.2 运用软件对可见光影像进行处理

12-2
可见光数
据处理相
关图片

12.2.1 可见光影像标注

红外序列影像消噪方法和方案的选择取决于其处理目的和成像特点。处理目的是为消除影像中大量复杂的随机噪声来保证获取特征的位置精度，从而满足后续的影像配准与镶嵌工作；红外序列影像的成像特点在很大程度上取决于影像的获取流程。

12.2.2 可见光影像识别分析

可见光数据经过图像拼接处理，形成管道沿线的 DOM 影像图和 DSM 模型，面积约为 2.2km^2。

图像识别是指利用计算机对图像进行处理、分析和理解，以识别各种不同模式的目标和图像的技术。一般工业使用中，采用工业相机拍摄图片，然后再利用软件根据图片的阶差做进一步识别处理。

　　为了更快更高效地获得遥感影像，本书中采用图像传输设备将无人机机载相机的图像实时传输到地面端显示出来，以便于选取更好的角度与高度对目标地块展开研究。多光谱采集平台图像传输系统包括地面接收端与机载发射端两大部分。本书采用的是 5.8GHz 的无线图像传输系统，发射端用的是 TS835 发射模块，接收端用的是 RS－832 接收解码模块，该图像传输系统有 40 频点可用频点，发射端发射功率 600mW，天线增益 2dB，视频带宽 8M，支持 NTSC/PAL 视频格式。图像传输发射端与 ADC—Lite 相连接，并接有 OSD 与辅助 GPS，OSD 芯片带有气压计，能实时显示无人机的飞行高度与速度。图像传输地面接收端是用来显示机载相机实时拍摄到的画面，便于获取到更好的视野。机载发射端如图 12.1 所示。

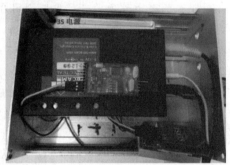

图 12.1　机载发射端

　　显示屏采用的是雪花屏，图像传输发射端配置上 OSD 芯片后可以显示航速、飞行高度、GPS、航向等信息。图 12.2 展示了图像传输接收端与显示屏连接、封装后的结构情况。

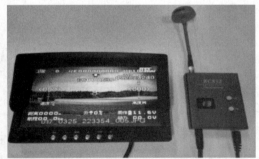

图 12.2　地面显示屏连接、封装

　　可见光图像的传感器的成像原理是利用目标反射或者散射太阳光中的可见光波段的电磁波来成像。在图像的可见光波段，城市、土壤、植被等都有很强的被辨别的能力，它能真实地反应图像中地物的颜色以及亮度信息。但是这种优势在夜晚或者雨天等恶劣天气条件下就不是很明显。

12.2.3　结果修改审核

数据审核是检查数据中是否有错误。对于通过调查取得的原始数据（raw data），主要从完整性和准确性两个方面去审核。完整性审核主要是检查应调查的单位或个体是否有遗漏，所有的调查项目是否填写齐全等。准确性审核主要是检查数据是否有错误，是否存在异常值等。

12.3　可见光成像原理分析

使用无人机数据处理软件 LiMapper 进行可见光影像处理，主要流程为特征点提取匹配、区域网平差、相机自检校、密集点云重建、数字高程模型（DEM）和数字表面模型（DSM）生成、正射影像（DOM）智能镶嵌以及数据可视化分析等。在 ENVI 5.3 中进行正射影像的校正、裁剪等预处理获得研究区样的正射影像，分辨率大小为 0.05m。

自然界中能够被人眼感知的光叫作可见光。在电磁波谱中可被人眼感知的电磁波波长是在 $0.38 \sim 0.78 \mu m$。不同波长的电磁波可引起人眼的感受不同。光学频谱中能够被人眼感受的不同颜色的电磁波波长范围分别是：红色（$0.62 \sim 0.77 \mu m$）、橙色（$0.58 \sim 0.60 \mu m$）、黄色（$0.58 \sim 0.60 \mu m$）、绿色（$0.49 \sim 0.58 \mu m$）、蓝靛色（$0.46 \sim 0.40 \mu m$）、紫色（$0.35 \sim 0.78 \mu m$）。

可见光成像原理利用的是光反射原理，光反射原理是指光源发出的光从一种介质中传播到与另一种介质的分界面时，有一部分光会沿着原来的直线方向在另一种介质中传播，另一部分光会改变原来的直线方向，继续在原来介质中继续传播。

可见光成像一般是可见光 CCD 成像，可见光 CCD 成像原理是指用可见光摄像机拍摄景物时，物体反射的光线会通过可见光摄像机的镜头透射到 CCD 芯片上，光线会激发光电二极管释放出电荷，在感光元件上产生电信号，CCD 就会把电信号经过滤波和放大以及模/数转换之后形成图像像素。

12.4　无人机可见光监测系统

本书中采用四旋翼电动无人机（精灵 Phantom 4 Pro），电动无人机总质量（含电池及桨）约 1388g，轴距 350mm，最大遥控距离 7000m，最大飞行时间为 30min，最大起飞的海拔高度为 6000m，能够承受最大风速为 10m/s，卫星定位模块为 GPS/GLONASS 双模，配备有视觉系统、云台、红外感知系统、遥控器及相机。相机固定在三轴云台上，能够保证镜头不会受到机体干扰，从而可以保持稳定状态。搭载的相机中影像传感器是 1 英寸 CMOS，有效像素为 2000 万，镜头为 FOV 84° 8.8mm/24mm，$f/2.8 \sim f/11.0$ 带自动对焦，支持单张拍摄，拍摄的照片格式为 JPEG。可见光图像波段为蓝波段（$0.440 \sim 0.485 \mu m$），绿波段（$0.5 \sim 0.565 \mu m$），红波段（$0.625 \sim 0.74 \mu m$）。同时在整套监测系统中配备了两块 3m×

3m 的灰板（Group Ⅷ，USA），灰板具有固定的反射率，因此可利用灰板来对无人机获取的可见光图像进行采集。可见光影像采集系统如图 12.3 所示。

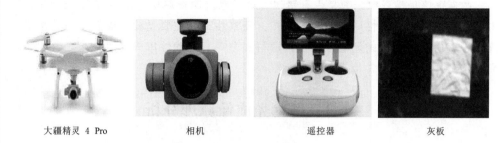

大疆精灵 4 Pro　　　　　　相机　　　　　　　遥控器　　　　　　灰板

图 12.3　可见光影像采集系统

12.5　无人机可见光图像采集

12.5.1　机载可见光相机

机载可见光相机主要用于采集可见光图像数据，是无人机巡检数据采集的关键一环。由于巡检过程中数据采集范围较大，因此可见光相机的基本要求是高分辨率、大覆盖范围。可见光相机部分关键指标如下：

（1）重量（g/kg）。载荷重量应满足配套无人机飞行平台的挂载能力。

（2）像素。像素是指由一个数字序列表示的图像的最小单位，像素越高，图片的数据量越大，相应的图像质量也更高。

（3）焦距（mm）。可见光相机按焦距不同可分为广角头（0～35mm）、标准头（36～135mm）、长焦头（135mm 以上），焦距越短，相机呈现的视角也就越大。在进行巡检时，需要根据巡检任务、航线高度和拍摄距离确定镜头焦距。

（4）定焦与变焦。可见光相机镜头分为定焦镜头与变焦镜头两类。定焦镜头的优势在于：画质更好，特别是放大相片后；相机结构更简单，重量更轻，便携性好；且稳定性更好，在抖动情况下也能获得较高质量的图像；对焦速度更快，使用定焦镜头可以实现可见光相机数据与激光雷达获得的点云数据的配准。缺点是：想要改变拍摄对象的成像大小只能通过改变相机与拍摄对象的距离实现。考虑到无人机巡检具有的灵活性以及部分巡检目标对精度的高要求，定焦镜头的缺点可以被克服且优点能被充分利用。

（5）视场角（°）。视场角又称视场，可分为水平视场角和垂直视场角，是可见光相机视野范围的主要决定因素。视场角越大，相机采集数据时的覆盖范围也越大。在进行巡检时，较大的视场角可以减少巡检次数，所以在保证图像质量的情况下视场角度应尽可能大。

（6）最小拍照间隔（s）。最小拍照间隔是指相机两次拍照间的最小间隔时间。无人机巡检过程中的拍照间隔应根据无人机飞行速度、飞行高度、视场角、是否变焦等因素综合确定，最小拍照间隔应小于巡检要求的拍照间隔时间。

（7）控制精度（°）。在某些情况下可能需要对拍摄角度等进行微调，控制精度越高，则面对异常情况时的调整能力越好，所以控制精度越高越好。

可见光相机除了满足基本要求外还需要考虑可见光数据与点云数据的融合，因此定焦相机更符合研究需求。

12.5.2　无人机飞行参数确定

在进行航拍作业试验前，首先对试验区域的地况、环境及外部设施进行调查，确保在获取可见光图像的过程中，无人机的飞行不会受到高压电线、树木、信号塔及喷灌机等物体的干扰，以免不能进行正常的试验过程。无人机的起飞和降落地点应选择地势平坦、无杂物的区域。由于单张图像所包含的信息有限，无法满足对整个试验区域内的玉米株高进行监测的要求，所以要对整个航拍过程中获取的可见光图像进行拼接处理，生成一张具有高精度、包含整个试验区域的正射影像与数字表明模型等成果文件。另外为了使拼接得到的正射影像没有畸变现象，经过多次试验后发现，纵向重叠度为80%，旁向重叠度为70%时，拼接后的试验区域正射影像具有较高的质量，满足试验处理要求。另外为了避免大风多云等自然天气因素对无人机的作业过程造成影响，宜选择晴朗无风的天气进行低空遥感作业。

通过对比不同飞行参数的影像拼接结果，确定试验过程中无人机可见光监测系统参数设置为：无人机飞行高度为30m，数码相机设置为快门优先，快门时间选择1/1600，ISO选择400，白平衡选择晴天模式，纵向重叠度为80%，旁向重叠度为70%，采集时间选择北京时间11：00—14：00，拍摄时在云台的工作下使相机镜头始终垂直向下。将试验过程中试验参数确定后，利用Altizure软件进行航拍路线规划并保存，以此保证试验期间无人机可见光监测系统的参数一致性，不会因为飞行参数的变化而对试验造成干扰。每次试验的飞行具体过程如下：

（1）对无人机进行通电，上传航拍路线。

（2）无人机启动并进入自动巡航模式，到达第一个航点。

（3）对试验区域进行等间距拍摄。

（4）完成所有航点的拍摄，试验区域拍摄完成，在起飞点附近自动降落。

（5）结束飞行试验。

12.5.3　可见光图像采集

高清无人机可见光图像的获取过程中，由于无人机的飞行高度、纵向重叠度、旁向重叠度等参数设置的不同，都会造成所得的高清数码影像的空间分辨率不同。根据试验精度要求，获取的图像空间分辨率为1.3cm。根据相机参数计算得出数据采集飞行高度为30m时可满足空间分辨率的要求。由于无人机机载GPS的定位存在较大的误差，因此无人机在飞行过程中实际飞行航线与设定好的航线可能会有轻微的差别，造成飞行航带数增加或减少，因此每次采集到的可见光图像数量会有所不同。可见光图像采集过程如图12.4所示。

12.5.4　无人机可见光图像拼接

大疆精灵 4 Pro 电动四旋翼无人机获取到的是单张可见光图像，每次试验的图像数量为 500 多张，由于单张可见光图像包含的试验区域信息有限，为了得到包含试验区域整体的数字正射影像（DOM），因此对所有的单张图像进行拼接处理。图像拼接采用的软件是由瑞士 Pix4D 公司集成开发的 Pix4D mapper 软件。该拼接软件能够将无人机拍摄获取的单张影像生成高精度、带地理坐标的二维地图，其原始图像的每个像素能被准确地投影至数字表面模型 DSM 上，有较高的地理定位精度，不会造成透视变形。因此可以生成高分辨率的射影像图 DOM 以及数字表面模型 DSM，图像拼接流程如图 12.5 所示。

图 12.4　可见光图像采集过程

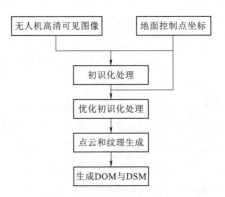

图 12.5　图像拼接流程

可见光图像的成像过程十分复杂，所获取地物的光谱信息从大气层到传感器接收到的阶段会受到其他因素的干扰，例如气溶胶对光线的散射造成地物的光谱信息发生变化，使获取到的地物光谱信息不完全准确。因此，获取无人机可见光图像后，对其进行辐射校正，以此来降低其他因素的干扰，能够尽可能完全还原地物的真实光谱反射数据。通过校正后的可见光图像，能够比较真实地反映出地表反射率，最终达到试验要求。可见光图像校正过程如图 12.6 所示。

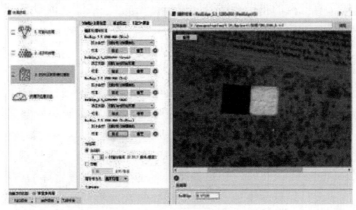

图 12.6　可见光图像校正过程

12.6 常见的图像融合方法

在无人机电力巡线的图像处理过程中，常用的图像融合技术主要包含三种，分别为可见光和热红外图像融合、可见光和紫外图像融合以及热红外和紫外图像融合。以下分别针对这三种图像融合技术的特点进行详细的分析说明。

12.6.1 可见光与红外图像融合

可见光成像即为通常意义上的拍照技术，其在无人机电力巡线过程中起到十分重要的作用。可见光的波长范围主要在 370～770nm，在输电线路巡检过程中，主要能够有效识别导线以及各类零部件，如防震锤、螺栓等产生的形变及脱落现象，同时对零件的锈蚀、磨损等缺陷也能够较为清晰地进行识别。但是，通过可见光进行成像方式的主要缺点在于其抗干扰能力较弱，在外界光线弱、天气状况较差的情况下，通过可见光成像往往难以捕捉到重要的图像关注信息。

红外成像的原理主要是通过红外传感器对被检测物体的热辐射信息进行感应，其波长范围主要在 7～15μm，通过红外成像技术主要能够识别出导线绝缘子的过载过流以及其他电力元件的发热现象。但是，红外成像技术的主要缺点在于红外生成图像的分辨率较低，若直接进行缺陷及故障检测容易产生较大误差，需要通过增强图像对比度等技术手段对红外图像进行增强显示。因此，为了更加真实地反映输电线路图像的成像信息，采用可见光与红外图像融合技术，通过在无人机上安装摄像机和红外传感等装置，对同一场景同时获取可见光图像及红外图像，并进行后期融合处理。

可见光图像与红外图像进行图像融合时，首先需要对红外传感获得的红外图像以及可见光图像进行预处理，剔除一些成像极其不准确的图像，并对红外图像进行对比度增强处理；其次对两幅图像进行时间及空间的二维校准，这一步骤尤为关键，主要针对图像信息中的灰度、特征等进行校准；在进行图像二维时空校准后，分别对两幅图像的像素特征进行提取及分类，最终进行图像融合处理，并进行故障及缺陷的判断与解析。可见光与红外图像融合流程如图 12.7 所示。

12.6.2 可见光与紫外图像融合

紫外成像技术的原理主要是通过紫外镜头和紫外灵敏像增强器构成，紫外光波长范围主要在 230～290nm。电力线路的导线污损以及零件均压环不正等缺陷引起的电弧放电波长主要

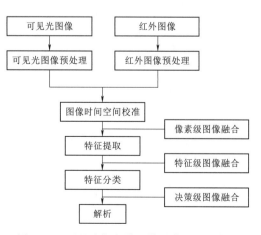

图 12.7 可见光与红外图像融合流程示意图

集中在 $200\sim400$nm，此种缺陷可以通过紫外成像进行检测。与可见光、红外图像融合技术类似，可见光、紫外图像成像方法同样需要经过图像预处理及校准等流程，最终完成图像融合。由于紫外图像波长范围的特殊性，其主要局限于电力设备的电弧放电缺陷检测中。

12.6.3　红外与紫外图像融合

12-3
可见光数
据处理题
库

红外与紫外图像融合技术主要应用于一些特殊的故障检测场合，通常不需要较高的分辨率，主要针对电力设备的发热及放电情况进行检测。此种图像融合技术主要应用在高压开关柜、电力绝缘子等电力设备的发热及电弧放电检测中，在无人机输电线路故障检测中应用较少。

第13章　红外数据处理

13-1
红外数据
处理

红外热成像技术通过被动式的非接触检测与识别，在进行设备状态诊断时具有远距离、不接触、不取样、不触体，又具有准确、快速、直观等特点，能直观地显示物体表面的温度场，通过温度异常变化对比值，定位电力设备发热故障点。在日常的运行维护中，红外检测对设备故障的早期发现起到了显著的作用。

现代红外技术的不断发展使电力巡检技术日渐完善，红外检测的不接触、实时性、快速、准确、远距离等一系列优势得到发挥。突出的优势是可以在电网运行中，不解体、不停电、不取样的状态下进行在线检测设备故障和预警问题，正受到国内外电力行业的重视，已经得到越来越广泛的应用。

13.1　红外影像的标注规范

红外遥感影像是基于遥感目标热辐射信息成像的。使用无人机对管道进行热红外遥感成像时，红外影像可有效显示管道沿线的地表热量分布与差异信息情况，尤其在冬季低温环境下，管道作为明显热量源，与地表以及人工建筑等相比温差大，在地表热红外成像中呈现出明显的亮度差异，在红外伪彩色图像中呈现出明显的颜色差异。

红外影像的判断方法如下：

13-2
红外数据
处理相关
图片

（1）表面温度判断法。主要适用于电流致热型和电磁效应引起发热的设备。

（2）同类比较判断法。根据同组三相设备、同相设备之间及同类设备之间对应部位的温差进行比较分析。

（3）图像特征判断法。主要适用于电压致热型设备。根据同类设备的正常状态和异常设备的热像图，判断设备是否正常。

（4）相对温差判断法。主要适用于电流致热型设备。

（5）档案分析判断法。分析同一设备不同时期的温度场分布，找出设备致热参数的变化，判断设备是否正常。

（6）实时分析判断法。在一段时间内使用红外热像仪连续检测某被测设备，观察设备温度随负载、时间等因素变化的规律。

13.2　运用软件对红外影像进行处理

红外热像仪器是采用由红外电磁能产生的热效应引起的材料性能改变的原理。

（1）红外辐射以电磁波的形式进入传感器，传感器吸收红外辐射，传感器温度升高。

（2）传感器电阻改变。

（3）电阻改变以电信号的形式被探测。

（4）不需要冷却，因为采用直接加热效应。

13.2.1　图像数据导出

热红外成像系统实际上是一个光学电子系统，现在的热红外成像系统接收波长位于中红外区域（波长 $3\sim5\mu m$）或远红外区域（波长 $8\sim12\mu m$）的电磁辐射，并将其转换成电信号，通过灰度等级方式来表示信号的大小，最终显示在显示器上，得到拍摄地物或物体的红外影像。

影响红外测温的因素如下：

（1）观测角度的影响。利用朗伯余弦定律，即黑体在任意方向上的辐射强度与观测方向相对于辐射表面法线夹角的余弦成正比。

（2）不同性质的材料的影响。不同性质的材料因对辐射的吸收或反射性能各异，因此它们的发射性能也应不同。一般当温度低于 300K 时，金属氧化物的发射率一般大于 0.8。

（3）表面状态的影响。任何实际物体表面都不是绝对光滑的，总会表现为不同的表面粗糙度。因此，这种不同的表面形态，将对反射率造成影响，从而影响发射率的数值。

（4）物体之间的辐射传递的影响。物体对于给定的入射辐射必然存在着吸收、反射，而当达到热平衡后，其吸收的辐射能必然转化为向外发射的辐射能。

13.2.2　显示设置

（1）色彩设置。通常红外设备均具备假彩色显示功能，通过"调色板"菜单可用于更改显示屏上红外图像的假彩色展示，使温度显示更适合特定的应用。

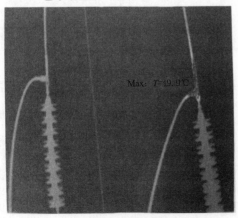

（2）温度警告。红外设备若具有高低温预警功能，可设置高温、低温颜色警告温度阈值，对图像中表面温度超出设定阈值的目标实现自动警告。

（3）温度标记。红外设备在显示屏上可显示多个温度点标记，如图 13.1 所示。

图 13.1　区域温度最高点标记显示示例

13.2.3　温度和位置标定

针对红外热像仪，需分别进行几何标定试验及测温标定试验。红外热像仪基本参数见表 13.1。

表 13.1　　　　　　　　　　红外热像仪基本参数

序号	设备名称	设 备 参 数
1	相机	640×480 像素
2	探测器	$25\mu m$，非制冷焦平面
3	测温范围	$-20 \sim 180℃$
4	镜头焦距	$100mm$

1. 红外热像仪几何标定

对红外热像仪几何标定采用同光学相机相同的几何标定方法。依照红外热像仪获取参数的特殊性，同样采用建筑目标表面线特征进行几何标定。热红外热像仪的几何标定结果见表 13.2。

表 13.2　　　　　　　　热红外热像仪的几何标定结果

序 号	检 校 内 容	检 校 值
1	主点 x_0	641.2126
2	主点 y_0	478.1825
3	焦距 f	3996.9243
4	径向畸变系数 k_1	$-2.2391873006938519 \times 10^{-8}$
5	径向畸变系数 k_2	$2.0663750828949295 \times 10^{-13}$

2. 红外热像仪测温标定

（1）红外热像仪测温标定主要用于校准红外成像时的测温精度。标定时，采用的主要实验仪器和标准如下：

1）高温黑体温度基准仪 BB—4A（温度范围：$100 \sim 1000℃$，温度精度：$\leqslant 1℃$，辐射率：$\geqslant 0.98$）。

2）精密黑体温度基准仪 BB701（温度范围：$-20 \sim 160℃$，辐射率：$\geqslant 0.98$）。

3）测试标准：《检测和校准实验室能力认可准则》（IEC 17025—2017）。

测试时的环境要求温度：$(25 \pm 2)℃$；相对湿度：$50\% \pm 5\%$。

（2）测试方法如下：

1）启动黑体温度基准仪，设定温度值为 $0 \sim 100℃$，达到设定的黑体温度值后保持稳定 30min。

2）启动红外热像仪，对准黑体温度基准仪，记录实际温度。

13.2.4　识别分析

1. 表面温度判断方法

根据测得的设备表面温度值，对照有关电力设备检测规范的相关规定，可以确定一部分电流致热型设备的缺陷。

2. 相对温差判断法

电力设备在正常运行时都会发出一定热量，而这种热量按设计要求是允许的。

3. 同类比较法

(1) 三相之间温度比较。在发电、输电、变电、供电回路中，大部分以三相形式输送电能，由于用于三相连接的金属材料是相同的，故一般讲三相上升的温度是均衡的，则设备正常运行。当三相中的某一相（图 13.2）或两相出现温度过高现象，可以判定温度较高相存在缺陷。

图 13.2　一相电缆接头发热

(2) 同一部件的温度比较。某些产品由于材质上存在缺陷，如材料存在杂质、气泡，使材料特性发生变化，当电流通过时产生不同的热量，表现出部件局部发热现象。

(3) 热图谱分析法。根据同类设备在正常状态和异常状态下的热图谱的差异来判断设备是否正常。

(4) 档案分析法。分析同一设备在不同时期的检测数据（如温升、热谱和相对温差），找出设备致热参数的变化趋势和变化速率，以判断设备是否正常。

13.2.5　软件系统性能

1. 软件系统的终端设计原则

(1) 系统采用分布式体系结构，便于系统扩展与升级，且为客户开放二次接口。

(2) 系统采用成熟的产品构成硬件系统（均属国际著名品牌），性能可靠，功能完善，操作方便，能满足长期稳定工作。

(3) 系统所用软件平台、通信接口等符合国际标准或行业标准，系统做了完善的防雷设计、抗电磁干扰设计。

(4) 系统通过无人机搭载，能够实时、准确、全面地监测整个被测目标的任何细微温度差别，尤其是同一个物体的不同区域的细微温度差别。

(5) 评价被测物体经受一定时间的高温作用后，其外观质量是否发生变化。

(6) 查找设备瑕疵，实现对缺陷的快速、无损和精确检测，通过后台软件可进行详尽的分析。

(7) 软件功能全面。能够分析、记录被测物体的温度数据和图像；能够以点、面等方式方法进行热图像分析和研究。

2. 系统性能要求

能对红外热像仪本体进行数据传输采集、存储和下载等；系统本体要求能抗干扰、能消除飞机起落引起的静电、所有部件能抗震防抖,满足现场使用条件。数据的存储空间为 250GB,可扩展到更大。

对于无人机搭载红外热成像仪,由于无人机的飞行特性,要求搭载红外热像仪时能够准确、稳定地采集温度图像,选择的红外热像仪具有 640×840 高分辨率,在远距离时能够清晰地显示红外图像;热像仪的 50Hz 高帧频可以保证无人机在飞行中能够快速、准确、清晰地检出被测目标的温度图像;还应具有抗震、防抖、防静电、防电磁干扰等特性,同时要求红外热像设备的重量达到最轻,这对保证无人机的续航能力非常重要。

13.2.6 软件系统处理器

为满足针对电网的信息采集系统移动终端的设计,需要满足硬件效率高、稳定性强、轻便耐用、适应多种环境等特点。因此,本系统采用新推出的 ARM11 系列处理器,以行业领先的 FL - OK6410 开发板为硬件基础,采用三星公司最新的 ARM11 处理器 S3C6410,ARM11 拥有一条具有独立的 load - store 和算术流水的 8 级流水线,在同样工艺下,ARM11 处理器的性能与 ARM9 相比大约提高了 40%,其架构稳定,久经测试,是目前比较合理、常用的嵌入式核心体系。硬件结构如图 13.3 所示。

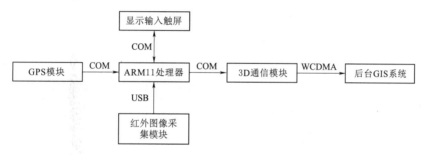

图 13.3　硬件结构

程序采用 C♯语言结合 WinCE6.0 开发软件结构,WindowsCE 操作系统环境的多线性、多任务、全优先是专门针对资源有限而设计的。面向不同的系统程序,WinCE 底层提供了多种系统库、工具和开发嵌入式工具,这样就让 WinCE 平台能够定制 OEMs 的专项硬件平台。内置的嵌入式集成器由软件开发包(SDK)和设备驱动包(DDK)组成。设备驱动包包含了几乎所有设备的驱动程序包,软件开发包有程序引导头文件、库文件来方便 WinCE 平台应用的融合。

WindowsCE 由硬件层、OEM 层、操作系统层和应用层组成,OEM 层主要由 CSP(chip support package)代码和 BSP(board support package)代码组成。WindowsCE 操作系统的核心层是操作系统层,它需要提供接口和服务给下层 OEM 层和上层应用程序。应用层由 Win32API 构建的应用程序组成,程序主要包括 WindowsCE 本身提供的应用程序和用户根据自身设备需要开发的应用程序。飞行控制模块如图 13.4 所示。

主流的 4.5 寸电容触屏输入模式,GPS 模块采用 SiRFStarⅢ - GPS 型号,其同

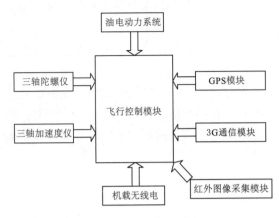

图 13.4　飞行控制模块

时跟踪通道数为 20，灵敏度为 —159dBm，定位精度为 5m（允许广域差分系统），默认坐标系统为 1984 年世界大地坐标系（WGS—84）。数据输出格式为 SiRF 或 NMEA0183（GGA，GSA，GSV，RMC，VTG，GLL）。通信采用无线 3G 数据传输，模块采用中兴 AD3812V2 通信模块，同时支持 WCDMA 的 850MHz、1900MHz、2100MHz 三频，采用串行数据接口，可以保证终端永远在线，提供了一个高速、稳定的数据连接。

13.3　全数字动态红外热像分析系统应用实例解析

1. 加强对隐患设备的监测，掌握主力设备的温度变化规律

最低负荷时间的设备红外温度分布图像如图 13.5 所示。

最高负荷时间的设备红外温度分布图像如图 13.6 所示。

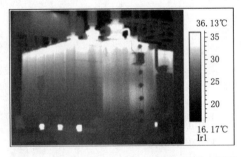

图 13.5　最低负荷时间的设备红外温度分布图像

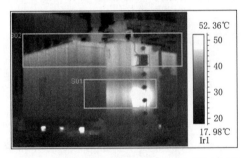

图 13.6　最高负荷时间的设备红外温度分布图像

通过使用全数字动态红外热成像分析系统对该设备进行连续 18h 的监测之后的曲线分析（上下部位温度曲线比较），如图 13.7 所示。

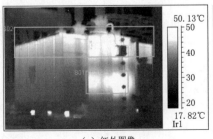

（a）红外图像

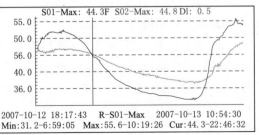

（b）曲线分析

图 13.7　红外图像和曲线分析

对该设备进行连续 18h 的监测之后的曲线分析（正常部位和缺陷部位曲线比较），如图 13.8 所示。

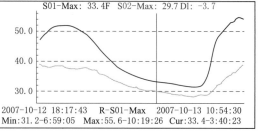

（a）红外图像　　　　　　　　　（b）曲线分析

图 13.8　红外图像和曲线分析

通过应用全数字动态红外分析系统对该设备进行连续的 18h 的录制并且将后期得出的温度曲线进行分析，我们可以清晰地了解到设备在何种负荷下其缺陷呈现怎样的发展趋势。

2. 发现并且监测电压致热型的微小温差的缺陷

对 B 相避雷器上节和下节温度曲线进行分析。图 13.9（a）为单张的红外图像，图 13.9（b）为对 B 相避雷器进行 24h 录制后进行上下节温度曲线的分析结果。

（a）红外图像　　　　　　　　　（b）曲线分析

图 13.9　红外图像和曲线分析

对 A 相避雷器上节和下节温度曲线进行分析对比。图 13.10（a）为单张的红外图像，图 13.10（b）为对 B 相进行 24h 录制后进行上下节温度曲线的分析结果。

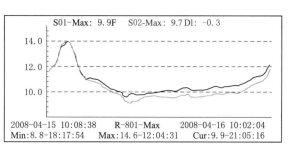

（a）红外图像　　　　　　　　　（b）曲线分析

图 13.10　红外图像和曲线分析

以往在针对类似于主变套管、避雷器、电缆头等变电站主力设备进行红外检测时，因为此类发生缺陷时往往在设备内部，表现在表面的温度差异非常小。使用常规的静态红外热成像仪一方面要求拍摄人员要有非常丰富的红外拍摄经验；另一方面，一旦发现类似的微小温差缺陷，单单根据静态的红外图片，有时因环境影响而误判造成不必要的检修，有时亦因忽略这样的缺陷而造成事故。

通过应用全数字动态红外分析系统对此类缺陷进行长时间的连续录制并且进行曲线分析之后，通过对趋势曲线的对比可以清楚而明确地得到其温差的大小以及发展趋势。从而排除了各类消极因素影响，得到清晰而明确地检修依据。

3. 掌握设备缺陷发展规律，确定最佳检修时间

晚间 8：40 拍得的静态红外图像如图 13.11 所示。

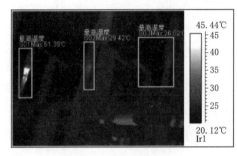

图 13.11　静态红外图像

根据电气典型红外图谱可知，该电缆头缺陷部位是由场强不均匀造成的，通过对 A、B、C 三相最高温度对比，基本上将该缺陷定性为一般缺陷。

对该设备连续监测 16h 后得出的分析结果如下。图 13.12（a）是根据图 13.12（b）曲线趋势图中调出的温差最大的图像，由图中的最高温度可知，该设备的缺陷程度已经属于紧急缺陷，需要立即停电进行检修（实际情况也是看到此报告之后，立刻停电进行检修）。

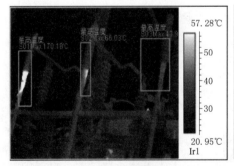

（a）红外图像

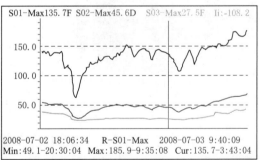

（b）曲线分析

图 13.12　红外图像和曲线分析

根据以往的红外拍摄经验和实际应用情况，变电站设备的检修时间基本上都在日落之后 2～3h，但因为设备运行负荷变化因素，当设备发生缺陷时，其发展趋势呈现复杂多样的特点，并且很多主设备在发现故障时因考虑到电力设备运行的可靠性和缺陷的紧急程度并不能立刻进行停电检修。

通过应用全数字动态红外热像分析系统对此类缺陷进行连续的拍摄之后，分析得出其温度变化曲线，可以完整得到其缺陷的发展规律以及严重程度，从而为确定最佳检修时间提供全面严谨的数据依据。

4. 通过连续监测找到隐患

通过对重要设备上一些电流致热型缺陷的连续监测，进行监测结果分析可以发现内部真正存在的隐患问题。

晚间 7：30 拍得的静态图像如图 13.13 所示。

由晚间 7：30 拍得的静态图像分析可得出（A、B、C 三相均载）：A 相和 C 相均存在着发热问题，且 C 相的缺陷最为严重。

凌晨 3：11 拍得的静态图像如图 13.14 所示。

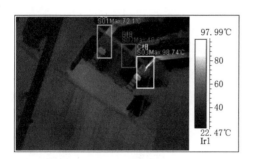

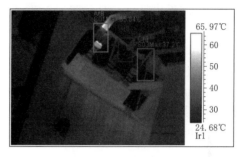

图 13.13　静态图像（一）　　　　　图 13.14　静态图像（二）

由凌晨拍摄的静态图像分析可发现 A 相仍然存在发热现象，但 C 相在温度表征上已经完全没有发热现象。连续监测分析后得出的红外图像和曲线分析如图 13.15所示。

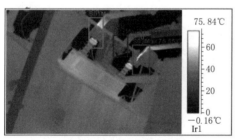

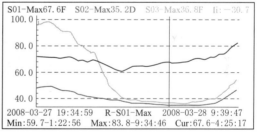

（a）红外图像　　　　　　　　　　　（b）曲线分析

图 13.15　红外图像和曲线分析

采用全数字动态红外热像分析系统后，对重点设备的运行温度趋势规律进行分析，对重点变电站隐患设备的温度连续监测，对不同重点变电所的相同型号设备温度趋势进行比较研究和对新投运过程中关键设备的运行温度进行监测分析，开创了对设备在运行全过程温度数据掌握的新局面。

（1）突破了原先使用的常规红外热像仪只能拍摄和记录单幅的红外图片，对一个时间瞬间的电力设备温度分析的局限。

（2）整个监控系统现场搭建可在 10min 内完成，可根据被测设备具体情况选择最佳角度。

（3）可在全天候气象条件下稳定地、长时间地连续监测。

（4）与传统固定安装式监测相比，因可拆装（10min 内完成）不需施工，建设资金大大降低。

（5）在比较危险的安全隐患设备的监测方面，保证了工作人员的人身安全，减少了人力、物力的大量耗费。

（6）减少了停电检修的次数。

13.4　FLIR Tools 软件的相关介绍

FLIR 公司始创于 1978 年，首创并开发了高性能、低成本红外（热）成像系统。1990 年，FLIR 成功并购了业内的红外成像公司 HughesAircraftCo.。多年来并购了瑞典 Agema 公司，美国 Inframetrics 公司，美国 Indigo 公司，美国 Extech 仪器公司。

红外热像仪是通过非接触方式探测红外热能，并将其转化成电子信号加以处理，进而在视频显示器生成热图像，并可以对温度值进行计算的一种检测设备。红外热像仪能够将探测到的热量精确量化或测量，不仅可以用于监控热性能，而且还能够对热相关故障进行准确识别。

13.4.1　软件简介

软件主界面如图 13.16 所示。FLIR Tools/Tools＋是专用于轻松更新热像仪和创建检查报告的软件套件。在 FLIR Tools/Tools＋中可进行的操作包括以下示例：

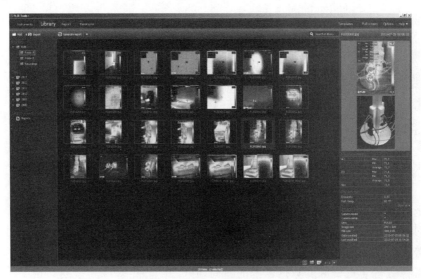

图 13.16　软件主界面

（1）将图像从热像仪导入计算机。

（2）搜索图像时应用过滤器。

（3）在任何红外图像上布置、移动测量工具，并调整其大小。

（4）组合和拆分文件。

（5）通过将若干小图像粘合为一个大图像可以创建全景。

（6）创建所选图像的 PDF 图像层。

（7）向图像层添加页眉、页脚和徽标。

（8）创建所选图像的 PDF/Microsoft Word 报告。

（9）向报告添加页眉、页脚和徽标。

（10）使用最新固件更新热像仪。

13.4.2　安装

1. 系统要求

FLIR Tools/Tools＋支持以下 PC 操作系统的 USB 2.0 通信：

（1）Microsoft Windows Vista，32 位，SP1。

（2）Microsoft Windows 7，32 位。

（3）Microsoft Windows 7，64 位。

（4）Microsoft Windows 8，32 位。

（5）Microsoft Windows 8，64 位。

（6）Microsoft Windows 10，32 位。

（7）Microsoft Windows 10，64 位。

2. 硬件

硬件包括 1GHz 32 位（X86）处理器的个人计算机；至少 2GB RAM（推荐 4GB）；40GB 硬盘，至少 15GB 可用硬盘空间；DVD－ROM 驱动器。

（1）支持具有下列特性的 Direct X9 图形：

1）WDDM 驱动程序。

2）128MB 图形内存（最低）。

3）硬件中的 Pixel Shader 2.0。

4）每像素 32 位。

5）SVGA（1024×768）监视器（或更高分辨率）。

6）接入 Internet（可能需要付费）。

（2）音频输出。键盘和鼠标，或兼容的指针设备。

3. 安装 FLIR Tools/Tools＋

注意安装 FLIR Tools/Tools＋之前，请关闭所有程序。

请遵循以下步骤：

（1）将 FLIR Tools/Tools＋安装光盘插入 CD/DVD 驱动器。安装程序自动启动。

（2）在自动播放对话框中，单击运行 setup.exe（FLIR Systems 发布）。

（3）在用户账号控制对话框中，确认安装 FLIR Tools/Tools＋。

（4）在准备安装程序对话框中，单击安装。

（5）单击完成，此时安装完成。如果提示是否重启计算机，选择重启。

13.4.3　登录

首次启动 FLIR Tools/Tools＋时，必须使用 FLIR 客户账号登录。如果已有

FLIR 客户账号，则可以使用同一登录凭据。

注意：登录时，您的计算机必须能访问互联网。除非您注销过，否则不需要再次登录即可使用 FLIR Tools/Tools＋。

1. 登录步骤

（1）启动 FLIR Tools/Tools＋。

FLIR Loginand Registration 窗口如图 13.17 所示。

（2）要使用现有 FLIR 客户支持账号登录，请执行以下操作：

1）在 FLIR Loginand Registration 窗口中，输入用户名和密码。

2）单击 Log In，视互联网连接情况，FLIR Tools/Tools＋可能花费几秒时间启动。

（3）要创建新的 FLIR 客户账号，请执行以下操作：

1）在 FLIR Loginand Registration 窗口中，单击 Createa New Account。这会在 Web 浏览器中打开 FLIR Customer Support Center 界面，如图 13.18 所示。

2）输入所需信息并单击 Create Account。

图 13.17　FLIR Loginand Registration 窗口　　　图 13.18　FLIR Customer Support Center 界面

2. 注销

软件菜单栏如图 13.19 所示。通常无须注销。如注销，需要再次登录才能启动 FLIR Tools/Tools＋。请遵循以下步骤：

（1）在上部菜单栏的最右边，单击用户名。

（2）单击 Log Out。

（3）要注销并退出 FLIR Tools/Tools＋，单击"Yes"。这样会关闭应用，但所有未保存的工作将丢失。要取消并返回应用，单击"Cancel"。

13－3
红外数据
处理题库

图 13.19　软件菜单栏

第14章　激光点云数据处理

14-1
激光点云
数据处理

　　本章对于激光点云数据处理技术进行讲解。首先介绍了激光点云数据处理技术的基本原理，使读者了解数据处理的基本过程。然后对激光点云数据流入、分类与分析处理过程进行详细说明，通过有效地巡线管理，以确保电力的安全输送。最后对三维激光点云建模进行介绍，提出基于三维激光点云构建"三维一体"的线路运维模式，使读者全方位提升对激光点云数据处理技术的认识。

14.1　激光点云数据处理基本原理

　　点云处理涉及的技术主要为以下十个：点云滤波（数据预处理）、点云关键点、特征和特征描述、点云配准、点云分割与分类、SLAM 图优化、目标识别检索、变化检测、三维重建、点云数据管理。激光雷达（LiDAR）点云数据中的每一个点都包含了三维坐标信息，也是常说的 X、Y、Z 三个元素，有时还包含颜色信息、反射强度信息、回波次数信息等。激光雷达（LiDAR）包括了激光测距系统、光学机械扫描单元、控制记录单元、全球定位系统（global position system，GPS）、惯性测量系统（inertial measurement unit，IMU）以及一套成像设备等。机载激光雷达（LiDAR）进行采集点云数据时除了天气需要满足飞行条件外，还需要获得空域许可，提前设计航线，实地勘察。三维预览只是点云最基本的表面特征，因为每一个点云都具备空间坐标信息，因此它们都具备测量能力。两点成线、三点成面、四点成体，通过这些点不仅可以明确了解地表空间上的某个点的坐标信息，还可以计算它们之间的长度、面积、体积、角度等信息，正好应对了测量需要的要素。图14.1 为激光点云数据地理信息图。

　　1. 点云滤波（数据预处理）

　　点云滤波，顾名思义，即滤掉噪声。原始采集的点云数据往往包含大量散列点、孤立点。点云滤波的主要方法有：双边滤波、高斯滤波、条件滤波、直通滤波、随机采样一致滤波、VoxelGrid 滤波等，这些算法都被封装在了 PCL 点云库中。

图 14.1　激光点云数据地理信息图

2. 点云关键点

在二维图像上，有 Harris、SIFT、SURF、KAZE 这样的关键点提取算法，这种特征点的思想可以推广到三维空间。常见的三维点云关键点提取算法有以下几种：ISS3D、Harris3D、NARF、SIFT3D，这些算法在 PCL 库中都有实现，其中 NARF 算法是比较常见的。

3. 特征和特征描述

如果要对一个三维点云进行描述，光有点云的位置是不够的，常常需要计算一些额外的参数，比如法线方向、曲率、纹理特征等。如同图像的特征一样，需要使用类似的方式来描述三维点云的特征。常用的特征描述算法有：法线和曲率计算、特征值分析、PFH、FPFH、3D Shape Context、Spin Image 等。

4. 点云配准

常用的点云配准算法有两种：正态分布变换和著名的 ICP 点云配准。

5. 点云分割与分类

点云分割又分为区域提取、线面提取、语义分割与聚类等。一般说来，点云分割是目标识别的基础。分割包括：区域声场、Ransac 线面提取、NDT - RANSAC、K - Means、Normalize Cut、3D Hough Transform（线面提取）、连通分析。分类包括：基于点的分类、基于分割的分类、监督分类与非监督分类。图 14.2 为点云分割与分类示意图。

图 14.2　点云分割与分类示意图

6. SLAM 图优化

SLAM 技术中，在图像前端主要获取点云数据，而在后端优化主要就是依靠图优化工具。一些常用的工具包括：g2o、LUM、ELCH、Toro、SPA；SLAM 方法包括：ICP、MBICP、IDC、Likehood Field、Cross Correlation、NDT。

7. 目标识别检索

这是点云数据处理中一个偏应用层面的问题，简单说来就是 Hausdorff 距离常被用来进行深度图的目标识别和检索，现在很多三维人脸识别都是采用这种技术。

8. 变化检测

当无序点云在连续变化时，八叉树算法常常被用于检测这种变化，这种算法需要和关键点提取技术结合起来，八叉树算法是经典中的经典。

9. 三维重建

获取到的点云数据都是一个个孤立的点，如何从一个个孤立的点得到整个曲面呢，这就是三维重建。常用的三维重建算法和技术有：泊松重建、Delauary triangulatoins、表面重建、人体重建、建筑物重建、输入重建、实时重建、重建纸杯或者农作物 4D 生长台式、人体姿势识别、表情识别。

10. 点云数据管理

主要包含：点云压缩，点云索引（KDtree、Octree），点云 LOD（金字塔），海量点云的渲染。

14-2
激光点云
数据处理
基本原理
的相关图
片

14.2 激光点云数据流入、分类与分析处理

14.2.1 激光点云数据流入与分类

1. 电力线候选点滤波

进行点云数据预处理，建立电力线三维结构特征指标体系。基于机载 LiDAR 点云数据的电力线三维结构特征指标体系包括：基于原始点云数据、噪声、地面、建筑物等显著非电力线点的过滤机制。将更加准确地区分非电力线点，减少后续处理数据量，同时保证可能电力线点的完整筛选。根据原始 LiDAR 点云进行地面点过滤和 DTM 生成以提取所有非地面点，根据电力线布设规范，选择地面 4m 以上的非地面点作为电力线候选点。

2. 多尺度邻域类型选取

使用给定点 X 的局部三维空间形状结构进行电力线分类。初步选取两类邻域：单一尺度邻域和多尺度邻域。并在每个尺度上分别选取球形邻域、柱状邻域和 K 值邻域 3 种邻域类型，每种邻域类型的限制参数为半径和 K 值。其中球形邻域为围绕给定点 X 的球体内的所有三维点形成的球形邻域，限制参数为半径；柱状邻域为围绕给定点 X 的圆柱内的所有三维点组成的圆柱形邻域，其中圆柱的轴线穿过给定点 X，限制参数为半径；K 值邻域为围绕给定点 X 的 K 个最近三维点组成的邻域，限制参数为 K 值。经多次试验比较分析，选定多尺度球邻域获取电力线形状结构的各向异性和层次细节。

3. 形状结构特征提取

结合 LiDAR 点云数据中电力线与林木、建筑物等地物相互遮挡、混杂的问题和电力线快速自动化提取的需求，针对已有的基于结构形状的统计分析和图像处理分类方法中的不足，通过研究在不同复杂场景下电力线点云数据的形状结构特征，确定其关联参数。由邻域内点集的协方差三维结构张量的特征值计算和提取形状结构特征。

基于前述的候选电力线点云数据集及其三维形状结构关联参数，针对已有的电力线分类概率统计分析、格式转换间接分类等方法存在的模型精度和误差问题，设计和研究基于机器学习监督分类的电力线智能分类模型。设计机载 LiDAR 点云数据的 SVM 分类算法，以候选电力线点云的三维形状结构关联参数作为特征向量，以是否属于电力线点作为结果种类，构建电力线 SVM 分类算法的训练样本和测试样本，以 Terrascan、ENVI 等商业软件和人工手动提取真实结果为训练样本，选择机载 LiDAR 点云数据作为测试样本，并使用五重交叉对比分析来验证评估分类器

的准确性。

（1）点云解算。自动解算：Laser 与 POS 数据进行匹配，使点云具有精确坐标值，如图 14.3 所示。

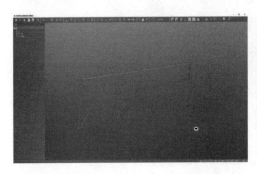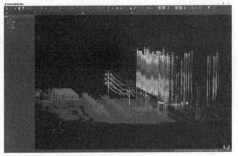

图 14.3　点云解算示意图

（2）点云去噪。自动去噪：去除因雾霾、太阳光、飞鸟等因素产生的无效点云，使点云更干净，如图 14.4 所示。

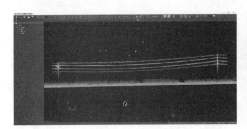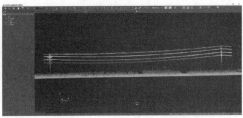

图 14.4　点云去噪示意图

（3）点云分类。自动分类：将杆塔、导线、植被、地面进行分类，如图 14.5 所示。

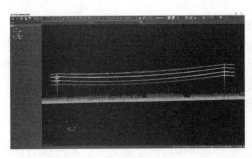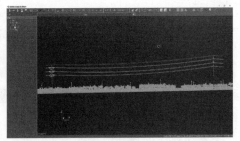

图 14.5　点云分类示意图

（4）树障交跨分析。自动分析：指定相应电压等级，自动分析树障交跨点，如图 14.6 所示。

（5）报告生成。平断面图：报告以列表、平断面图形式生成，如图 14.7 所示。

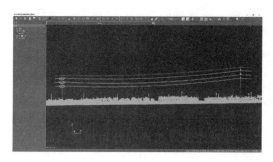
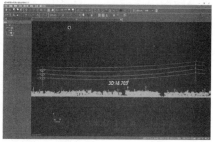

图 14.6 树障交跨分析示意图

14.2.2 激光雷达电力巡线作业流程

1. 电力巡线解决方案

面对已建成的电力网络，需要有效地对其进行巡线管理，以确保电力的安全输送。传统的巡线方法存在数据不直观、精度低、再利用程度不高、作业强度大、作业周期长以及地形复杂地区难以工作等缺点。

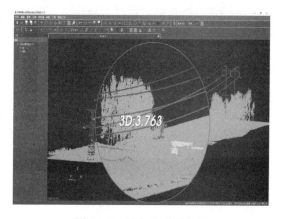

图 14.7 报告生成示意图

14-3
激光雷达
电力巡检
作业实例
分析

2. 系统特点

多平台激光雷达系统具有快速获取高精度激光点云和高分辨率数码影像的优点，可以获得输电线路相关距离测量的数据，如通道内的树竹房障、交叉跨越（输电线路、高速、河流等）、导地线弧垂及杆塔各部件之间的安全距离等。系统无论对新建线路的走向选择设计，还是对已建线路的危险点巡线检查、线路资产管理以及各种专业分析，都带来了传统测绘手段所不具备的应用模式和技术优势。

3. 解决方案

近年来，随着中国经济建设的高速发展，用电需求高速增长，对电网建设的需求亦日益强烈。与此同时，面对已建成的漫长电力网络，如何有效地对其进行管理，以保证电网的正常运行，确保电力的安全输送，亦显得更加重要。一次停电事故不但给电网经营企业的经济效益带来损失，而且对电力用户和整个社会都将造成严重的影响。

（1）应用优势。机载激光雷达系统由于具有快速获取高精度激光点云和高分辨率数码影像的优点，无论对新建线路的走向选择设计，还是对已建线路的危险点巡线检查、线路资产管理以及各种专业分析，都带来了传统测绘手段所不具备的作业模式和技术优势。其主要应用如下：

新建线路的验收及原始档案的建立。主要包括：线路通道（树木房屋）、交叉跨越（输电线路、高速、铁路等）、杆塔本体（各部件安全距离、倾斜等）、导地线弧垂及线间距离等。对运行中的输电线路，测量导线与树竹、新建房屋等的安全距离，对树竹的生长趋势进行判断等，大负荷高温等情况导地线弧垂的检测和交叉跨越点线间距的测量。带电作业前校核杆塔各部件之间的安全距离，如塔窗结构尺寸、导线间安全距离等。

（2）设备概况。机载激光雷达扫描测量系统集成了激光传感器、定位定姿系统、高分辨率数码相机、计算机控制单元、无人机飞行平台等，具有集成度高、质量轻、数据精度高、运行成本低、使用限制少、操作维护简单、快速拆装、方便携带等特点。

（3）解决方案。通过无人机搭载激光雷达系统获取真实点云数据，为输电线路监护人员提供数据基础，通过专业电力三维激光点云软件处理，以电力走廊内的关键对象——电力线与电力塔为核心，发现输电线路设施设备异常和隐患，以及线路走廊中被跨越物对线路的威胁。标识高大植被、高层建筑、穿越线路等关注地物，分析相互之间的拓扑关系与相互作用，输出图表提示危险排查区域，检测建筑物、植被、交叉跨越等对线路的距离是否符合运行规范。

4. 航线规划及数据采集

航线的规划工作是决定飞行扫描测量成果质量的关键因素，规划完成后通过自动或者手动控制的方式，对输电线路进行飞行扫描测量和成像，获得高精度点云和影像数据。将点云导入专业电力点云分析软件中进行处理。利用机载激光雷达获取的高精度点云，快速获得高精度三维线路走廊地形地貌、线路设施设备以及走廊地物（包括电塔、塔杆、挂线点位置、电线弧垂、树木、建筑物等）的精确三维空间信息和三维模型。根据输电线路安全距离的要求，可分析线路走廊内导线与植被、建筑物、交叉跨越等净空距离，进而确定线路运行状态是否安全，并对超过预定安全距离的危险点形成报表并进行标识提示，最大限度地发挥系统的输电能力。

（1）三维立体及快速剖面查看，如图 14.8 所示。

图 14.8　三维立体及快速剖面图

（2）三维量测分析。实现对线路任意点距离量测、面积量测。能够直接精确测量出输电线路各点的坐标、高程、任意两点间空间距离、任意点高程等；能够精确测量电力线相间距离，为间隔棒的制作与安装提供精确尺度。图 14.9 为三维量测分析图。

（3）滤波与地物分类。实现激光点云的滤波处理和点云分类，将点云数据划分为地表点云、输电本体点云及走廊内地物点云等几类。提高数据生产效率，消除了数据滤波以及坐标转换等费时的工作，实现自动化数据处理过程，节省了重要的时间和资源。图 14.10 为滤波与地物分类示意图。

图 14.9　三维量测分析图

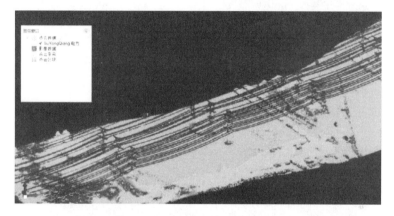

图 14.10　滤波与地物分类示意图

14.3　三维激光点云建模

14.3.1　基于三维激光点云构建"三维一体"的线路运维模式

1. 实现"无人机＋人工"巡检模式

实现线路巡检模式由人工巡检向"无人机＋人工"为主的协同自主巡检模式转变。机载激光雷达技术在输电线路巡检中的应用较为成熟，在国内外均有大量案例，由于测量精度高，同时可以穿透植被，实现对电线和电塔等细小物体的准确测量和建模，在电力巡检中展现极大的精度优势。

2. 巡检点云应用

激光点云系统作用在输电线路上可以将线路铁塔、导地线、线路通道及其周边环境的影像数据通过空间三维解算形成三维点云数据，可以直观地观察到线路通道走廊内目标物的空间位置和轮廓。通过建模可以全景展现输电线路的实时工况，同时可以模拟最大工况。

3. 提升运维质效

无人机飞检一次，可以同时实现对设备运行情况巡检，工况安全距离测量，导线、避雷线弧垂测量，交叉跨越及对地距离测量，杆塔倾斜测量以及多时序性走廊异常检测等。

（1）线路验收。通过激光点云三维建模（图 14.11），激光雷达可以模拟风偏导线、风偏植被、覆冰状况、高温状况等条件下导线净空距离，弧垂测试的判定；可以进行杆塔倾斜测试；可快速完成电气间隙、位置、角度等竣工验收项目。上交跨线如图 14.12 所示，下交跨线如图 14.13 所示。

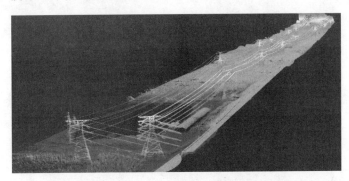

图 14.11　激光点云三维建模

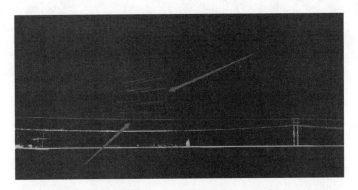

图 14.12　上交跨线

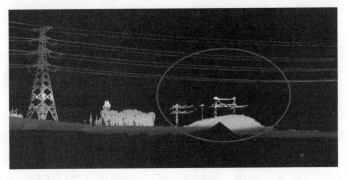

图 14.13　下交跨线

实现对导线弧垂、引流线对杆塔安全距离、绝缘子尺寸、通道建筑、树障缺陷等竣工验收参数的测量与提取。提高验收精度和准确性，节省验收人工和时间成本。

建立通道树木、房屋等"0"号台账图，系统自动形成通道验收报告。树木、房屋等"0"号台账如图 14.14 所示。

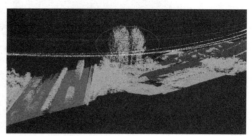

图 14.14 树木、房屋等"0"号台账图

建模后对山火、地质灾害、洪水泥石流提前进行风险预警，实现智慧防汛、智慧预防。

图 14.15～图 14.17 为采用无人机自主电力巡检系统各工况示意图，通过图可以看出各工况下巡检状态结果，为电网工作人员提供重要参考。

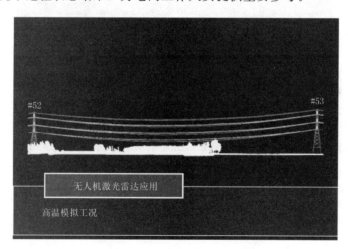

图 14.15 高温模拟工况示意图

（2）线路通道数字化应用。建立三维数字化台账数据成果，可为运维单位制订作业方案、优化巡检频次、应急防灾处置提供重要的辅助决策信息，是一种极具价值的电网数字化资产。直接经济效益和运维质效得到显著提升。

14.3.2 应用三维激光点云建模的效益分析与实践创新

1. 经济效益

在现有激光点云基础上开发三维航线规划配套子系统和无人机自动驾驶智能控制配套子系统，对现有无人机电力巡检系统进行升级改造，构建一种效率高、风险

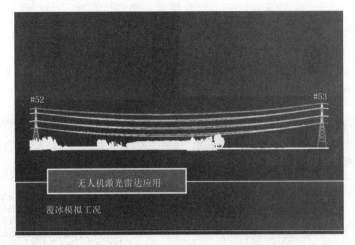

图 14.16　覆冰模拟工况示意图

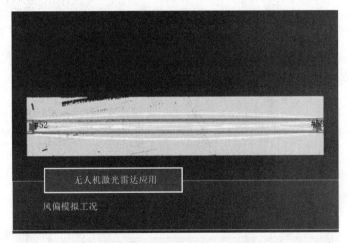

图 14.17　风偏模拟工况示意图

小、智能化的新型巡检模式，提高了巡检效率并有效解决电网巡检结构性缺员问题；同时，有利于提高机巡作业的安全性，避免安全事故发生，降低输电线路设备损坏。

2. 社会效益

本系统有利于推动机巡业务的快速发展，实现机巡作业安全智能自动进行，确保机巡采集数据的质量，提高机巡发现缺陷的准确性，从而保障电网安全稳定运行，为城市供电事业保驾护航。

3. 线路通道数字化应用

利用无人机搭载三维激光扫描系统，可以快速准确地收集输电线路走廊内本体设备以及走廊地物的三维点云数据，并进一步在内业环境中通过处理分析流程，快速检测输电走廊内存在的树障安全缺陷。电力线隐患点结果标识如图 14.18 所示。

图 14.18　电力线隐患点结果标识（箭头部分为检测到的线路隐患点）

4. 创新与实践

由于输电线路长距离、走廊复杂、交叉跨越多、地域气候差异性大、输电线路公里数逐年增加与线路运行维护人员数量相对不足的矛盾日趋突出，为了解决此项问题，应用三维激光点云建模技术，能够直观反映输电线路实际走向、交叉跨越关系及距离清晰、直观的三维走廊，读取量测的全面数据，三维实景化展示现场通道情况，实现任意空间距离的三维测量，开展线路运维危险点的智能化监测分析与预警。

点云数据作为基础空间数据，能实现架空输电线路资产的数字化管理，充分体现了各设备对象的空间位置、尺寸和拓扑关系，为直升机、无人机巡检提供第一手准确的资料，使得线路巡视更智能、更精细。利用三维环境，可以将故障点附近的路况信息、实时地理位置、设备台账信息等直观、立体地展现出来，同时可以进行设备、应急点的定位。对于有效地分析调配策略、合理地利用资源起到至关重要的作用。

三维激光扫描技术的产生，对电力行业的运营和发展起到了积极作用。不论是从日常检修还是数字化定期电子存档，三维激光扫描技术都可以轻松实现。在三维技术高精度、高分辨率的优势下，可以通过原始数据与现检测数据的对比，准确直观地看到每一处微小部位的变形程度，甚至可以具体到每个点的变化程度。检测过程快速便捷，只需要设备操作人员即可，解决了以往传统检测大量投入人员和时间的弊端，大大提高了工作效率，更降低了外业环境对工作人员的危险性。

在 220kV 巡视现场，输电运检人员利用无人机搭载激光雷达开展三维数据采集：无人机在输电线路通道上方边飞行边采集数据，最后形成输电线路通道点云数据，建立通道三维点云模型，可进行交跨距离测量、弧垂测量、导线风偏计算等分析，能够大幅提升输电线路巡视精确度。"激光雷达点云"通过飞行扫描，可以将线路铁塔、导地线、线路通道及其周边环境的影像数据通过空间三维解算形成三维点云数据，可以直观地观察到线路通道走廊内目标物的空间位置和轮廓，确定导地线与地面、建筑、植被等目标物之间的距离。无人机搭载激光雷达，将以往无人机巡线结合激光雷达扫描的方式，对线路空间环境进行测绘，完整获取电力线路走廊的三维点云模型数据，使得巡检线路变成了可任意测量分析的精准立体模型。工作人员坐在电脑前，轻触鼠标就能清晰地看到整个场景，以往无人机巡视，依靠人工主观判断树木与导线的距离，存在一定的误判率，现在可以直接反馈精准的数据，距离精确到厘米级别。

　　目前，激光雷达点云已解放了无人机操作人员的双手和双眼，作业效率得到明显提升。为深化班组无人机应用水平，确保无人机在日常巡视、故障巡视、验收巡视、灾情勘察和恶劣天气应急巡视中发挥重要作用，输电运检专业构建了"陆空双视角、人机两结合"巡检模式，以相对近距离提升立体巡视质量，解放了人力，提高了巡视效率。

14 - 4
激光点云
数据处理
题库

第15章 倾斜摄影数据处理

倾斜摄影技术是近年来最新发展起来的一种新技术，它由传统航摄与数字地面采集两种技术组合而成，又被称为机载多视角倾斜摄影。该技术一改之前仅可以从垂直角度拍摄得到正射影像的限制，实现了在一个飞行平台上搭载多个镜头相机、同一时间从垂直以及倾斜等各个视角得到影像。通过这一技术得到的多视影像既可以逼真地反映地物的情况，并且能够应用高新的定位技术为其赋予精度较高的地理信息。

倾斜摄影技术通过融合空间三维坐标和空间姿态信息、数字表面模型及矢量等数据，弥补了传统航摄的不足，可以在影像上进行空间量测，倾斜影像测量技术更适合于网络环境的应用。倾斜摄影测量系统主要包含倾斜摄影数据获取技术和后期数据的处理技术。

15.1 三 维 浏 览

本平台系统以领先的倾斜摄影三维重建技术为核心，打造了巡检图片还原线路通道三维模型的实景三维的全自动重建服务。

倾斜摄影测量技术是一种新兴的摄影测量技术，作为传统摄影测量技术的一种新发展，它基于同一飞行平台上搭载的多台传感器，同时从垂直、侧向和前后等角度采集图像，能够比较完整地获取地面建筑物的侧面纹理信息。倾斜摄影测量技术凭借其多视角、高真实性、全要素等优点，在应急救灾、国土监察、城市建设、税收评估、资源开发等领域得到了广泛应用。

倾斜摄影测量技术数据处理流程包括影像预处理、多视影像联合平差、多视影像密集匹配、高精度 DSM 自动提取及三维建模等。

1. 影像预处理

影像预处理包括畸变校正、匀光匀色处理。受相机系统的安装误差和镜头畸变的影响，拍摄出的影像会存在像主点偏移以及影像边缘发生畸变的情况，因此在航飞前需要在地面检校场对相机开展检校工作，解算出相机的内方位元素和畸变参数，然后利用解算得到的检校参数结合相应软件完成影像的畸变处理。

2. 多视影像联合平差

多视影像联合平差主要需要考虑大视角变化所引起的几何变形和遮挡的问题，

以倾斜摄影瞬间 POS 系统提供的多角度影像的外方位元素作为初始值，通过构建影像金字塔，采用金字塔由粗到细的匹配策略，在每一等级的影像上进行自动连接点提取，提取后进行光束区域网平差，可获得更好的匹配效果。

3. 多视影像密集匹配

影像匹配是数字图像处理的核心问题，在摄影测量技术领域也会涉及影像匹配，影像匹配结果直接决定空三质量。传统的方法一般采用单一的匹配基元，这样很容易出现"病态解"，使得匹配的精度和可靠性降低。多视影像具有覆盖范围大、分辨率高的特点，同一地物会对应多个不同视角的影像，在匹配的过程中可充分利用这些冗余信息，采用多视影像密集匹配模型快速提取多视影像上特征点坐标，实现多视影像之间特征点的自动匹配，进而获取地物的三维信息。

4. 高精度 DSM 自动提取

经过多视影像密集匹配后，可以得到精度及分辨率较高的数字表面模型，数字表面模型能真实反映地面物体起伏状况，是构成空间基础框架数据的重要内容。

5. 三维建模

利用多视影像密集匹配获取的超高密度点云，同样可以构建不同层次细节度下的三维 TIN 模型。根据地物的复杂程度可以自动调节三角网的网格密度，对于地面相对平坦的区域，可对其三角网进行优化，以降低数据的冗余度。三角网创建完成后即形成了三维模型的三维 TIN 模型矢量结构。基于倾斜摄影测量技术生成的模型成果，由于受平台、天气条件以及软件算法等客观因素的影响，常常会出现若干种畸变类型，主要包括模型空洞、纹理变形、纹理不均匀、悬浮物漂浮等。

6. 基于 HLS 的实时视频传输

Http Live Streaming（HLS）是由苹果提出基于 HTTP 的流媒体传输协议。HLS 有一个非常大的优点：HTML5 可以直接打开播放。这意味着可以把一个直播链接通过微信等方式转发分享，不需要安装任何独立的 App，有浏览器即可。

HLS 结构如图 15.1 所示，Audio/Video inputs 指视频源，Server 接收到视频源后，Mediaen coder 将源视频转码成 HLS 支持的编码格式和封装格式，根据需求可输出多个码率分别送至 Stream segmenter，在 segmenter 中被切分成指定大小或时间长度的 TS 切片，并生成索引文件 M3U8；Distribution 是一个 HTTP 文件服务器，负责将流媒体文件推送出去或响应客户端的请求。客户端只要访问一级 M3U8 文件路径就能自动播放 HLS 视频流了。M3U8 文件其实就是以 UTF－8 编码的 M3U 文件，该文件本身不能播放，只是用于存放待播放视频流的基本信息。HLS 有两级索引，第一级索引存放的是不同码率的 HLS 源的 M3U8 地址，也就是二级索引文件的地址；第二级索引则记录了同一码率下 TS 切片序列的下载地址。客户端获取一级 M3U8 文件后，根据自己的带宽，去下载相应码率的二级索引文件，然后再按二级索引文件的切片顺序下载并播放 TS 文件序列。

7. 平台功能应用

（1）输电线路通道三维密集点云成果。本系统平台基于计算机三维视觉重建核心技术，打造了从二维图像还原三维模型的实景三维的全自动重建服务。

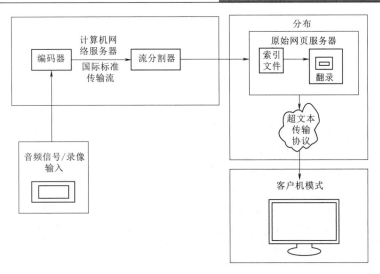

图 15.1　HLS 结构

第一步：相机姿态恢复技术构建出多视角精确的相机姿态并产生稀疏的三维点云。利用高可靠性粗差剔除技术，结合基于图片检索方法快速、有效地找到匹配的图片并进行快速特征点匹配。

第二步：结合最新的三维密集点云匹配方法得到精确的三维密集点云，并对相机局部姿态进行优化，从而产生亚像素的密集点云匹配。

（2）网格模型重建。基于相机点云可见性的三维 TIN 模型构建技术，能够通过云匹配和倾斜影像快速、全自动地构建 TIN 模型。突破了基于 Mutual Information 和 Census Transform 匹配代价相结合的 SGM 密集匹配技术、基于 Possion 方程的三维 TIN 模型构建技术和影像纹理自动优选映射技术，能够实现高效的像素密集点云匹配和倾斜影像三维纹理 TIN 模型的快速全自动构建。

（3）纹理映射。应用影像纹理自动优选映射技术，结合图像的三维网格模型的优化算法，实现高精度纹理映射。

（4）生成线路通道实景三维模型成果。可将海量二维影像数据生成真三维实景模型，并可进行通道三维模型展示和三维模型编辑，如图 15.2 所示。

针对输电线路的三维点云数据，采用聚类算法，可以拟合出输电线路中的电力导线，如图 15.3 所示。

图 15.2　三维点云模型展示效果

图 15.3　输电线路电力导线拟合

拟合出输电线路电力导线之后，则可以将拟合的导线数据与输电通道实景三维网格模型融合，如图 15.4 所示。

　　利用流媒体传输协议，可以在三维点云模型基础上查看摄像头实时视频流。以实时掌握输电线路状况，如图 15.5 所示。

图 15.4　数据与实景融合　　　　　　　　　　图 15.5　实时视频流查看

　　本平台系统以无人机倾斜摄影获取的影像数据为基础，应用领先的高精度倾斜摄影三维重建技术，生成输电线路通道等实景点云和网格模型数据，以及输电/铁塔模型等数据，构建能够准确有效地实景再现输电线路走廊内地形、地貌、地物的管理控制分析平台，实景再现了输电线路周围的地形地貌、输电设备，实现输电线路信息和地理信息完美结合。

　　基于倾斜摄影技术，利用无人机航拍、自动空三、密集匹配、区域网平差等，获取的三维模型如图 15.6 所示。

　　使用该技术对电力设备进行数据采集与建模，得到电塔建模局部放大的图像如图 15.7 所示。

图 15.6　三维模型重建　　　　　　　　　　图 15.7　电塔建模局部放大图像

　　通过测试可以看出，利用无人机搭载倾斜摄影相机获取地面目标多视影像，利用相关软件进行数据处理与模型细化，可以实现快速三维模型构建及细化的制作。

　　综上所述，将倾斜摄影技术应用于无人机电力巡检，具有一定的先进性和实用价值。基于倾斜摄影技术的无人机电力巡检系统能够建立时效好、精度高的三维实景模型，有效、准确地进行电力线路及设备的监测与维护，提高电力巡检效率和经济效益。

为了生成三维地理信息，首先必须对原始影像数据进行前期的处理，Pix4Dmpatter 是一款专门针对无人机航摄影像设计的快速三维数据处理软件，其具备如下优点：

（1）操作简单，运行高效，数据处理的自动化程度高、精度较好。

（2）可实现对原始影像外方位元素的自动计算和校准。

（3）一键式操作，无须人为交互。

（4）可同时处理上万张不同相机拍摄的影像数据，多个数据源可合并至单个工程处理。

15.2 平 断 面 生 成

传统的航空摄影测量技术主要是将单一传感器搭载于同一飞行平台，以垂直角度的方式拍摄影像。倾斜摄影技术克服了传统摄影技术只以垂直角度方向进行拍摄的缺陷，主要是将多台传感器搭载于同一个飞行平台，同时从一个垂直角度、多个倾斜角度拍摄影像。

倾斜摄影技术是当前摄影技术领域研究的重点内容，是近十年来发展起来的一种通过三维重建模型进行信息收集和分析的高新科技。通过在一个飞行器上搭载一个倾斜摄影相机，同时从 1 个垂直、4 个倾斜、5 个不同的角度采集影像。倾斜摄影技术能够展示符合人眼视觉的真实直观世界，不仅可以真实地映射采集的地物情况，得到高精度的地物方纹理信息；还可以通过先进的定位、融合、建模等技术，生成真实的三维城市化模型。

典型的倾斜相机系统参数见表 15.1。

表 15.1 典型的倾斜相机系统参数

相机系统	相机名称	相 机 参 数
三线阵	ADS40/80	三个全色线阵 CCD，每个 2×12000 像元，四个多光谱线阵 CCD，每个 12000 像元；像元大小 6.8μm；焦距 62.77mm
3 镜头	AOS	像幅尺寸 7228×5428；像元大小 6.8μm，焦距 47mm；倾角 30°～40°
	Pictometry TM	像幅尺寸 4008×2672；像元大小 9μm；焦距 65mm/85mm；倾角 40°～60°
5 镜头	TOPDC－5	像幅尺寸 9288×6000/7360×5562；像元大小 6μm；焦距 47mm/80mm；倾角 45°
	SWDC－5	单机幅面 5412×7216；像元大小 6.8μm；焦距 100mm/80mm；倾角 40°～45°

1. 倾斜摄影技术硬件部分

RCD30Oblique 倾斜摄影相机如图 15.8 所示。

该倾斜摄影相机有 1 个下视镜头和 4 个倾斜视镜头，影像尺寸六千万像素，可升级至八千万像素。同时，可以选择镜片或镜头。且能够变换三视模式或五视模

图 15.8　RCD30Oblique 倾斜摄影相机

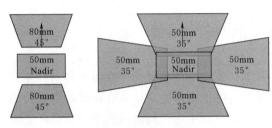

图 15.9　摄影示意图

式，三视模式时镜头倾斜角 45°，五视模式时镜头倾斜角 35°，下视与倾斜视影像间均有重叠。摄影示意图如图 15.9 所示。

2. 倾斜摄影技术软件设计

倾斜摄影技术数据处理主要包括倾斜影像自动空中三角测量、倾斜影像密集匹配、倾斜影像拼接技术。倾斜摄影技术流程如图 15.10 所示。

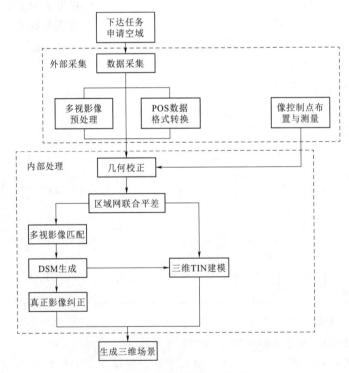

图 15.10　倾斜摄影技术流程图

当任务开始后，首先申请航飞空域；然后通过倾斜摄影技术采集数据，并进行多视影像的预处理和 POS 数据的格式转换，同时完成像控制点的布置与测量；接着进行几何校正、区域网联合平差、多视影像的匹配、生成数字地表模型，包括电力线路、地表建筑、桥梁、树木等；然后完成真正影像的纠正，构建三维不规则三角网模型；最终，生成三维场景模型。其中，POS 系统负责回传无人机飞行位置及状态信息至飞行平台，为无人机飞行运动时的成像过程提供补偿参数。倾斜摄影自动空三流程如图 15.11 所示。

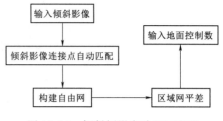

图 15.11　倾斜摄影自动空三流程

倾斜影像连接点自动匹配、构建自由网、区域网平差为倾斜摄影空三的主要步骤。本文使用 SIFT 特征匹配，首先使用高斯卷积设置构建尺寸空间，建立图像金字塔；然后使尺度空间极值点在 DOG 尺寸空间本层以及上下两层的 26 个领域中为最大值或最小值，并去除掉对比度关键点和不稳定的边缘响应点；接着计算关键点的方向，生成 128 维的关键点描述；最后进行 SIFT 匹配，计算待匹配的两特征点之间的欧式距离，并作为匹配测度。

自由网构建使用的是 RANSAC（随机采样一致性）方法。先基于 5 点法相对定向模型进行粗差监测；然后使用基于双向模型的粗差点进行监测，双模型之间的三度重叠点采用空间前方交汇计算像点残差，剔除残差大的粗差点；接着选择基于双模型的相对定向方法进行可靠监测，不断选择相互间具有足够连接点的 3 张影像，依次在影像间两两进行相对定向，计算相对定向的线元素和旋转矩阵，从而完成倾斜影像匹配点粗差的监测及自由网的构建。

区域网平差使用附加约束方法，将多个相机之间的安置参数作为约束条件纳入平差模型。该方法的优点是可以极大地减少区域网平差的未知数个数，使平差结果更为稳定。

本书中使用 Semi—Global matching 和 Meshlab 开元软件进行倾斜影像密集匹配及三维显示。

对于倾斜摄影技术拼接，首先获取各视角的倾斜影像，建立虚拟影像；然后选取视野范围内的倾斜影像，将选取的倾斜影像像素进行反投影；最后减小重影效应，完成倾斜影像拼接。

15.3　空间距离测量

根据现场实际情况，首先确定测区并在测区内确定最高和最低海拔高度及测区平均海拔高度，以确定航线及起测点，数据获取流程如图 15.12 所示。无人机 5 个相机的数据分别储存在 5 个文件夹下，获取数据后首先检查摄影区域的重叠度，对于不满足预设需求的进行补测，以正射视角相机的时间参数校准其余 4 个相机所采集的数据，并将其连接在一起进行处理，对于时间参数不一致的数据进行删除，以保证最终留下的相片与坐标点、经纬度等参数（POS 参数）能够一一对应。

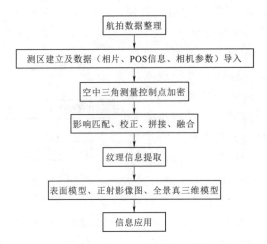

图 15.12　数据获取流程

该软件既能在静态影像处理中使用，还可以在摄像机中获取视频帧，在 Context Capture Master 模块内新建工程，通过时间等参数对不同文件夹下的影像数据进行关联并计算，最终得到影像图生成数字化地表模型、正射影像图及全景三维模型。本次试验所得数据空中三角形测量精度评定见表 15.2。

表 15.2　　　　本次试验所得数据空中三角形测量精度评定　　　　单位：mm

控制点数	3D 均标准误差	水平均标准误差	垂直均标准误差
16	0.014	0.012	0.008

15.4　倾斜摄影测量数据特点

倾斜摄影测量技术的多角度相机系统可以同时对一个垂直角度以及前、后、左、右 4 个倾角（30°～50°）进行影像数据的采集，并通过将先进的 POS 系统进行集成，使获取的影像具有姿态信息与地理位置信息，弥补了传统摄影测量技术中影像数据获取与应用的缺陷。倾斜摄影技术成功解决了传统作业方式中的"改正屋檐"与自动提取地物的侧面纹理等问题。

倾斜摄影和激光雷达技术是实现对电力线路 H 维建模的两种不同的技术手段，在应用中各有优势和劣势。结合工作中的实际应用和调研情况得出如下结论：

（1）激光雷达技术在对输电线路电力通道走廊的 H 维建模上具备一定优势，测量精度高，若同光学相机结合，则可获取真实感更高的可视化效果。

（2）倾斜摄影技术的 H 维模型重建可视化效果较好，但测量精度 W 及对漏空结构的建模存在可提升的空间，数据处理花费时间较长。

（3）激光雷达技术及倾斜摄影技术具有优势互补的可行性，将来对两种技术的融合应用将是一个非常有前景的发展方向。

15－3
倾斜摄影
数据处理
题库

第16章 常见缺陷和隐患识别

输电线路是电力系统的重要组成部分，由于其长期暴露在自然环境中，不仅要承受正常的机械张力、材料老化和电力负荷等内部压力，还要经受污秽、雷击、强风、洪水、滑坡、沉陷、地震和鸟害等外界因素的侵害，所以对输电线路的常见缺陷和隐患进行巡检很有必要。本章主要介绍了架空输电线路的基础知识和一些主要设备，然后对缺陷隐患的巡视方法做了简要讲述，包括故障巡视内容和巡检流程等。同时对一些典型的缺陷进行了实例分析，例如杆塔设施检测、安全防护检测、通道环境监测等。

16.1 架空输电线路的基础知识

16.1.1 概述

输电线路是联系发电厂、变电所与用电设备的一种传送电能的装置，它分为架空线路（图16.1）和电缆线路两种。高压输电线路是电力工业的大动脉，是电力系统的重要组成部分。本节主要介绍架空输电线路。

电力线路有输（送）电线路和配电线路之分。由发电厂向电力负荷中心输送电能的线路以及电力系统之间的联络线路称为输（送）电线路；由电力负荷中心向各个电力用户分配电能的线路称为配电线路。

电力线路按电压等级分为低压、高压、超高压和特超高压线路。电压等级在1kV以下的是低压线路，10kV

图16.1 架空输电线路

及以上的是高压线路，500kV及以上的是超高压线路，750kV及以上的是特超高压线路。

输电线路按线路架设材料不同分为架空输电线路和电缆输电线路。输电线路按电流的性质分为交流和直流线路。架空输电线路按杆塔上的回路数目分为单回路、双回路和多回路线路。单、双回线路如图16.2所示。

16.1.2　架空输电线路的主要设备

架空输电线路主要由导线、地线、
绝缘子、金具、杆塔、基础以及接地
装置等部分组成。

1. 导线

导线（图 16.3）功能主要是输送
电能。线路导线应具有良好的导电性
能，导线架设在杆塔上，长期处于野

图 16.2　单、双回线路图

外，承受各种气象条件和各种荷载，因此对导线除要求导电性能好外，还要求具有
较高的机械强度、耐震性能、一定的耐化学腐蚀能力，且价格经济合理。任何导线
故障均能引起或发展为断线事故。

线路导线目前常采用钢芯铝绞线、铝包钢芯铝绞线、钢芯铝合金绞线、防腐钢
芯铝绞线。

2. 地线

地线（图 16.4）又称架空避雷线，地线架设在导线的上空，其作用是保护导线
不受直接雷击，由于架空地线对导线的屏蔽及导线与架空地线间的耦合作用，从而
可以减少雷电直接击中导线的概率。当雷击杆塔时，雷电流可以通过架空地线分流
一部分，从而降低塔顶电位，提高耐雷水平。避雷线根数视线路电压等级、杆塔类
型和雷电活动程度而定，可采用双地线和单地线。

图 16.3　导线实例图

图 16.4　地线示意图

目前 110kV 及以上电压等级的送电线路一般为双架空地线。如果地线发生
故障，造成断线，断线后可能碰在导线上，即造成导线间的短路，影响正常
供电。

另外架空地线有绝缘、不绝缘和部分绝缘之分。架空地线常采用镀锌钢绞线，
铝包钢绞线等良导体，可以降低不对称短路时的工频过电压，减少潜供电流。兼有
通信功能的采用光缆复合架空地线（OPGW）。

3. 绝缘子

绝缘子是输电线路绝缘的主体，其作用是悬挂导线并使导线与杆塔、大地保持绝缘。绝缘子要承受导线的垂直荷重、水平荷重和导线张力。因此，绝缘子必须有良好的绝缘性能和足够的机械强度。输电线路常用绝缘子有：盘形悬式瓷质绝缘子、盘形悬式玻璃绝缘子、棒形悬式复合绝缘子。按承载能力大小分为 70kN、100kN、160kN、210kN、300kN 等。每种绝缘子又分普通型、防污型等多种类型。

4. 金具

在架空输电线路上，将杆塔、绝缘子、导线、地线及其他电气设备按照设计要求，连接组装成完整的送电体系所使用的零件，统称为金具。对金具的要求是强度高、防腐性能好、连接可靠、转动灵活、面接触、防止点接触。金具按其主要性能和用途一般分为五大类：悬垂线夹、耐张线夹、连接金具、接续金具、防护金具。

5. 杆塔

杆塔是用来支撑导线和避雷线及其附件的支持物，以保证导线与导线或避雷线、导线与地面或交叉跨越物、导线与杆塔等有足够的安全距离。杆塔按材料可分为钢筋混凝土杆和铁塔；按作用受力可分为直线杆塔、承力杆塔（承力杆塔分为耐张、转角、终端、分歧杆塔、耐张换位杆塔、耐张跨越杆塔）和悬垂转角杆塔。

6. 基础

基础指杆塔的地下部分，主要是稳定杆塔，能承受杆塔、导线、架空地线的各种荷载所产生的上拔力、下压力和倾覆力矩。

7. 接地装置

接地装置由接地体（极）和接地引下线所组成。

（1）接地体（极）是指埋入地中并直接与大地接触的金属导体，其作用是能迅速将雷电流在大地中扩散泄导，以保持线路有一定的耐雷水平，减少线路雷击事故。杆塔接地电阻值越小，其耐雷水平就越高；分为水平接地体和垂直接地体。

（2）接地引下线指杆塔的接地螺栓与接地体连接用的在正常情况下不载流的金属导体。

接地电阻指接地体对地电阻和接地引下线电阻的总和。而工频接地电阻则是通过接地体流入地中工频电流求得的电阻。

16.2 故障巡视方法

16.2.1 巡视类型

1. 地面巡视

线路发生故障时，无论是否重合成功，均应及时组织地面巡视。

地面巡视的重点巡视部位包括：杆塔基础、杆塔、绝缘子、导地、接地装置、防雷装置、防污防冰等设备（本体、附属设施）及通道环境。主要包括倒塔断线、档距内导地线是否平衡、导（地）线是否舞动（风偏或覆冰）、弧垂是否明显降低、导线下有无破损物、有无闪络损坏的绝缘子、接地装置检查、雷击测量装置动作情况、调查掌握现场天气情况、现场地形、周边的典型污源、放电痕迹、周边居民调查情况等信息，注意掌握走廊环境的变化及故障设备的运行状况。如故障杆塔绝缘子串在大雾、毛毛雨、湿度较大天气时的运行情况（是否有间断放电声、连续而轻微的"嗞嗞"声、是否可见弧光等信息），故障区段线观测到的舞动频率、幅值、持续时间、舞动情况等基本信息，树木、广告牌的折断方向、附近的临时构筑物是否被大风吹散，故障时段是否听到雷声，吊车碰线（违章施工）、异物短路、山火等外力破坏现场情况，杆塔周围鸟活动的痕迹（塔上以及塔周围鸟粪便、搭设鸟巢时的异物、小动物遗体、鸟的数量）等。

巡视中巡视人员应将所分担的巡视区段全部巡完，不得中断或漏巡。发现故障点后应及时报告，遇到重大事故应设法保护现场。对引发事故的特征物件应妥为保管设法取回，并对事故现场进行记录、拍摄，以便为事故分析提供证据或参考。

2. 空中巡视

对交通不便和线路特殊区段可采用空中巡视。在恶劣天气环境或地震等自然灾害导致发生故障后，由于受地理环境等因素的限制，输电线路受灾面积大、交通不便，巡视人员无法巡视到位，巡视人员地面巡视和登杆塔巡视安全无法保障等情况。

空中巡视的重点巡视部位包括：倒塔情况、导线、地线雷击闪络故障点、导线地线损伤断股、导线接头温差、线路绝缘子、连接金具等设备本体，巡查建（构）筑物、树木、施工作业、火灾、交叉跨越、采动影响区、自然灾害等通道情况。

线路故障后，根据初步故障信息，确定重点巡视区段和巡视内容。

根据巡视内容，采用直升机、无人机等飞行器搭载相应的可见光、红外、紫外等检测设备，重点在安全要求和技术条件允许的情况下尽量靠近输电设备低速航巡。

16.2.2 故障巡视要求

1. 巡视作业人员要求

故障巡视人员应身体健康，精神状态良好，具备线路运行维护相关的专业知识，掌握 DL/T 741，并具备必要的安全生产知识，学会紧急救护法，特别要学会触电急救。

故障巡视工作应由有电力线路工作经验的人员担任。单独巡线人员应考试合格并经工区（公司、所）分管生产领导批准。电缆隧道、偏僻山区和夜间巡线应由两人进行。汛期、暑天、雪天等恶劣天气巡线，必要时由两人进行。单人巡线时，禁止攀登电杆和铁塔。

2. 巡视工作安全要求

雷雨、大风天气或故障巡线时，巡视人员应穿绝缘鞋或绝缘靴；汛期、暑天、雪天等恶劣天气和山区巡线应配备必要的防护用具、自救器具和药品；夜间巡线应携带足够的照明工具。

夜间巡线应沿线路外侧进行；大风时，巡线应沿线路上风侧前进，以免万一触及断落的导线；特殊巡视应注意选择路线，防止洪水、塌方、恶劣天气等对人的伤害。巡线时禁止泅渡。

电压等级与安全距离见表16.1。

表 16.1 电压等级与安全距离表

电压等级/kV	安全距离/m	电压等级/kV	安全距离/m
66/110	1.5	±400	7.2
220	3.0	±500	6.8
330	4.0	±660	9.0
500	5.0	±800	10.1
750	8.0	接地极线路	1.5
1000	9.5		

进行上述工作，应使用绝缘无极绳索，风力应不大于5级，并应有专人监护。如不能保持表16.1要求的距离时，应按照带电作业工作或停电进行。

3. 气象要求

故障巡视作业需在良好天气下进行。遇到雷暴、强降雨、大雪、大雾、大风等恶劣天气，应暂停巡视工作，待天气好转后继续巡视。

在特殊或紧急条件下，若必须在恶劣天气条件下进行巡视作业时，应针对现场气候和工作条件，制定安全措施，经本单位主管领导批准后方可进行。

16.2.3 故障巡视前准备

1. 故障信息收集

应首先进行故障信息初步收集和分析，以确定合理的查找范围，缩短查找时间。

输电线路发生故障后，需收集的故障信息包括：故障时间、故障级别、线路重合闸（再启动）情况、故障测距（故障录波测距、行波测距、保护测距等）、故障录波图、故障电流、雷电定位数据、在线监测数据、气象信息、线路台账信息、现场设备情况、护线员报告以及其他与线路故障相关的信息。

2. 故障类型的初步判断

根据初步收集的故障信息，结合运行经验，对故障类型进行初步判断，作为故障巡视方案制定和巡视准备工作的指导依据。应用各种判断方法对可能故障类型进行初判。判断方法主要有确定优先法。确定优先法指以确定的因素为重要判断依据，非确定因素则作为参考。故障点到起始变电所距离 L_1 与故障点到终点变电所 L_2 之和等于线路长度 L，说明低阻接地；雷电定位与故障基本吻合，雷电幅值小于 40kA，可能为雷电绕击。

3. 故障巡视方案制定

根据初步判断的故障类型，制定故障巡视方案。故障巡视方案应明确规定巡视内容、巡视装备、巡视计划、巡视方式、巡视线路区段、巡视人员安排及巡视注意事项等。

4. 巡视作业前准备

（1）人员准备。根据故障巡视方案确定故障巡视工作负责人、巡视人员并划分巡视小组。

（2）装备准备。根据故障巡视方案备齐所需巡视装备并配发至各巡视小组，应注意确保各类工器具、仪器仪表均在检验有效期内且能够正常使用，通信设备保持畅通。

（3）安全技术交底。由工作负责人组织对全体故障巡视人员进行安全技术交底，根据故障巡视方案及相关技术标准交代故障情况、巡视内容、巡视区段、巡视方式、巡视注意事项和安全措施等。

16.2.4　故障巡视内容

1. 冰害故障巡视

（1）巡视检查故障区段的天气情况、地形地貌、植被变化等基本信息。

（2）调取故障区段周边输电线路在线监测装置的实测数据，并拍摄相关覆冰图片。

（3）现场收集覆冰厚度、覆冰形式等信息，并采集闪络绝缘子串的覆冰样本等，开展冰水电导率测试。导线、地线闪络，现场收集导、地线覆冰厚度和形式，测量导、地线弧垂等。

2. 风害故障巡视

（1）巡视检查故障区段的天气情况、地形地貌、植被变化等基本信息。

（2）与当地气象部门取得联系，收集故障区段附近气象台站位置、距故障点距离及其在故障时段的风速、风向等观测数据。

（3）调取故障区段周边微气象在线监测装置数据。

（4）向周边居民了解情况时，注意掌握走廊环境的变化及故障设备的运行状况，如树木和广告牌的折断方向、附近的临时构筑物是否被大风吹散等。

3. 雷电故障巡视

（1）巡视检查故障区段的天气情况、地形地貌、植被变化等基本信息。

（2）查阅雷电定位系统数据，缩小故障巡视范围。

（3）查阅线路平断面图，收集典型地形信息，如大档距、山顶、边坡等。

（4）与当地气象部门取得联系，查阅故障时天气情况。

4. 其他故障巡视

（1）巡视检查故障区段的天气情况、地形地貌、植被变化等基本信息。

（2）调查了解设备家族缺陷情况，了解该线路是否因设计、施工及质量问题发生过线路故障，有针对性地进行故障巡视。

（3）组织人员对线路沿线居民及其他人员开展现场调查，缩小排查范围。

（4）重点排查线路有无绝缘子串断串、断线等现象。

16.2.5　故障巡检流程

巡检流程如图 16.5 所示。

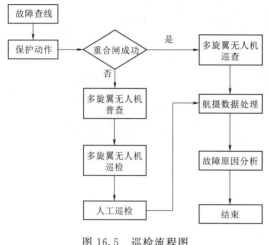

图 16.5　巡检流程图

（1）调度通知。线路故障跳闸后，调度及时收集故障录波、行波测距等相关信息，给出故障处理判断信息，并将相关信息通知线路运维管理单位。

（2）故障响应。接到线路故障信息后，运维单位根据气象环境、雷电定位系统、在线监测、现场巡视情况等信息及调度相关信息，初步判断故障类型。

（3）故障点查找。运维单位根据初步判断结果，在确保人员安全的前提下做好线路巡视及现场勘察，认真查找故障点，并根据故障类型，做好现场故障信息收集。

（4）疑似故障点判断。查找到故障点后，现场对故障点进行判断，分析故障类型，排除其他故障原因，确认后将信息反馈至调度部门。

（5）故障分析。发现故障点后，运维单位及时组织开展故障分析工作。需要技术支持时应及时汇报上级公司进行协调，上级公司应根据故障情况组织科研、设计单位专家参与现场调查及故障分析。

（6）故障总结。运维单位应及时总结线路故障经验，积极开展隐患排查，分析提出切实可行的整改措施，组织制订整改方案并组织落实。需要进行改造的，应按照公司相关规定制定改造方案，经相关部门审查后组织实施。

16.3　架线输电线路相关检测

16.3.1　杆塔附属设施检测

1. 基本要求

（1）杆塔附属设施应视为线路设备巡视内容，按线路巡视周期进行定期巡视和检测。

（2）杆塔附属设施检测一般以地面检测为主，对杆塔塔头部分安装的防雷装置、防鸟装置、航空标示等设施应定期进行登杆塔检测。

2. 检测项目及方法

杆名杆号、防护装置及各种标示牌检测如下：

（1）巡视人员地面直接（或利用望远镜）观测杆名杆号及各种标示牌是否有丢

失、破损、褪色、字迹不清、松动、金属部件锈蚀等情况，并做好检测记录。

（2）主要检测内容包括：线路名称及杆名杆号、警示牌、相序牌、色标、脚钉、爬梯、防坠落装置、安全防护标示等。警示标识示意图如图16.6所示。

图 16.6　警示标识示意图

3．判定标准

（1）运行线路的各类标志牌应齐全、规范、完好。

（2）新建或改建线路投产时，线路标识包括线路双重名称、杆号、相序牌、警示牌、提示牌等应齐全完整；双回路或多回路并架线路必须在杆塔上以鲜明的异色标志加以区别。

16.3.2　安全防护设施检测

1．基本要求

（1）线路杆塔周围设置的各种防撞、防冲刷等安全防护设施应视为日常巡视和维护的一部分，对其进行常规巡视和检测。

（2）对于防冲刷、防泥石流冲击等特殊防护设施，除日常巡视外，还应结合季节的特点，在汛期、雨季等特殊季节来临前及洪水期间组织专项检测。

2．检测项目及方法

（1）防撞设施检测。

1）线路杆塔防撞设施主要包括防撞墙、防撞桩、防撞警示色标等，一般结合线路巡视周期进行地面检测。

2）防撞墙、防撞桩应牢固、可靠，无破损、开裂等情况；防撞警示标识应醒目、专用荧光漆清晰不褪颜色。

（2）杆塔基础各种护坡检测。

1）杆塔基础防冲刷、防塌方、防滚石等各种保护护坡一般结合线路巡视周期进行巡视检测，同时还应结合季节特点和周边区段地形特点有针对性开展专项检测。

2）检测时应重点检查上边坡、下边坡的稳定情况，检查是否有塌方、断裂等情况。

16.3.3　通道环境检测

1．基本要求

（1）输电线路运行维护单位应对所辖区域输电线路导地线覆冰进行必要和规范

的测量，为线路抗冰设计及运行中除冰防冰措施提供依据。

（2）导地线覆冰检测应包括确定冰的种类、覆冰后尺寸、密度等。

（3）对于无法在实际线路导地线上测量的情况，应建立必要的测试站，有条件时可安装导线覆冰监测系统，以便对导线覆冰规律、形成过程有充分了解。

通道环境如图 16.7 所示。

2. 主要检测内容及方法

（1）检测方法。通道环境检测一般采用人工检测法，包括人工观测、统计和必要的技术参数测量，也可采用专用的设备仪器和特殊检测手段（如三维成像技术等）进行检测。

（2）主要检测内容。

1）建（构）筑物。检测违章建筑及导线与建（构）筑物之间的安全距离等。

2）树木（竹林）。检测树木（竹林）及导线与树木（竹林）的安全距离等。

3）施工作业。检测线路下方或附近有无危及线路安全的施工作业，并查看线杆标示（图 16.8）。

图 16.7　通道环境

图 16.8　线杆标示

4）火灾。检测线路附近有无烟火、易燃、易爆物堆积及可能引起山火的其他情况。

5）交叉跨越。检测通道内交叉跨越的电力、通信线路、道路、铁路、索道、管道等与导线的安全距离。

16.3.4　防雷设施及接地装置检测

1. 基本要求

（1）线路杆塔接地装置投运后应每隔 3～5 年进行开挖抽检，检测接地装置的劣化情况。

（2）对运行时间超过 20 年、连续区域段杆塔接地电阻检测偏大、盐碱等特殊区域杆塔接地装置应每隔 1～2 年进行开挖检测。

2. 检测项目及方法

（1）人工观测。地面观测接地引下线表面锈、断裂情况，观测接地板与杆塔接地孔之间是否连接良好。接地装置开挖后，检测人员观测接地引下线、接地网（包括接地模块等）各部位表面锈蚀情况、焊接头及各组合体之间的连接情况，观察是否有锈蚀、断开、脱焊或连接松动等，并做好检测记录。

（2）仪器仪表检测。接地装置开挖后，在人工观测的基础上，可利用数显千分尺对锈蚀较严重的部位进行锈蚀深度精确检测，检测前应除去表面锈蚀物，同时可以利用欧姆表测量出各接点间的直流电阻，判断焊接头或螺丝连接处是否连接可靠，检测接地装置的电气导通性。

16.3.5　杆塔接地电阻检测

1. 基本要求

（1）线路杆塔工频接地电阻检测应严格按照《杆塔工频接地电阻测量》（DL/T 887—2004）相关要求进行。

（2）线路杆塔接地电阻检测应在土壤比较干燥未冻结的情况下进行，不应在雨后立即进行。

（3）杆塔接地电阻检测应在良好的天气下进行，遇有雷雨、雷云天气应停止检测，并撤离检测现场。

2. 检测项目及方法

检测方法一般为钳表检测法，具体内容如下：

（1）使用前首先检查被测线路杆塔是否符合基本要求中使用钳表法检测的规定，记录杆塔编号、接地极编号、接地极型式、土壤状况和当地气温。

（2）检查被测杆塔接地线的电气连接状况。测量时应只保留一根接地线与杆塔塔身相连，其余接地线均应与杆塔塔身断开，并用金属导线将断开的其他接地线与被保留的接地线并联，将杆塔接地装置作为整体测量。

16.3.6　杆塔自然接地电阻检测

1. 基本要求

（1）对于利用杆塔及其基础金属连接部件自然接地为接地装置（或辅助接地装置）的杆塔（如灌注桩基础），应每隔 3～5 年对杆塔自然接地电阻进行检测。

（2）杆塔自然接地电阻检测基本要求应参照杆塔接地电阻检测要求进行。

2. 常见检测方法

检测方法可采用三极测量法或四极测量法，杆塔接地电阻检测中检测方法按要求进行。检测时应解开杆塔所有接地装置，以杆塔基础连接金属部件（混凝土杆接地孔）为接地极，配合辅助电极进行检测。

16.3.7　土壤电阻率检测

1. 基本要求

（1）线路杆塔基础周边土壤电阻率检测应按照《接地装置特性参数测量导则》（DL/T 475—2017）相关要求进行。

（2）土壤电阻率检测应避免在雨后或雪后立即进行，一般在连续天晴 3 天后或在干燥季节进行，在冻土区测试电极必须打入冰冻线以下。

（3）检测时应尽可能避开地下管道，在靠近居民区或工矿区的地下水管等具有一定金属部件的管道，应把电极布置在与管道垂直的方向上，并且要求最近的测试电极（电流极）与地下管道之间的距离不小于极间距离。

2. 常见检测项目及方法

单极法只适用于土壤电阻率较均匀的场地。检测时在被测场地打一直径为 d 的单极垂直接地极（图16.9），埋设深度为 h，单极接地极的直径 d 应不小于1.5cm，长度应不小于1m。用接地阻抗测试仪测试得到该单极接地极的接地电阻 R，然后得到等效土壤电阻率 ρ 为

$$\rho = \frac{2\pi h R}{\ln \dfrac{4h}{d}} \qquad (16.1)$$

式中：R 为单极接地极的接地电阻，$\Omega \cdot m$；d 为单极接地极的直径，m；h 为单极接地极的埋设深度，m。

图16.9 单极法测试土壤电阻率示意图

16.3.8 线路型避雷器检测

1. 基本要求

（1）线路巡视人员在巡视过程中应对线路杆塔上安装的避雷器运行工况及各部分连接情况进行外观检测，并做好记录，为避雷器检测、检修提供参考。

（2）线路型避雷器应根据设备运行情况每隔1～3年进行预防性检测。

（3）如采用带电的方式进行预防性检测，应按照带电作业要求进行。

2. 检测项目及方法

（1）外观检测。作业人员在地面利用望远镜或带电登杆塔对避雷各部件及连接情况进行外观检查。观察各部件是否有破损、松动、锈蚀、放电烧伤痕迹；观察复合绝缘部件是否老化、缺损、起皮、龟裂等；观察避雷器放电计数器指示数是否正确动作、连线是否牢固可靠、内部是否有积水。

（2）带电检测。

1）带电检测是为了掌握避雷器在系统运行下的工作状况，分为定期测量、非定期测量和在线监测，主要检测在系统电压作用下通过避雷器的漏电流，包括电阻片柱的漏电流、绝缘支架的漏电流、绝缘外套的漏电流。

2）测量时应记录电压、环境温度、大气条件以及外套污秽状况等运行条件。

16.3.9 接闪器检测

1. 基本要求

（1）线路巡视人员在巡视过程中应对线路杆塔上安装的放射状避雷针、绕击避雷针、可控硅避雷针等各种接闪装置运行工况及各部分连接情况进行外观检测，并做好记录。

（2）线路杆塔上安装的接闪器投运后应每隔1～3年进行登杆抽检，检测应在良好天气下进行，如遇雷雨天气应立即停止作业。

（3）如采用带电的方式进行登杆检测，应按照带电作业要求进行。

2. 检测项目及方法

主要采用地面巡视观测，检测人员利用望远镜观测杆塔上安装的各种接闪装置运行工况，观察是否有倾斜、脱落、变形、断裂、锈蚀等。

16.3.10　地线覆冰检测

1. 地线覆冰类型观测

通过观测导线覆冰的形状及特性，结合当地气象条件判断导线的覆冰类型。

按导线覆冰形成条件和性质一般可分为：雨凇、混合凇、软雾凇、白霜、雪和雾。

2. 地线覆冰截面形状观测

检测人员通过观测运行中导地线覆冰、观测站导地线覆冰或地面脱落的导地线覆冰形状，结合导线覆冰形成过程、物理性质和外形，参照各种导地线覆冰截面图，准确判断导地线覆冰形状。

导地线覆冰后形状有圆形、椭圆形、针形、扇形、波状形、梳状形及匣形等。

3. 导地线覆冰参数检测

(1) 导地线覆冰密度检测。从线路导地线脱落的冰或测试站导地线覆冰选取检测样冰。用薄膜将样品包实，利用天平等仪器检测出样品重量，再将样品放入水容器中，用排水法测出冰体积，即可测出导线覆冰密度。

(2) 标准冰厚计算。标准冰厚可通过不同的方法进行确定，一般常根据覆冰冰重进行标准冰厚的换算。

4. 输电线路导地线覆冰在线检测

(1) 利用安装在线路上的监测装置，自动采集输电线路力学参量（悬挂载荷、风偏角、倾斜角）、气象条件（环境温度、湿度、风速、风向）等多种现场信息，借助输电导线的数值设计覆冰厚度计算数学模型，自动完成不平衡张力和等值覆冰厚度的定量计算。

(2) 通过图像监测方法实现对输电线路覆冰状况、覆冰厚度、覆冰均匀性的定性分析判定。

(3) 通过精确图像监测与差异辨识实现对输电线路实际覆冰厚度的测算。

16.3.11　导地线舞动检测

1. 基本要求

(1) 输电线路运行维护单位应编制详细的舞动检测应急预案，包括检测点布设、检测人员组织、检测内容、检测方法、检测设备仪器等，明确舞动检测应急预案启动条件。

(2) 进入冬季输电线路易覆冰舞动期间，线路运行维护单位应及时收集周天气预报和近两天的天气预报信息，并做好舞动检测应急预案启动前准备。

(3) 线路发生舞动时，应立即启动应急预案，检测人员应以最短的时间抵达现场，按照检测预案开展检测工作，规范收集和整理相关检测信息。

（4）舞动过程的录像资料画面应尽可能地稳定并持续一定时间段，舞动背景应尽量选择固定参照物。

2. 导地线舞动检测内容

（1）冰风参数，包括导地线覆冰形状、厚度、风速、风向、气温等。

（2）线路结构与参数，包括导地线类型、直径。

（3）线路的走向与风向的相对关系，即线路走向与风向夹角。

（4）地形与地势，判断是平原、山区、丘陵或舞动微气象区等。

3. 常见舞动检测方法

摄像仪检测法主要是通过摄像装置采集现场线路舞动信息，借助后台特定分析软件，分析线路舞动的振幅、频率、阶次等。主要步骤如下：

（1）确定测站点位置。在保证检测人员安全性前提下，尽可能使测站点位于所测挡距的中央。

（2）确定拍摄对象。即半波、全波、全挡拍摄、多挡拍摄，保证拍摄目标包含参照物（如杆塔）。

（3）影像分析。通过分析拍摄影像，确定后续处理软件所需数据，包括半波长度、舞动观测时间及相应舞动周期数、参照物实际长度、图像中振幅相对值。

（4）后续数据处理。将线路参数、舞动参数输入特定软件得到舞动检测所需数据。

16.3.12 线路周边微气象检测

1. 基本要求

（1）输电线路周边微气象检测主要包括：降雨、降尘、风速、风向、温度、湿度等，运行单位应结合实际运行维护和规划设计需要，选择相应的检测项目。

（2）输电线路周边微环境检测布点应结合线路走廊所处的微环境特点，选择有代表性的特殊区域进行布设。

（3）输电线路周边微环境检测时间应根据检测项目的实际用途确定。

2. 常见检测项目及方法

（1）湿度和温度的检测。

1）线路周边湿度和温度检测一般可采用电子湿度仪、温度仪检测。

2）检测时应清除原记忆的检测记录，将仪器仪表调至自动检测状态，等检测数据稳定后记下对应的温湿度数值。

（2）降雨量的检测。

1）线路周边降雨量检测一般用专业的雨量器和雨量计检测，也可用带刻度的量筒或量杯检测。用量筒或量杯检测时，其口径应不小于 20cm，并应有防止雨水溅湿措施。

2）检测时应将检测仪器或装置垂直置放于线路周边开阔地，量具口距离地面的高度应不小于 70cm。

16.3.13　电场和磁场场强检测

1. 基本要求

（1）工频电场和磁场的测量应使用专用的探头或工频电场和磁场测量仪器，且必须经计量部门检定，保证仪器在检定有效期内。

（2）交流架空输电线路工频电场和磁场测量应按照《高压交流架空送电线路、变电站工频电场和磁场测量方法》（DL/T 988—2005）相关规定进行。

（3）测量正常运行高压架空输电线路工频电场和磁场时，测量地点应选在地势平坦、远离树木、没有其他电力线路、没有通信线路及广播线路的空地上。

2. 交流线路下地面工频电场和磁场检测

（1）检测点应选择在导线档距中央弧垂最低位置的横截面方向上。单回送电线路应以弧垂最低位置中相导线对地投影点为起点。同塔多回路线路应以弧垂最低位置档距对应两铁塔中央连线对地投影点为起点，测量点应均匀分布在边相导线两侧的横截面方向上。对于以铁塔对称排列的送电线路测量点只需在铁塔一侧的横截面方向上布置。测量时两相邻测量点间的距离可以任意选定，但在测量最大值时，两相邻测量点间的距离应不大于1m。

（2）输电线路工频电场和磁场一般测至距离边导线对地投影外50m处即可。单回路最大电场强度一般出现在边相外，而最大磁场强度一般应在中相导线的正下方附近。

16.3.14　雷电检测

1. 基本要求

（1）输电线路运行维护单位应对所辖区域输电线路雷电信息进行收集，为线路防雷设计及运行中防雷措施制定提供依据。

（2）输电线路雷电信息收集应包括对应区域雷电日、雷电幅值、雷电极性、落雷密度、气象信息、雷击形式、地形特点等。

2. 常见雷电检测方法

目前普遍采用雷电定位系统监测方法，即利用已建成和布设的雷电监测网实时采集雷电发生的信息，包括发生时间、位置、雷电流幅值、极性等。该监测方法是目前输电线路周边雷电参数检测最常用的方法。

16.3.15　线路电晕及无线电干扰检测

1. 基本要求

（1）线路电晕及无线电干扰检测应采用专业的准峰值检波仪器，并严格按《高压架空送电线、变电站无线电干扰测量方法》（GB/T 7349—2002）相关规定进行。

（2）每次进行检测前应按仪器使用说明对仪器进行校准。

（3）检测时应尽量避开其他因素对无线电干扰场的影响，应优先采用环状天线。

2. 交流线路电晕及无线电干扰检测点选取

（1）检测地点选在地势较平坦、远离建筑物和树木、没有其他电力线和通信广播线的地方，电磁环境场强至少比来自被测对象的无线电干扰场强低 6dB。

（2）检测点应选在档距中央附近，距线路末端 10km 以上，若受条件限制应不少于 2km。

（3）检测点应远离线路交叉及转角等点，对干扰实例进行调查时例外。

（4）检测点应距边相导线投影 20m 处。

16.3.16 带电设备紫外诊断检测

1. 基本要求

（1）架空输电线路导线（含引流线）、设备金具、绝缘子等元器件因各种原因引起的电晕放电状态检测和故障诊断，可采用紫外诊断检测技术对带电设备进行检测，检测方法及基本要求等可参照本标准执行。

（2）检测人员要求。

应用紫外成像仪对输电线路电气设备电晕放电检测是一项带电检测技术，从事检测人员应具备如下条件：

1）了解紫外成像仪的基本工作原理、技术参数和性能，掌握仪器的操作程序和测试方法。

2）通过紫外成像检测技术的培训，熟悉应用紫外成像仪对电气设备电晕检测的基本技术要求。

2. 检测项目及方法

（1）一般检测。

1）紫外成像仪开机后，根据光子数的饱和情况，逐渐调整增益，将增益设置为最大。

2）调节焦距，直至图像清晰度最佳，在图像稳定后即可开始检测。

3）一般先对所有被测设备进行全面扫描，发现电晕放电部位，然后对异常放电部位进行准确检测。

（2）准确检测。

1）紫外成像仪观测电晕放电部位应在同一方向或同一视场内，并选择检测的最佳位置，以避免其他设备放电的干扰。

2）在安全距离允许的范围内，在图像内容完整的情况下，紫外成像仪宜尽量靠近被检设备，使被检设备电晕放电部位在视场范围内最大化，记录紫外成像仪与电晕放电部位距离。

3. 诊断方法

（1）图像观察法。主要根据电气设备电晕状态，对异常电晕的属性、发生部位和严重程度进行判断和缺陷定级。

（2）同类比较法。通过同类型电气设备对应部位电晕放电的紫外图像或紫外计数进行横向比较，对电气设备电晕放电状态进行评估。

16-2
常见缺陷与隐患识别题库

第17章　缺陷与隐患原因分析

　　只有知道了缺陷与隐患的产生原因才可以做到更好的防护措施，所以本章主要介绍了缺陷与隐患的原因分析，给出了一些典型缺陷的产生原因，例如风导致的故障、雷击跳闸故障、线路覆冰故障、线路污闪故障、线路外力故障、鸟类筑巢故障等。还列举了导地线类故障、绝缘子类故障、杆塔类故障、金具类故障、附属设施故障等，介绍了缺陷等级和缺陷的命名方法，同时对电力设备的运维与检修做了相关的概述，包括运维检修目的和维护检修原则等。

17.1　架空输电线路常见线路故障分析

17.1.1　风导致的故障

　　输电线路运行的环境较为复杂，很大一部分输电线路处于复杂的山地地形，同时输电线路较长，所途经的路段各种情况都可能遇见，如山地、沙丘、交通干线等附近，这样一旦有大风天气出现，则这部分输电线路则会直接在风载荷的作用下发生摇摆，从而导致风偏闪络的发生。同时在风载荷发生时，对使用年限较长的杆塔都会造成一定的威胁，打破原有杆塔的平衡性或是造成杆塔的倒塌。部分输电线路处于树木的附近，当这些树木不断生长时，会突破与输电线路之间的安全距离，一旦有强风的发生，则会导致接地故障或是短路的发生。所以大风对输电线路的影响是十分大的，其所造成的后果也非常严重，而且一旦由于风灾导致输电线路故障的发生，则很难在短时间内得到解决，所造成的损失不断地扩大。风导致的故障如图17.1所示。

图 17.1　风导致的故障

17.1.2　雷击跳闸导致的故障

　　架空输电线路中常见的过电压有两种：第一种是架空线路上的感应过电压，即雷击发生在架空线路的附近，通过电磁感应在输电线路上产生的过电压；第二种是直击雷过电压，即雷电直接打在避雷线或是导线上时产生的过电压。雷击故障示意图如图17.2所示。

雷直击于有避雷线的输电线路分为三种情况：①绕过避雷线击于导线，即绕击；②雷击杆塔顶部；③雷击避雷线中央部分。

雷击跳闸往往引起绝缘子闪络放电，造成绝缘子表面存在闪络放电痕迹。一般来说，绝缘子发生雷击放电

图 17.2　雷击故障示意图

后，铁件上有熔化痕迹，瓷质绝缘子表面烧伤脱落，玻璃绝缘子的玻璃体表面存在网状裂纹。

雷击闪络发生后，由于空气绝缘为自恢复绝缘，被击穿的空气绝缘强度迅速恢复，原来的导电通道又变成绝缘介质，因此当重合闸动作时，一般重合成功。

当然，雷击也可能引起永久性故障，一般有三种情况：瓷绝缘子脱落、避雷线断线、导线断线。

17.1.3　线路覆冰导致的故障

线路覆冰（图17.3）主要发生在严冬或初春季节，当气温降至$-5\sim0℃$，风速在$3\sim15m/s$时，空气中的很小的过冷却水碰到导线，使得液体的过冷却水发生形变后依附在导线上面形成雾凇。如遇大雾或小雨加雪，则在导线上形成雨凇；如果气温继续下降，冻雨和雪则在黏结强度很高的雨凇冰面上迅速增长，形成冰层。如果气温继续下降，在原来的冰层外层会积覆雾凇。

图 17.3　线路覆冰示意图

这种过程将导致导线表面形成雨凇—混合凇—雾凇的复合冰层。

在单导线覆冰时，由于扭转刚度小，在偏心覆冰作用下导线易发生很大扭转，使覆冰接近圆形；而分裂导线覆冰时，由于间隔棒的作用，每根子导线的相对扭转刚度比单导线大得多，在偏心覆冰作用下，导线的扭转极其微小，导致导线覆冰的不对称性，导线覆冰更易形成翼型断面。因此，对于分裂导线，由风激励产生的升力和扭矩远大于单导线。

17.1.4　线路污闪导致的故障

输电线路绝缘子要求在大气过电压、内部过电压和长期运行电压下均能可靠地运行。但沉积在绝缘子表面上的污秽在雾、露、毛毛雨、融冰、融雪等气象条件的作用下，将使绝缘子的电气强度大大降低，从而使得输电线路在运行电压下发生污

图 17.4　线路污闪故障示意图

秽闪络事故（图 17.4）。

污秽闪络的根本原因是污秽，污秽绝缘子在受湿润后，含在污秽层中的可溶性物质逐渐溶解于水中，称为电解质，在绝缘子表面上形成一层薄薄的导电薄膜。这层导电薄膜的导电率取决于污秽物的化学成分和润湿的程度。在润湿饱和时，污层的表面电阻甚至能降低几个数量级，绝缘子的泄漏电流也相应地剧增。在铁脚附近，因直径最小、电流密度最大，发热最甚。当绝缘子垂直悬挂时，该处处在瓷裙遮挡的下方，不易直接受到雨雪较强烈的润湿，该处表面就被逐渐烘干。

污秽绝缘子在大雨中一般不会发生污闪，绝缘子表面被雨水完全淋湿后，雨水形成连续的导电层，泄漏电流增大很多，使沿面闪络电压降低。一方面，大雨把污秽冲洗掉一部分，对绝缘子表面的导电膜有稀释作用；另一方面，在大雨下，很难形成烘干带以引起局部电弧。

17.1.5　线路外力破坏导致的故障

线路外力破坏故障主要由违章施工作业，盗窃、破坏电力设施，房障、树障、交叉跨越公路，在输电线路下焚烧农作物，山林失火及飘浮物（如放风筝、气球、白色垃圾）等造成。

针对外力破坏的主要原因，有必要进行具体故障分析，提出有效可行的防治措施，以保证输电线路的安全运行。

输电线路外力破坏故障的主要原因有以下几点：

（1）违章施工作业。表现在一些单位和个人置电力设施安全不顾，在电力设施保护区内盲目施工，有的挖断电缆，有的撞断杆塔，有的高空抛物，有的围塘挖堰，在线下钓鱼等，导致线路跳闸。

（2）盗窃、破坏电力设施，危及电网安全。

（3）房障、树障、交叉跨越公路危害电网安全，清除步履艰难。一些单位和个人违反电力法律、法规，擅自在电力线路保护区内违章建房、种树、修路、挖堰，严重威胁着供电安全。

（4）输电线路下焚烧农作物、山林失火及飘浮物（如放风筝、气球、白色垃圾），导致线路跳闸。

线路外力破坏示意图如图 17.5 所示。

17.1.6　鸟类导致的线路故障

随着人类对自然生态环境保护意识的加强，鸟类的繁衍数量逐渐增多，活动范围日趋扩大，给输电线路造成了极大危害。近年的统计资料表明，由于鸟

类活动引起的线路故障仅次于雷害
和外力破坏，已经占据线路故障总
数的第三位。

1. 鸟类筑巢

一些鸟类喜欢在农田、果林等附
近方便觅食的杆塔上造窝筑巢（图
17.6）。它们造窝所用材料大多为树枝
或杂草，往往会有部分垂落在绝缘子
上或接触、靠近带电导线，遇阴雨、
浓雾天气，树枝、杂草接触导线（或
靠近导线）绝缘将急剧下降，引起线

图 17.5 线路外力破坏示意图

路接地故障；或遇大风天气时，鸟窝可能被大风吹散，则会使树枝或鸟窝里的金属
丝等具有导电性的杂物落在导线上，造成接地跳闸故障。另一些鸟类（如乌鸦、喜
鹊等）喜欢嘴里衔着树枝、杂草等异物，当它们叼着湿润长草、藤蔓植物或金属丝
等导电性异物停留在杆塔横担、悬垂绝缘子均压环上时或穿越靠近杆塔构件与导线
绝缘间隙时，导线通过异物对杆塔放电，造成接地短路跳闸故障（图 17.7）。

图 17.6 鸟类筑巢示意图

图 17.7 鸟类对线路造成的故障

2. 鸟类飞行

鸟儿喜欢飞行，而且鸟儿喜欢口叼树枝、铁丝、柴草等物飞行，当它们在
线路上空往返飞行时，铁丝、杂草
等物落在杆塔横担、悬垂绝缘子均
压环上时或穿越靠近杆塔构件与导
线绝缘间隙时，会造成线路故障；
鸟在横担上叼食小动物时，小动物
短接线路引起线路接地跳闸；体型
较大的鸟类或鸟类争斗时飞行在导
线间可能造成相间短路或单相接的
故障。绝缘子破损示意图如图 17.8
所示。

图 17.8 绝缘子破损示意图

17.2　缺陷与隐患分类及原因分析

17.2.1　导地线类

1. 导线灼伤

导线灼伤示意图如图 17.9 所示。

图 17.9　导线灼伤示意图

缺陷描述示例：66kV 实训线 1 号面向大号侧左线 A 相导线灼烧。

缺陷等级分类：铝、铝合金单股损伤深度小于股直径的 1/2，导线损伤截面不超过铝股或合金股总面积 5%，单金属绞线损伤截面积为 4% 及以下为一般缺陷；导线损伤截面占铝股或合金股总面积 7%～25% 为严重缺陷；导线钢芯断股、损伤截面超过铝股或合金股总面积为危急缺陷。

分析与预防：导线灼伤多发生于雷击或冲击电流，应根据雷区分布、刀闸操作线路进行状态巡视。

巡视技巧：较平视稍稍高出，注意无人机与导线距离。

2. 导线断股

导线断股如图 17.10 所示。

缺陷描述示例：66kV 实训线 1 号面向大号侧左线 A 相导线断股。

缺陷等级分类：导线损伤截面不超过铝股或合金股总面积 7% 为一般缺陷；导线损伤截面占铝股或合金股总面积 7%～25% 为严重缺陷；导线钢芯断股、损伤截面超过铝股或合金股总面积为危急缺陷。

图 17.10　导线断股示意图

分析与预防：导线断股常见为导线老旧散股、雷击过热断股和与设备摩擦断股，巡视针对老旧线路状态化巡视，加强金具、间隔棒等与导线连接处检查。

巡视技巧：调整机位，避免导线与背景重合，注意与周围导地线距离。

17.2.2　绝缘子类

1. 合成绝缘子伞裙破损

合成绝缘子伞裙破损如图 17.11 所示。

图 17.11　合成绝缘子伞裙破损

缺陷描述示例：66kV 实训线 1 号面向大号侧复合绝缘子老化破损。

缺陷等级分类：伞裙有部分破损、老化、变硬现象为一般缺陷；伞裙多处破损或伞裙材料表面出现粉化、龟裂、电蚀、树枝状痕迹等现象为危急缺陷。

分析与预防：由于该地区处于苇塘区域，鸟类活动频繁，加上持续高温达 33～37℃，相对湿度达到 70%，造成复合绝缘子伞裙硅橡胶的电老化与环境老化。

巡视技巧：巡视要 30°～50°夹角角度，背景不与杆塔重叠，利用现场垂直角初步分析倾斜情况。

2. 玻璃绝缘子自曝

玻璃绝缘子自爆示意图如图 17.12 所示。

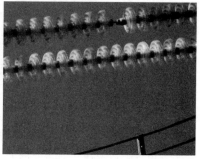

图 17.12　玻璃绝缘子自爆示意图

缺陷描述示例：66kV 实训线 1 号面向大号侧左边线大号方向玻璃绝缘子自爆。

缺陷等级分类：一串绝缘子中单片玻璃绝缘子自爆为一般缺陷；多片玻璃绝缘子自爆，但良好绝缘子片数大于或等于带电作业规定的最少片数为严重缺陷；多片玻璃绝缘子自爆，但良好绝缘子片数少于带电作业规定的最好片数为危急缺陷。

分析与预防：玻璃绝缘子自爆影响线路运行水平，发现零值及时更换。

巡视技巧：巡视要 30°～50°夹角角度，背景不与杆塔重叠，利用现场垂直角初步分析倾斜情况。

17.2.3　杆塔类

杆塔塔身异物如图 17.13 所示。

图 17.13　杆塔塔身异物示意图

缺陷描述示例：×××kV 杆塔××号×线×侧××有异物。

缺陷等级分类：异物悬挂但不影响安全运行为一般缺陷；影响安全运行为严重缺陷；危及安全运行为危急缺陷。

分析与预防：杆塔上的异物可能导致线路短路而引起跳闸等严重后果，应加强无人机巡视力度，缩短巡视周期，必要时进行处理。

巡视技巧：不要逆光拍摄。拍摄时不能有遮挡物。

17.2.4　金具类

销针缺失如图 17.14 所示。

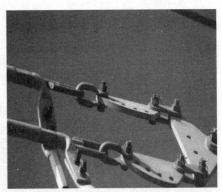

图 17.14　销针缺失示意图

缺陷描述示例：66kV 实训线 1 号面向大号侧左线 A 相铁塔侧 U 形挂环螺栓缺销针。

缺陷等级分类：销针锈蚀、变形为一般缺陷；销针断裂、丢失、失效为危急缺陷。

分析与预防：销针丢失、失效常见于已运行一段时间的线路或者由于施工工艺不达标导致销针使用年限缩短，要根据缺陷部位，结合停电计划来有效判断缺陷的重要程度。

巡视技巧：平视或稍稍仰视，避免逆光。

17.2.5　附属设施

防鸟设施如图 17.15 所示。

图 17.15　防鸟设施

缺陷描述示例：×××kV××线×××防鸟刺未打开。

缺陷等级分类：松动、损坏、缺失为一般缺陷。

分析与预防：因施工人员未按照施工工艺进行施工，造成防鸟刺安装不正确，降低了防鸟效果。加强巡视与检修，及时发现，及时处理。

巡视技巧：巡视要 30°～45°夹角角度，背景不与杆塔重叠，拍照时适当调节镜头焦距，保证拍摄主体清晰明确。

17.2.6　通道环境

树木距离示意图如图 17.16 所示。

缺陷描述示例：66kV 实训线 1 号面向大号侧线路防护区左侧有超高杨树 10 棵，距导线最近水平距离 5m。线下有柳树 10 棵，距离最近垂直导线 4.5m。

缺陷等级分类：导线与树木交跨距离为 90%～100%规定值为一般缺陷；交跨距离为 80%～90%规定值为严重缺陷；交跨距离小于 80%为危急缺陷。

图 17.16　树木距离示意图

分析与预防：夏季树木生长迅速，加强巡视。

巡视技巧：与树木平行角度拍摄一张，与导线平行角度拍摄一张，通过地面站参数显示，计算距离。

17.2.7　缺陷分级

架空输电线路缺陷根据其严重程度分为危急、严重、一般缺陷。

（1）危急缺陷。危急缺陷指缺陷情况已危及线路安全运行，随时可能导致线路发生事故，既危险又紧急的缺陷。危急缺陷消除时间不应超过 24h，或临时采取确保线路安全的技术措施进行处理，随后消除。

（2）严重缺陷。严重缺陷指缺陷情况对线路安全运行已构成严重威胁，短期内线路尚可维持安全运行，情况虽危险，但紧急程度较危急缺陷次之的一类缺陷。此类缺陷的处理一般不超过 1 周，最多不超过 1 个月，消除前须加强监视。

（3）一般缺陷。一般缺陷指缺陷情况对线路的安全运行威胁较小，在一定期间内不影响线路安全运行的缺陷，此类缺陷一般应在检修周期内予以消除，需要停电时列入年度、月度停电检修计划。

17.2.8　缺陷的命名方法

1. 通用定义

（1）线路方向位置。线路方向位置以线路双重命名来确定，起始变电所为送电，终止变电所为受电侧，面向大号是指面向终止变电所，杆塔大号侧是指在杆塔的终止变电侧。

（2）导地线位置。导地线位置描述中的"左"（上）"中""右"（下）是指面向线路运行方面大号侧的"左"（上）"中""右"（下），为准确描述导地线缺陷位置，适当时应增加线路相位。

2. 缺陷的描述

缺陷描述要求严格按规定格式进行，严重及危急缺陷要求提供照片、视频，以确保缺陷描述的准确性。

线路本体或附属设施缺陷描述一般采用"缺陷位置＋缺陷部件＋缺陷类别＋缺陷程度＋缺陷备注＋缺陷分级"的格式，如导线断股缺陷的标准描述格式为"×线×塔×相×号侧×m 处×子导线断股，断×股，其中有×股已下挂×m，［一般/严重/危急］缺陷"，其中"×线×塔×相×号侧×m 处×子导线"为缺陷位置，"导线"为缺陷部件，"断股"为缺陷类别，"断×股"为缺陷程度，"其中有×股已下挂×m"为缺陷备注，"［一般/严重/危急］缺陷"为缺陷分级。

外部隐患一般采用"隐患位置＋隐患分类＋隐患子类＋隐患程度＋隐患备注＋隐患分级"的格式，如建房隐患的标准描述格式为"×线×塔×号侧×m 处有施工隐患，建房，风偏不足，最大风偏时其值为×m，标准为×m，［一般/严重/危急］缺陷"，其中"×线×塔×号侧×m 处"为隐患位置，"施工隐患"为隐患分类，"建房"为隐患子类，"风偏不足"为隐患程度，"最大风偏时其值为×m，标准为×m"为隐患备注，"［一般/严重/危急］缺陷"为隐患分级。

17.3　电力设备运行检修相关知识

17.3.1　电力设备的运维与检修

1. 直流系统的运行、检修与维护

这里的直流系统通常是指高频开关电源整流器，用来为继电器、高压断路器、

信号母线和其他保护装置提供必要的操作电源。直流系统通常由两部分构成：充电器柜和蓄电池柜。

直流系统中的充电装置通常由主动和被动两个开关整流器并联形成，并且定期进行轮换使用，在正常的工作状态下，如果其中一个发生故障，则备用装置取代主动装置继续工作，因此在很大程度上保证了运行的可靠性。蓄电池主要为铅酸蓄电池，其特点是容量大、寿命长而且价格较低廉。整流装置在蓄电池电量不足时向蓄电池浮充充电，直至蓄电池完全充满，当交流电供应中断时，蓄电池的电压通过电力电子变压装置加到控制母线上，提供连续的控制母线电力供应。

2. 检修与维护工作的主要目的

（1）保证对各元件及其相关设备的运行质量和性能。

（2）保证各元件及其相关联设备的动态稳定性、热稳定性以及绝缘性能。

（3）维护各装置的运行环境，延长元件寿命。通过对配电设备的监控检查，可以准确地了解其运行情况，及时发现错误或其他异常状况。

3. 变压器的运行、检修与维护

干式变压器在运行时主要会产生以下的一些问题：由于变压器中磁化电感和铁磁材料涡旋电流的存在，变压器在运行时会产生铁耗；同时，由于变压器线圈内阻的存在，变压器也有一定程度的铜耗。配电网的变压器工作在工频状态，因为体积较大，从而产生的损耗较多。这些损耗会转化成热能形式消耗在铁磁材料和绕组上，造成温度上升，可能使变压器和线圈的绝缘层老化，影响其绝缘性能和运行质量，并可能造成较为严重的事故。因此选择合适的变压器容量、体积等要素非常重要，在变压器工作时，应密切注意其温度状况，运行时其温度应保证在最高限定温度之下。另外，干式变压器在运行时，允许短时间内过负荷工作，但过负荷量不应超过额定负荷的 20%。

4. 电力电容的运行、检修与维护

电力电容器在配电系统中的作用比较重要，由于配电网络的负载多为弱感性负载，运行时发电机需要提供较多的无功功率，这些无功功率一方面影响了发电机的效率，降低了功率因素；另一方面造成了传输线上较多的电压损耗，也造成了电压幅值过低。

5. 互感器的运行、检修与维护

互感器主要分为电压互感器和电流互感器两大类，电压互感器是利用电磁感应原理制成的，其具体工作特点与变压器相似，它可以允许在电压超过其额定电压幅值的 10% 时长期运行，在运行中相当于一个电压幅值变压的环节，二次侧不允许出现短路的现象，其又叫作仪用变压器。

17.3.2 电力设备的运行维护检修原则

1. 设备的维护检修原则

（1）电力维修单位必须认真抓好设备检修工作，加强设备检修管理，使电力设备经常处于健康完好状态，保证电网安全经济运行。

（2）电力设备检修，必须贯彻"预防为主"的方针，坚持"应修必修，修必修好"的原则，并逐步过渡到状态检修。

（3）电力设备检修，应采取停电与带电作业相结合的方式进行，并逐渐减少停电检修的次数。

（4）电力设备检修，要尽量采用先进工艺方法和检修机具，提高检修质量，缩短检修工期，确保检修工作安全。

2. 电力设备缺陷管理制度

如果在电力设备运行维护工作中，发现电力设备存在着缺陷，就一定要及时检查清楚，根据缺陷的严重程度做好详细分类，并且根据实际情况以及以往经验，提出相应的处理措施，做好详细记录，然后上报。

3. 动态管理电力设备

无论是在工程领域，还是在技术发展方面，如光纤技术、信息处理技术以及计算机技术等，都渗透其中，这些先进的科研成果，能够通过传感器将设备运行中的信息进行采集，依赖先进的动态管理，对电力设备安装运行维护中的相关信息进行处理以及识别，具体将设备运行状态特征量真实反映，从而可以综合诊断设备运行状态，使电力设备安装运行维护逐渐向状态检修过渡，提高维护检修质量与效率。另外，还可以在电力设备的运行维护中加入瞬时值的计算，针对实际情况，进行人性化的设计，从而可以有效保证电力设备安装质量，以及有效推进系统运行维护工作。

4. 电力设备安全稳定运行的重要性分析

电力设备是供电系统和电力系统的核心。在实际使用过程中，根据其功能可分为一次设备和二次设备。因此，电力设备具有明显的系统性和复杂性。换句话说，要解决的第一个问题就是深入研究电力设备维护保养的发展趋势，优化电力设备的不足之处，全面提高电力设备安全稳定运行的重要性。

5. 当前电力设备检修与运维工作中存在不足

在传统的计划检修模式下，相关人员只需定期定点对电力设备进行检修和运行。长期以来，必然会使维修人员逐渐产生惰性，不自觉地认识到这种按部就班的维修模式。这就导致过度依赖大检查，日常检修则是我行我素，随性而为，缺乏细致的检查与分析。但对于大检查而言，往往流于形式，无法在推动技术创新方面发挥有效作用。最终导致从业人员出现岗位责任意识淡薄、思想僵化的问题，使得电力设备检修与运维工作落实的质量不高。

6. 电力设备检修及运行维护中注意技术要点

直流系统是构成我国电力系统的重要部分，其形式包括充电柜与蓄电池柜，其检修工作是对直流电力系统安全运行的重要保障。如蓄电池，在日常的电力供应中，交流电常常会出现电流波动或电压不稳的情况，蓄电池会及时释放自身存储的电能进行短时间内的缓冲，由于其电子装置自身有一定程度的电流与电压，在突然断电时，会通过感应将电能瞬间释放出来，接替电路工作。由于直流系统中的蓄电池内部结构较为复杂，故在运行过程中要通过及时地维护来避免对电子装置的损害。半导体材料是构成充电装置的主要材料，这也决定了充电装置不能长时间的透支使用，半导体材料的散热性一般，长时间的工作会导致该充电装置发热。对此应将蓄电池与充电柜放置在通风效果较好的场所，以此来提升相关电力设备的工作状态。检修工作间隔的时间以半年为佳，定期的隐患排查是直流电力系统运行的安全保障。

7. 影响电力设备运行维护的几个问题

"百年大计，质量第一"电力设备安装质量好坏直接影响以后电力设备的运行状况。电力工程施工过程中质量监控的范围较广，从设计图纸、原材料到分部分项工作施工，每一个环节都不能被忽视，并且熟悉和掌握监控的范围及重点。

质量管理点可用于多种环节，如推广新技术、质量难点、薄弱环节、要求达到高质量的分项等。在质量控制的关键部位、薄弱环节上设置质量管理点，采取事前控制，往往能达到事半功倍的效果。有时看来是个薄弱环节，但由于事前采取了措施，设置了质量管理点，问题就迎刃而解。因此，设置质量管理点是质量监控的一个有力手段。

8. 电力设备检修维护策略

电力设备检修维护工作要始终坚持以人为本的发展理念，注重发挥"人"在电力设备检修及维护工作中的重要作用和关键地位。工作人员专业技能水平的提升，有利于电力检修工作更好地开展，并且针对电力设备存在的问题，可以熟练地解决，从而实现电力设备的平稳运行。供电公司要切实注重这一问题，加强对员工职业技能水平的培训工作，讲解电力设备专业知识，使员工能够更加熟练本专业的相关业务。

9. 电力运行检修管理存在的相关问题分析

电力运行检修管理是一项较为复杂的工作，涉及范围较广，对于确保整个电力系统的安全、稳定与可靠运行具有重要作用。但从目前的总体情况上看，此项工作中存在一些问题，影响着其作用的发挥。

（1）重视程度不足。由于受传统观念制约，很多电力企业将工作的重点放在经营管理上，导致电力运行检修管理工作被忽视。在这一前提下，检修工作的开展受到阻碍，实际效果差强人意。往往只有在电力运行异常时才会想到检修工作，极不利于电力运行稳定性的提升。

（2）检修的持续性不足。随着电力体制改革进程的不断加快，电力运行检修的质量得到了一定程度的保障，但检修与维护过程中不持续的问题仍然存在，使得检修时间随之延长，检修效率大幅降低。

（3）检修方式不合理。对电力运行检修采用的是定时、定量的检修方式，突出的特点是周期性，且具有一定的强制性，即达到一定的时间，无论电力运行设备是否存在问题都必须进行检修。在当前形势下，这种检修方式与实际工作需要严重不符，不但增大了运行检修费用，而且检修作用也未能得到有效发挥，对电力设备的稳定运行起到的效果并不大。

（4）专业技术人才缺失。现阶段，电网规模逐步扩大，电力运行设备的数量随之增加，电力运行检修的工作任务越来越繁重。检修工作对专业性有着较高要求，而专业技术人员缺失，影响了检修工作效率和水平的提升。

17-2
缺陷与隐患原因分析题库

第 4 篇 思 考 题

1. 请简述图像识别的定义。

2. 红外序列影像去噪方法和方案的选择主要取决于什么? 并加以简述。

3. 简述由红外电磁能产生的热效应对红外热像仪器的影响。

4. 对于通过调查取得的原始数据, 主要从什么方面进行审核? 并加以简述。

5. 红外序列影像的成像特点在很大程度上取决于什么?

6. 同类比较法具体包括哪些?

7. 使用无人机对管道进行热红外遥感成像时, 红外影像可有效显示管道沿线的地表热量分布与差异信息情况, 尤其在冬季低温环境下, 管道作为明显热量源, 与地表以及人工建筑等相比温差大, 在地表热红外成像中呈现出明显的亮度差异, 在红外伪彩色图像中呈现出明显的颜色差异, 请简述其具体的判断方法。

8. 简述影响红外测温的因素。

9. 使用常规的静态红外热成像仪对拍摄人员有什么要求?

10. 简述采用全数字动态红外热像分析系统的优点。

11. 简述红外热像仪的优点。

12. 请简述激光点云数据的流入与分类。

13. 机载激光雷达在数据采集前需进行多方面的准备工作, 主要包括哪些内容?

14. 简述倾斜摄影三维重构技术。

15. 请简述倾斜摄影技术应用于无人机电力巡检的优点。

参 考 文 献

[1] 李明明，丁淼，秦宇翔. 无人机摄影测量技术在电力系统中的应用研究 [J]. 电子世界，2015 (14)：96 - 97.

[2] 唐堂. 四旋翼无人机姿态的自抗扰控制算法研究 [D]. 桂林：广西师范大学，2018.

[3] 高福山，胡吉伦，王黎. 无人机低空摄影测量在电力工程中的应用 [J]. 电力勘测设计，2010 (2)：19 - 22.

[4] 李志斌，冯再福. 无人机遥感系统在电力工程环保水保中的应用 [J]. 电力勘测设计，2013 (5)：30 - 32.

[5] 加鹤萍. 基于机翼变形的新型电力巡线固定翼无人机的研制 [J]. 内蒙古电力技术，2013，31 (3)：33 - 37.

[6] 陈文浩. 基于四旋翼无人机的电力巡检研究 [D]. 郑州：郑州大学，2019.

[7] 魏传虎，任杰，张晶晶，刘俍，王万国，杨贺. 电力巡线无人机数据传输系统研究 [J]. 电子技术应用，2015，41 (7)：77 - 80.

[8] 黄世龙，顾雪平，张建成. 用于电力巡线的新型油动固定翼无人机设计 [J]. 电力系统自动化，2014，38 (4)：104 - 108，126.

[9] 卢斌，朱文羽，王鹏. 浅析电力线路巡视中无人机技术的应用 [J]. 中小企业管理与科技（下旬刊），2018 (7)：140 - 141.

[10] 钱金菊，麦晓明，王柯，易琳，彭向阳，饶章权. 广东电网大型无人直升机电力线路规模化巡检应用及效果 [J]. 广东电力，2016，29 (5)：124 - 129.

[11] 杨成顺，杨忠，葛乐，黄宵宁，李少斌. 基于多旋翼无人机的输电线路智能巡检系统 [J]. 济南大学学报（自然科学版），2013，27 (4)：358 - 362.

[12] 宿敬亚，樊鹏辉，蔡开元. 四旋翼飞行器的非线性 PID 姿态控制 [J]. 北京航空航天大学学报，2011，37 (9)：1054 - 1058.

[13] 姜成平. 一种四旋翼无人机控制系统的设计与实现研究 [D]. 哈尔滨：哈尔滨工业大学，2014.

[14] 郝伟，鲜斌. 四旋翼无人机姿态系统的非线性容错控制设计 [J]. 控制理论与应用，2015，32 (11)：1457 - 1463.

[15] 李俊，李运堂. 四旋翼飞行器的动力学建模及 PID 控制 [J]. 辽宁工程技术大学学报（自然科学版），2012，31 (1)：114 - 117.

[16] 曾勇. 四旋翼飞行器容错控制系统设计与实现 [D]. 成都：电子科技大学，2013.

[17] 麦英健，陈永煊，文青山，赵晋. 基于红外成像与可见光图像融合的电梯故障检测仪 [J]. 中国电梯，2020，31 (12)：59 - 61.

[18] 王秋. 基于无人机的红外图像和可见光图像配准及融合算法研究 [C]. 广州：华南理工大学，2015.

[19] 高学志. 无人机红外图像和可见光图像配准融合算法研究 [C]. 哈尔滨：哈尔滨理工大学，2019.

[20] 隋宇，宁平凡，牛萍娟，王辰羽，赵地，张伟龙，韩抒真，梁立君，薛高建，崔颜军. 面向架空输电线路的挂载无人机电力巡检技术研究综述 [J]. 电网技术，2021，45 (9)：3636 - 3648.

[21] 张正，张红涛. 红外成像技术在电气设备中的应用 [J]. 中国新技术新产品，2016 (23)：37.

[22] 张义华. 浅议红外测温技术在电力设备运行维护中的应用 [J]. 科技视界，2015 (26)：214，308.

[23] 周侣，崔昊杨. 红外测温技术在电力设备故障诊断中的应用 [J]. 上海电力学院学报，2016，32 (6)：543－546，569.

[24] 张文煜. 红外测温技术在电力设备运行维护中的应用研究 [J]. 低碳世界，2017 (35)：91－92.

[25] 李新星，何亮，林选. 红外诊断技术在电力系统中的应用 [J]. 电气技术，2014 (9)：78－82.

[26] 曾忱，邹俊，林月峰. 基于无人机可见光点云的输电线路树障隐患智能分析研究 [J]. 电力设备管理，2020 (3)：38－41.

[27] 邓景元. 数码单反相机的成像原理浅谈 [J]. 信息化建设，2015 (11)：334.

[28] 胡中华，赵敏. 无人机研究现状及发展趋势 [J]. 航空科学技术，2009 (4)：3－5，8.

[29] 陶于金，李沛峰. 无人机系统发展与关键技术综述 [J]. 航空制造技术，2014 (20)：34－39.

[30] 康凯. 无人机在消防灭火救援工作中的应用研究 [J]. 武警学院学报，2013，29 (10)：27－29.

[31] 关于无人机首先你需要知道这些 [J]. 科学之友（上半月），2015 (9)：7－8.

[32] 李云红，孙晓刚，原桂彬. 红外热像仪精确测温技术 [J]. 光学精密工程，2007 (9)：1336－1341.

[33] 宋亚军，高昆，倪国强. 一种基于 FPGA 的双波段实时红外图像融合系统 [J]. 激光与红外，2005 (11)：111－114.

[34] Ryan D M, Tinkler R D. Night pilotage assessment of image fusion [J]. Proc Spie, 1995：50－67.

[35] 曲锋，刘英，王健，董科研，刘建卓，郭帮辉，孙强. 红外双波段图像实时融合系统 [J]. 光学精密工程，2010，18 (7)：1684－1690.

[36] 胡君红，石岩，江浩洋，张天序. 基于 C64x 的红外双波段图像融合处理系统的设计与实现 [J]. 计算机应用研究，2005 (6)：229－230，233.

[37] 任婷婷. 红外成像人体测温系统软件设计 [D]. 武汉：华中科技大学，2010.

[38] 何伟，焦斌斌，薛惠琼，欧毅，陈大鹏，叶甜春. 非制冷红外焦平面阵列进展 [J]. 电子工业专用设备，2008 (5)：18－23，39.

[39] 薛培帆. 非制冷红外焦平面阵列信号处理电路的设计 [D]. 北京：北京理工大学，2015.

[40] 陈明杰. 双色红外图像处理与彩色显示系统设计 [D]. 南京：南京理工大学，2013.

[41] 韩博. 手持式红外与可见光图像融合系统研究 [D]. 南京：南京理工大学，2014.

[42] 张宝辉. 红外与可见光的图像融合系统及应用研究 [D]. 南京：南京理工大学，2013.

[43] 于斯扬. 基于 FPGA 红外与可见光图像融合系统研究 [D]. 大连：大连理工大学，2018.

[44] 马俊，曹治国. 基于边缘信息的红外与可见光图像匹配技术 [J]. 计算机与数字工程，2006 (12)：30－32.

[45] 萧辉. 基于小波变换的红外和可见光图像融合算法的研究 [D]. 长春：长春理工大学，2009.

[46] 王阿妮，马彩文，刘爽，柳丛，赵欣. 基于角点的红外与可见光图像自动配准方法 [J]. 光子学报，2009，38 (12)：3328－3332.

[47] 刘一杉. 低空环境下视觉辅助无人机避障系统的设计与实现 [D]. 北京：北京理工大

学，2016.

[48] 张海燕. 复杂电磁环境下无人机通信干扰问题的探索 [J]. 科技创新与应用，2020（25）：75 - 76.

[49] 吴云燕，王跃萍，王霄婷，刘玮，魏文领. 基于精确能量管理的无人机迫降轨迹设计方法 [C] // 2018 惯性技术发展动态发展方向研讨会文集. 2018：153 - 156.

[50] 景晓年，梁晓龙，张佳强，朱磊. 无人机感知避让技术分析 [J]. 火力与指挥控制，2017，42（4）：1 - 5.

[51] 陆德坚，马天瑞，朱琨，张群涛. 无人机载空间电磁场测量系统 [J]. 安全与电磁兼容，2019（6）：97 - 101.

[52] 毛厚晨，宋敏，高文明，甘旭升. 基于态势预测的无人机防相撞控制方法 [J]. 火力与指挥控制，2017，42（11）：25 - 30.

[53] 张冬晓，陈亚洲，程二威，高书坤. 适用于无人机数据链电磁干扰自适应的环境监测系统 [J]. 高电压技术，2020，46（6）：2106 - 2113.

[54] 韩锐，谢欢，潘怡衡，李锐，李涛. 无人机空滑迫降能力及影响因素研究 [J]. 飞行力学，2019，37（2）：87 - 91.

[55] 张庆龙，程二威，王玉明，陈亚洲，马立云. 无人机卫星导航系统的电磁干扰效应规律研究 [J]. 系统工程与电子技术，2020，42（12）：2684 - 2691.

[56] 张冬晓，陈亚洲，程二威，许彤. 一种无人机数据链电磁干扰自适应新方法 [J]. 北京理工大学学报，2020，40（8）：880 - 887.

[57] 李寰宇，陈延龙，张振兴，刘夏锐. 基于 Dubins 的无人机自动避撞路径规划 [J]. 飞行力学，2020，38（5）：44 - 49.

[58] 王倩，张宝华，周志靖，孙静娟. 无人机防相撞空中威胁态势的探测与告警研究 [J]. 航空工程展，2019，10（6）：794 - 801.

[59] 魏潇龙，姚登凯. 无人机系统集成下的感知——避让系统研究 [J]. 飞航导弹，2015（6）：69 - 72，84.

[60] 邵志建. 次生气囊在无人机回收系统中的应用 [J]. 南京航空航天大学学报，2009，41（S1）：93 - 96.

[61] 杨曼. 基于机器视觉的固定翼无人机回收阶段导航系统研究 [D]. 哈尔滨：哈尔滨工业大学，2019.

[62] 廖锐，周永录，普园媛，刘宏杰，尉洪，李红光，王子豪. 基于无人机应急伞降避损与落点定位的研究 [J]. 电子测量与仪器学报，2019，33（9）：16 - 24.

[63] 金泉. 可控阻尼无人机撞网回收装置 [D]. 南昌：南昌航空大学，2019.

[64] 田新锋. 某无人机回收系统故障改进设计 [J]. 装备环境工程，2019，16（7）：48 - 50.

[65] 文登. 某无人机撞网回收系统动力学仿真分析与优化 [D]. 长沙：湖南大学，2012.

[66] 袁钱兵，赵娜，刘祥文，李洋，徐凌桦. 无线电测向技术的迫降无人机定位装置设计 [J]. 单片机与嵌入式系统应用，2019，19（10）：55 - 58.

[67] 常宇恒. 无人机数据链路的设计 [D]. 哈尔滨：东北农业大学，2015.

[68] 袁初晓. 无人机通讯链路系统 [J]. 通讯世界，2016（18）：88 - 89.

[69] 宋秀毅，张龙，冯刚. 无人机系统视距链路全断故障分析与改进 [J]. 失效分析与预防，2014，9（2）：88 - 93.

[70] 刘世林. 浅谈防止高压输电线路树障事故的对策 [J]. 中国高新技术企业，2015（36）：135 - 136.

[71] 王强. 高压输电线路智能巡检新技术 [J]. 科技创新与应用，2019（27）：157 - 158.

[72] 李明明，秦宇翔，李志学. 无人机在输电线路巡检中的应用及发展前景 [J]. 电子制作，

2014 (21)：61.

[73] 沈志，黄俊波. 高海拔架空输电线路直升机巡视设备选型研究 [J]. 云南电力技术，2019，47 (3)：79 - 81.

[74] Alkaff A，Moreno F M，LJS José，et al. VBII - UAV：Vision - Based Infrastructure Inspection - UAV [J]. Advances in Intelligent Systemes and Computing，2017.

[75] 秦新燕，吴功平，彭向阳，麦晓明，雷金. 巡线式激光雷达点云的电力线重构 [J]. 测绘科学，2019，44 (5)：171 - 176，190.

[76] 张亮，杨善婷. 无人机倾斜摄影测量在电力工程三维建模中的应用研究 [J]. 科学与信息化，2018 (35)：37 - 38.

[77] Ming G H. The Application of UAV Oblique Photogrammetry Technology in Electric Power Engineering [J]. Construction & Design for Engineering，2017.

[78] Jiang S，Jiang W. Efficient Structure from Motion for Oblique UAV Images Based on Maximal Spanning Tree Expansion [J]. ISPRS Journal of Photogrammetry and Remote Sensing，2017，132：140 - 161.

[79] 何海清，陈敏，陈婷，李大军，陈晓勇. 低空影像 SfM 三维重建的耦合单-多旋转平均迭代优化法 [J]. 测绘学报，2019，48 (6)：688 - 697.

[80] 薄单，李宗春，王晓南，乔涵文. 适用于倾斜影像的加速 KAZE - SIFT 特征提取算法 [J]. 计算机应用，2019，39 (7)：2093 - 2097.

[81] 邵潮京. 基于改进半全局匹配算法的高分辨率遥感影像 DSM 重建 [J]. 北京测绘，2019，33 (6)：632 - 635.

[82] 范士俊. 基于随机森林的全波形点云数据分类研究 [J]. 首都师范大学学报（自然科学版），2013，34 (5)：71 - 73，78.

[83] 冯强. 基于 LSD 算法的无人机影像电力线提取方法 [J]. 地理空间信息，2019，17 (1)：35 - 37，71.

[84] 陈驰，彭向阳，宋爽，王柯，钱金菊，杨必胜. 大型无人机电力巡检 LiDAR 点云安全距离诊断方法 [J]. 电网技术，2017，41 (8)：2723 - 2730.

[85] 安立伟. 配电线路采用无人机巡线的应用 [J]. 科学技术创新，2018 (26)：195 - 196.

[86] 赵果，叶斯哈纳提·叶尔哈力，吴敏. 无人机巡线系统在高含硫集输管道中的应用研究 [J]. 油气田地面工程，2018，37 (2)：20 - 23.

[87] 雍歧卫，喻言家. 基于无人机巡线图像的地面油气管道识别方法 [J]. 兵器装备工程学报，2017，38 (4)：100 - 104.

[88] 吴劲晖，王彬，时满红，王前. 基于杆塔的无人机巡线通信中继方案设计 [J]. 山东电力技术，2017，44 (6)：49 - 52，69.

[89] Krishna K R. Agricultural Drones：A Peaceful Pursuit [M]. Boca Raton：Apple Academic Press，2018.

[90] Schacht W. Urban design and city form in redevelopment [C]//Urban Redevelopment. London and New York：Routledge，2017.

[91] 贺良华，王媛媛. 小型旋翼无人机巡线模拟降雨系统 [J]. 测控技术，2017，36 (2)：80 - 83.

[92] 刘文华，刘洋，李宁. 智能识别算法在无人机巡线中的应用研究 [J]. 中国管理信息化，2018，21 (11)：128 - 133.

[93] Rudnicki，Stefan，Wilson，et al. How to Survive a Robot Uprising：Tips on Defending Yourself against the Coming Rebellion [J]. Artforum，2006 (8)：56.

[94] Barry Hersh. Urban Redevelopment：A North American Reader [M]. London and New

York：Routledge，2017.

[95] 赵宇. 高压输电线路小型无人机巡线技术领域的探究 [J]. 科技经济市场，2018（2）：20－21.

[96] 武子恒，蒋仕，梁书豪. 基于电场信息的交流架空线路无人机巡线安全距离仿真研究 [J]. 电子世界，2018（13）：23－24，27.

[97] 徐展. 一种激光雷达导航的全自主智能无人机巡线系统 [J]. 浙江电力，2017，36（6）：44－47.

[98] 谢毅思，戴美胜. 浅析架空线路无人机巡线技术 [J]. 山东工业技术，2017（22）：216.

[99] 许强，张巍，张志芳，朱铁林，张贵峰，陈晓，黄俊波. 无人机电力巡线中多种中继方式设计与分析 [J]. 电力信息与通信技术，2017，15（6）：82－87.

[100] 彭向阳，陈驰，饶章权，杨必胜，麦晓明，王柯. 基于无人机多传感器数据采集的电力线路安全巡检及智能诊断 [J]. 高电压技术，2015，41（1）：159－166.

[101] 彭向阳，钱金菊，麦晓明，王柯，王锐，易琳. 大型无人直升机电力线路全自动巡检技术及应用 [J]. 南方电网技术，2016，10（2）：24－31，76.

[102] 吕吉伟. 图像处理技术在无人机电力线路巡检中的应用 [J]. 通信电源技术，2019，36（6）：84－85.

[103] 刘庭，唐盼，周炳凌，刘凯. 500kV 线路绝缘斗臂车带电作业安全距离试验 [J]. 高电压技术，2016，42（7）：2315－2321.

[104] 缪希仁，刘志颖，鄢齐晨. 无人机输电线路智能巡检技术综述 [J]. 福州大学学报（自然科学版），2020，48（2）：198－209.

[105] 许丹，马星河，王晨辉，孙岩洲. 500kV 输电线路电场强度测量与计算分析 [J]. 高压电器，2013，49（7）：25－28，34.

[106] 邵瑰玮，刘壮，付晶，谈家英，陈怡，周立玮. 架空输电线路无人机巡检技术研究进展 [J]. 高电压技术，2020，46（1）：14－22.

[107] 杨泰朋. 高压架空输电线路施工管理的要点 [J]. 工程建设与设计，2019（6）：60－61.

[108] 陈强. 电力施工中输电线路施工质量控制分析 [J]. 科技创新导报，2018，15（15）：146，148.

[109] 罗修明. 浅谈电力工程建设中输电线路施工质量的技术控制经验 [J]. 中国新技术新产品，2017（17）：84－85.

[110] 邓金中. 探讨输电线路在电力工程施工中的质量控制要点 [J]. 科技与创新，2017（17）：26，29.

[111] 宋伟，卢明，张红梅，杨威. 河南电网舞动区域划分及舞动分布图绘制研究 [J]. 电力学报，2013，28（5）：366－369，377.

[112] 曹彪. 110kV 线路备自投装置不正确动作分析及改进 [J]. 机电信息，2013（36）：49－50.

[113] 周恺，张睿哲，蔡瀛森，李春生，王谦，杨亮. 基于分布式光纤的架空输电线路覆冰监测技术及应用 [J]. 水电能源科学，2020，38（7）：177－180.

[114] 蔡萌琦，刘静，周林抒，刘宇，杜洋，郑鸣宇. 输电导线空气动力特性研究进展 [J]. 成都大学学报（自然科学版），2020，39（2）：125－130.

[115] 蒋兴良，邹佳玉，韩兴波，刘延庆，陈宇. 自然环境绝缘子长串覆冰直流闪络特性 [J]. 电工技术学报，2020，35（12）：2662－2671.

[116] 沈彪. 项目管理在 500kV 架空输电线路状态检修中的应用 [J]. 科技风，2019（32）：165.

[117] 林宗锋. 浅谈高压架空输电线路施工的安全管理 [J]. 科技与创新，2015（20）：45.

[118] 徐晓臣，谢津平. 机载激光雷达技术在乌龙山抽水蓄能电站工程测量中的应用 [J]. 水

利水电技术，2017，48（10）：136－141.

[119] 朱雪峰. 基于机载激光雷达测量技术的铁路勘测方法［J］. 测绘通报，2015（12）：125－126.

[120] 国家测绘地理信息局. 机载激光雷达数据处理技术规范：CH/T 8023—2011［S］. 北京：测绘出版社，2012.

[121] 韩文军，阳锋，彭检贵. 激光点云中电力线的提取和建模方法研究［J］. 人民长江，2012，43（8）：18－21，37.

[122] 王和平，夏少波，谭弘武，王成，习晓环. 电力巡线中机载激光点云数据处理的关键技术［J］. 地理空间信息，2015，13（5）：8，59－62.

[123] 张险峰，陈功，程正逢，程永，龙维. 激光雷达在直升机巡线中的应用［J］. 华中电力，2007（6）：33－35，39.

[124] 尹亚东. 机载激光雷达技术在输电线路设计中的应用［J］. 河北电力技术，2021，40（6）：10－11，54.

[125] 王成，Menenti M，Stoll M P，李传荣，唐伶俐. 机载激光雷达数据的误差分析及校正［J］. 遥感学报，2007（3）：390－397.

[126] 林昀，吴敦，李丹农. 基于机载激光雷达的高精度电力巡线测量［J］. 城市勘测，2011（5）：71－74.

[127] 孙晓云，王晓冬. 应用 LiDAR 数据中提取电网信息方法初探［J］. 测绘技术装备，2010，12（1）：27－29.

[128] 张文峰，彭向阳，钟清，陈锐民，刘正军，左志权，罗智斌. 基于遥感的电力线路安全巡检技术现状及展望［J］. 广东电力，2014，27（2）：1－6.

[129] Axelsson P. DEM Generation from Laser Scanner Data Using Adaptive TIN Models［J］. International Archives of Photogrammetry & Remote Sensing，2000，33（B4）：111－118.

[130] 余洁，张国宁，秦昆，杨海全. LiDAR 数据的过滤方法探讨［J］. 地理空间信息，2006（4）：8－10.

[131] 叶岚，刘倩，胡庆武. 基于 LiDAR 点云数据的电力线提取和拟合方法研究［J］. 测绘与空间地理信息，2010，33（5）：30－34.

[132] 尹辉增，孙轩，聂振钢. 基于机载激光点云数据的电力线自动提取算法［J］. 地理与地理信息科学，2012，28（2）：2，31－34.

[133] 梁静，张继贤，刘正军. 利用机载 LiDAR 点云数据提取电力线的研究［J］. 测绘通报，2012（7）：17－20.

[134] Cheng L，Tong L，Wang Y，et al. Extraction of Urban Power Lines from Vehicle－Borne LiDAR Data［J］. Remote Sensing，2014，6（4）：3302－3320.

[135] 余洁，穆超，冯延明，窦延娟. 机载 LiDAR 点云数据中电力线的提取方法研究［J］. 武汉大学学报（信息科学版），2011，36（11）：1275－1279.

[136] Bo G，Huang X，Fan Z，et al. Classification of airborne laser scanning data using JointBoost［J］. Isprs Journal of Photogrammetry & Remote Sensing，2015，100（2）：71－83.

[137] 王方建，习晓环，万怡平，钟开田，王成. 大型建筑物数字化及三维建模关键技术分析［J］. 遥感技术与应用，2014，29（1）：144－150.

[138] Jwa Y，Sohn G. A Piecewise Catenary Curve Model Growing for 3D Power Line Reconstruction［J］. Photogrammetric Engineering & Remote Sensing，2012，78（12）：1227－1240.

[139] 韩文军，肖雪. 基于机载 LiDAR 数据的输电铁塔建模方法研究［J］. 人民长江，2012，43（8）：22－25.

［140］ 王迎春. 基于 Smart 3D 无人机倾斜摄影实景三维建模浅析［J］. 地理空间信息，2019，17（12）：9，15 - 19.

［141］ 郭建兵，岳仁宾. 倾斜摄影测量技术在历史文化名镇测绘中的应用［J］. 测绘通报，2019（S2）：106 - 109.

［142］ Song Y，Wang H. Design of Flight Control System for a Small Unmanned Tilt Rotor Aircraft［J］. 中国航空学报（英文版），2009，22（3）：250 - 256.

［143］ 袁修孝，明洋. 一种综合利用像方和物方信息的多影像匹配方法［J］. 测绘学报，2009，38（3）：216 - 222.

［144］ 杨国东，王民水. 倾斜摄影测量技术应用及展望［J］. 测绘与空间地理信息，2016，39（01）：13 - 15，18.

［145］ Qiu Y，Gu H，J Sun，et al. Rich - information Watermarking Scheme for 3D Models of Oblique Photography［J］. Multimedia Tools and Applications，2019.

［146］ 柳闻仪，高巍，涂道勇，王骏，黄进航. 基于倾斜摄影测量技术的变电站土方量计算研究［J］. 电力勘测设计，2019（11）：69 - 72，76.

［147］ Davide F，Marco S，Manuel C，et al. Combination of UAV and Terrestrial Photogrammetry to Assess Rapid Glacier Evolution and Map Glacier Hazards［J］. Natural Hazards & Earth System Sciences，2018，18（4）：1 - 61.

［148］ Sungjae，Lee，Yosoon，et al. Reviews of Unmanned Aerial Vehicle（drone）Technology Trends and Its Applications in the Mining Industry：Geosystem Engineering［J］. Geosystem Engineering，2016，19（4）.

［149］ 肖雄武. 具备结构感知功能的倾斜摄影测量场景三维重建［J］. 测绘学报，2019，48（6）：802.

［150］ 赵小阳，孙松梅. 无人机倾斜摄影支持下的 1：500 高精度三维测图方案及应用［J］. 测绘通报，2019（7）：87 - 91.

［151］ 顾秋恺. 基于 RCD30 倾斜摄影系统航线设计方案分析——以辽宁省阜新市建成区为例［J］. 经纬天地，2018（6）：25 - 27.

［152］ Gong C，Lei S，Bian Z F，et al. Analysis of the Development of an Erosion Gully in an Open - Pit Coal Mine Dump During a Winter Freeze - Thaw Cycle by Using Low - Cost UAVs［J］. Remote Sensing，2019，11（11）：1356.

［153］ 张春森，张卫龙，郭丙轩，刘健辰，李明. 倾斜影像的三维纹理快速重建［J］. 测绘学报，2015，44（7）：782 - 790.

［154］ 魏祖帅. 倾斜摄影空中三角测量若干关键技术研究［D］. 焦作：河南理工大学，2015.

［155］ Li J，Wang C，Jia C，et al. A Hybrid Conjugate Gradient Algorithm for Solving Relative Orientation of Big Rotation Angle Stereo Pair［J］. 测绘学报（英文版），2020，3（2）：9.